高职高专"十二五"规划教材

国家骨干高职院校建设"冶金技术"项目成果

冶金基础知识

主编　丁亚茹　张　顺

北　京

冶　金　工　业　出　版　社

2013

内 容 提 要

　　本书将金属材料及热处理、冶金物理化学、冶金热工基础知识在冶金生产过程中的应用进行整合,不仅讲述了"冶金基础知识"课程所涉及的实验原理、操作方法,而且在延续传统的学科授课模式外,还引入了部分项目教学内容,更便于读者将实践与理论内容相联系。

　　本书适合作为高职高专院校冶金及相关专业的教学用书,也可作为冶金企业技术人员和生产人员的培训用书。

图书在版编目(CIP)数据

　　冶金基础知识/丁亚茹,张顺主编. —北京:冶金工业
出版社,2013.12
　　高职高专"十二五"规划教材. 国家骨干高职院校建设
"冶金技术"项目成果
　　ISBN 978-7-5024-6541-4

　　Ⅰ.①冶…　Ⅱ.①丁…　②张…　Ⅲ.①冶金—高等职业
教育—教材　Ⅳ.①TF

　　中国版本图书馆 CIP 数据核字(2014)第 030408 号

出 版 人　谭学余
地　　址　北京北河沿大街嵩祝院北巷 39 号,邮编 100009
电　　话　(010)64027926　电子信箱　yjcbs@cnmip.com.cn
责任编辑　王　优　美术编辑　杨　帆　版式设计　葛新霞
责任校对　卿文春　责任印制　牛晓波
ISBN 978-7-5024-6541-4
冶金工业出版社出版发行;各地新华书店经销;北京印刷一厂印刷
2013 年 12 月第 1 版,2013 年 12 月第 1 次印刷
787mm×1092mm　1/16;16.5 印张;401 千字;246 页
36.00 元
冶金工业出版社投稿电话:(010)64027932　投稿信箱:tougao@cnmip.com.cn
冶金工业出版社发行部　电话:(010)64044283　传真:(010)64027893
冶金书店　地址:北京东四西大街 46 号(100010)　电话:(010)65289081(兼传真)
　　　　　　(本书如有印装质量问题,本社发行部负责退换)

序

2010 年 11 月 30 日我院被国家教育部、财政部确定为"国家示范性高等职业院校"骨干高职院校立项建设单位。在骨干院校建设工作中，学院以校企合作体制机制创新为突破口，建立与市场需求联动的专业优化调整机制，形成了适应自治区能源、冶金产业结构升级需要的专业结构体系，构建了以职业素质和职业能力培养为核心的课程体系，校企合作完成专业核心课程的开发和建设任务。

学院冶金技术专业是骨干院校建设项目之一，是中央财政支持的重点建设专业。学院与内蒙古大唐国际再生资源开发有限公司共建"高铝资源学院"，合作培养利用高铝粉煤灰的"铝冶金及加工"方向的高素质高级技能型专门人才；同时逐步形成了"校企共育，分向培养"的人才培养模式，带动了钢铁冶金、稀土冶金、材料成型等专业及其方向的建设。

冶金工业出版社集中出版的这套教材，是国家骨干高职院校建设"冶金技术"项目的成果之一。书目包括校企共同开发的"铝冶金及加工"方向的核心课程和改革课程，以及各专业方向的部分核心课程的工学结合教材。在教材编写过程中，面向职业岗位群任职要求，参照国家职业标准，引入相关企业生产案例，校企人员共同合作完成了课程开发和教材编写任务。我们希望这套教材的出版发行，对探索我国冶金职业教育改革的成功之路，对冶金行业高技能人才的培养，能够起到积极的推动作用。

这套教材的出版得到了国家骨干高职院校建设项目经费的资助，在此我们对教育部、财政部和内蒙古自治区教育厅、财政厅给予的资助和支持，对校企双方参与课程开发和教材编写的所有人员表示衷心的感谢！

内蒙古机电职业技术学院　院长　张玉清

2013 年 10 月

前　言

本书按照教育部高等职业技术教育高技术、高技能人才的培养目标和规格，依据内蒙古机电职业技术学院校企合作发展理事会冶金分会和冶金专业建设指导委员会审定的"冶炼基础知识"教学标准，在总结近几年教学经验并征求相关企业技术人员意见的基础上编写而成。

本书分为金属材料及热处理、冶金物理化学、冶金热工基础3篇，共16章。第1篇金属材料及热处理主要介绍了金属材料的力学性能、晶体结构及热处理等内容，每章均设置了相应的实验内容，将理论知识与实践操作相结合；第2篇冶金物理化学主要介绍了钢铁冶金、铝冶金、锌冶金等的基本原理，冶金过程的化学反应热效应，化学反应方向，化学反应速率及冶金溶液的性质等内容，着重讲述冶金过程的相关计算；第3篇冶金热工基础主要介绍了气体的力学原理、燃料燃烧、传热原理、耐火材料等内容，为冶金过程中冶金设备的气体流动、燃料燃烧、热平衡提供了相应的计算手段。

本书由内蒙古机电职业技术学院丁亚茹、张顺担任主编，参编人员包括内蒙古机电职业技术学院李峰、张晓敏、李玮光、云璐、邢珂、王静平、郭睿喆以及大唐内蒙古鄂尔多斯硅铝科技有限公司吴彦宁、内蒙古中环光伏材料有限公司丁亚青。具体编写分工为：张顺编写第1~5章，丁亚茹编写第6~9章，张晓敏、李玮光共同编写第10章，李峰编写第11、12章，云璐编写第13章，邢珂编写第14章，王静平、吴彦宁共同编写第15章，郭睿喆、丁亚青共同编写第16章。

内蒙古机电职业技术学院刘敏丽教授对本书进行了审阅，并提出了许多宝贵的修改建议，在此表示衷心的感谢。在本书编写过程中，参阅了相关文献，对文献的作者一并表示诚挚的谢意。

由于编者水平所限，书中不妥之处，敬请广大读者批评指正。

编　者
2013 年 8 月

目 录

第1篇　金属材料及热处理

第 2 篇　冶金物理化学

第3篇　冶金热工基础

金属材料及热处理

1 绪 论

工程材料是人类生活和生产的物质基础，是衡量人类社会发展程度以及生产力发展水平的标准。根据人类社会发展过程中所使用的材料，其发展历程可以划分为石器时代、青铜器时代、铁器时代，目前正处于向新材料（高性能新型结构材料、机敏智能型功能材料）过渡的时代。

材料、能源、信息是人类社会文明和进步的三大支柱，而能源和信息的发展又依赖于材料的发展，因此材料科学的研究与进步在生活和生产中具有举足轻重的地位。现今传统材料已有几十万种，同时新的材料还在不断地开发，这些材料的发展给社会生产和人们生活带来巨大的变化，材料的品种、数量和质量成为衡量一个国家科学技术和国民经济水平的重要标志之一。

目前装备制造业正朝着高速、自动、精密方向迅速发展，对材料的数量和质量都提出了越来越高的要求。在机械产品的设计和制造过程中，所遇到的工程材料方面的问题日益增多，机械工业与材料学科之间的关系愈加密切。实践表明，合理选用材料、确定适当的热处理工艺、妥善安排工艺路线，在充分发挥材料本身的性能潜力、保证材料具有良好的加工性能、获得理想的使用性能、提高产品零件的质量、节省材料、降低生产成本等方面有着重要的意义。实际工作中，往往因为选材不当或热处理方法不妥，使机械零件的使用性能达不到规定的技术要求，从而导致使用中发生过早损坏的现象，如产生变形、断裂、磨损等。因此，工程材料知识对于机械加工行业的从业人员来说是必须具备的。

工程材料是指具有一定性能、在特定条件下能够发挥某种作用、被用来制取零件和工件的材料。工程材料按照成分和特点，通常分为金属材料与非金属材料两类。其中金属材料应用最为广泛，尤其是钢铁材料的应用，在机械制造中占有很高的比例。这主要是由于金属材料具有其他材料无法比拟的优异的力学性能、工艺性能和物理、化学性能。工程材料应用广泛，因而分类方法也多种多样。

1.1 按材料的化学组成分类

（1）金属材料。金属材料可以分为黑色金属（以钢和铸铁为主）及有色金属（除铁、铬、锰三种金属以外的所有金属材料）。有色金属种类很多，按照其特性不同又分为轻金属、重金属、贵金属、稀有金属、放射性金属等。目前金属材料仍然是应用最广泛的工程材料，而钢和铸铁又是金属材料中应用最多的。

（2）无机非金属材料。无机非金属材料是由硅酸盐、铝酸盐、硼酸盐、磷酸盐、锗酸盐等原料和（或）氧化物、氮化物、碳化物、硼化物、硫化物、硅化物、卤化物等原料经一定工艺制备而成的材料，包括水泥、玻璃、耐火材料和陶瓷等。由于主要原料是硅酸盐产物，其又称为硅酸盐材料。其中以陶瓷的应用最为广泛，由于制备技术的进步，现已开发了很多新的陶瓷材料，它们的强度和韧性优于传统陶瓷，可以用于制备高温、腐蚀条件下的结构件来代替成本更高的金属材料。无机非金属材料的出现是材料发展史上的里程碑。

（3）高分子材料。高分子材料的主要成分是碳、氢的聚合物。其按材料来源可分为天然高分子材料（蛋白、淀粉、木材、油脂等）和人工合成高分子材料（塑料、橡胶、黏结剂、涂料等）。随着高压聚合工艺的发展，高分子化合物的性能，特别是物理、化学、生物性能有了极大的提高，应用前景也更加广阔。

（4）复合材料。复合材料由可以承受载荷作用的增强材料和连接增强材料的基本材料复合而成。在实际使用过程中发现，多数金属材料不耐腐蚀，无机非金属材料塑性、韧性差，高分子材料硬度低又不耐高温。因此，为了取长补短，将其中两种或两种以上的不同材料结合起来，使它们在更好地发挥各自优势的同时相互弥补劣势，这样就构成了复合材料。

1.2　按材料的使用性能分类

（1）结构材料。结构材料是用来制造承受载荷、传递动力的零件和构件的材料。它具有高的强度、硬度以及优异的耐磨性、塑性、韧性、疲劳强度等力学性能。结构材料在机械制造、石油化工、交通运输、航空航天、建筑工程等行业中占有举足轻重的地位，其可以是金属材料、高分子材料、陶瓷材料或复合材料。

（2）功能材料。功能材料是用来制造具有特殊性能的元件的材料。它具有优良的光、电、磁、热、声等物理性能，如大规模集成电路材料、信息记录材料、光学材料、激光材料、超导材料、传感器材料、储氢材料等都属于功能材料。目前功能材料在通信、计算机、电子、激光和空间科学等领域中扮演着极其重要的角色。

1.3　"工程材料"课程概述

本课程的主要内容有金属材料的性能、金属材料的结构与组织、铁碳合金及其相图、钢的热处理、工业用钢等。

（1）金属材料的性能，主要讲述金属材料的力学性能（如强度、塑性、硬度等）及物理、化学、工艺性能。

（2）金属材料的结构与组织，主要讲述纯金属的晶体结构、结晶过程以及合金的晶体结构。

（3）铁碳合金及其相图，主要讲述铁碳合金的形成、成分、转变、性能与相图的应用。

（4）钢的热处理，主要介绍常用的钢热处理方法及工艺。

（5）工业用钢，主要介绍碳钢及合金钢的成分、组织、性能和应用。

工程材料的性能与其成分、组织以及加工工艺之间的关系是非常密切的。热处理实际上是通过改变材料组织而使其性能发生变化的一种加工工艺。"工程材料"课程的基本任务是：建立材料成分、组织、热处理工艺与性能之间的关系，找出其内在规律，以便通过控制材料的成分和加工工艺过程来控制其组织、提高其性能或研制具有某种性能的新材料。近年来，由于新型测试仪器的发明，对金属的研究进入了更为微观的范畴。为了对金属内部构造、缺陷等细微的组织进行研究，以期对许多现象有更进一步的了解，许多先进技术（如电子显微镜、X射线衍射、超声波等）在金属研究中都得到了应用。

本课程是高职高专院校机械制造类（冶金技术、材料成型与控制技术、机械制造及自动化、焊接技术、模具制造、能源与动力工程、机电一体化、矿山机电、有机化工等）专业的一门专业技术基础课，其主要目的是使学生获得有关工程材料的基本知识，初步了解常用工程材料种类、成分、组织、热处理工艺与性能之间的关系，具有初步合理选材、正确选用热处理工艺方法、合理安排工艺路线等方面的能力。

"工程材料"是一门实践性较强的课程，针对高职高专学生理论学习能力偏弱的特点，本课程内容安排特别注重"理实一体"的理念，在理论知识内容后附有相关的实验实训项目，可以更好地把基础理论运用到实践当中，提高学生的学习兴趣和感性认识。

习 题

1-1 本课程的主要学习内容有哪些？

1-2 工程材料按照化学成分可分为哪几种？

1-3 试举出你身边的几个不同种类工程材料的应用实例。

2 金属材料的性能

在机械制造过程中，首先必须考虑材料的性能是否能够满足使用要求。材料的使用性能和工艺性能决定了其在使用中的适用范围、使用寿命、安全可靠性程度、加工制造的难易程度以及经济效益。高性能材料制备技术是推动企业发展的源动力。

2.1 金属的力学性能

金属的力学性能是指金属材料在外力作用下所表现出来的抵抗能力。金属的力学性能指标主要有强度、塑性、硬度、冲击韧性和疲劳强度等。

2.1.1 强度和塑性

2.1.1.1 强度

材料在外力作用下抵抗塑性变形或断裂的能力称为强度。它是非常重要的力学性能指标，常采用拉伸试验方法测定。

拉伸试验是在材料试验机上，用静拉力对拉伸试样进行轴向拉伸的试验。将标准试样装在拉伸试验机的上、下夹具之间，启动试验机，缓慢加载拉伸，随着载荷的增加，试样逐渐伸长变形直至拉断。

A 拉伸试样

试验采用的拉伸试样通常呈圆柱形，其尺寸符合国家标准。标准拉伸试样如图2－1所示，设 d_0 为标准试样的原始直径，L_0 为标准试样的原始标距；d 为试样断口处的直径，L 为拉断试样对接后测出的标距。拉伸试样有短试样（$L_0 = 5d_0$）和长试样（$L_0 = 10d_0$）两种，且 L_0 和 d_0 有规定的标准值，一般 L_0 为 50mm 或 100mm。

图2－1　标准拉伸试样

以退火低碳钢的静拉伸试验为例，试验条件为：室温，均匀加载，试样应变速度不大于 $10^{-1}/s$。应力及应变计算如下：

$$\sigma = F/S_0$$

式中　σ——应力；

　　　F——加载载荷；

　　　S_0——试样原始横截面积。

$$\varepsilon = \Delta L/L_0$$

式中　ε——应变；

ΔL——试样的伸长量，$\Delta L = L - L_0$。

B　拉伸曲线

低碳钢的拉伸曲线如图 2 – 2 所示。

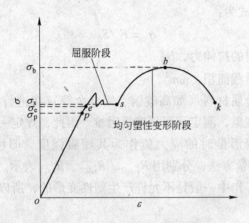

图 2 – 2　低碳钢的拉伸曲线

进行拉伸试验时，记录装置会记录拉伸过程中的拉力大小（F）。当拉力不断增加至超过 F_p 时，试样将产生塑性变形，卸载后变形不能完全恢复，塑性伸长被保留下来。当拉力继续增加至 F_e 时，拉伸曲线在 e 点后出现水平或锯齿形线段，表示在拉力不再增加的情况下，试样仍然会继续伸长，这种现象称为"屈服"，水平段称为屈服阶段。当拉力超过 F_s 后，拉伸曲线表现为上升曲线，表示随着拉力的增大，塑性变形继续增加，试样变形抗力也逐渐增大，即试样抵抗变形的能力增强，此阶段称为均匀塑形变形阶段。当拉力增加至最大值 F_b 时，试样伸长量迅速增大且伸长集中于试样的局部长度段，使局部截面迅速减小，形成"缩颈"现象，最后到 k 点试样被拉断。

综上，低碳钢的拉伸曲线，即 $\sigma - \varepsilon$（或 $F - \Delta L$）关系曲线分析如下：

（1）op 段：σ 与 ε 成正比，符合胡克定律。

（2）oe 段：近似直线，受力较小，试样处于弹性变形阶段，即卸除外力后，试样恢复至原来的尺寸和形状。

（3）e 点以后：随着拉力的增加，产生塑性变形，即卸除外力后，试样不能恢复至原来的尺寸和形状。

（4）es 段：出现水平或锯齿形线段，在应力不增加或少许增加的情况下试样继续拉长，即试样处于屈服阶段。

（5）b 点：表示试样所能承受拉力的最大值，b 点以后出现缩颈现象。

（6）k 点：试样断裂。

C　应力 – 应变曲线

由于拉伸过程中试样所承受的拉力与伸长量不仅与试样本身的性能有关，还与试样的尺寸有关，为表示试样的实际受力大小及变形程度，常用到应力、应变的概念。试样单位面积上承受的力称为应力，用 σ 表示。试样变形量与原始长度的百分比称为应变，用 ε 表示。强度指标一般用应力来度量，分为屈服强度与抗拉强度等，可由应力 – 应变曲线直接得出。

（1）屈服强度。屈服强度也称屈服极限，是指材料对塑性变形的抵抗能力，是试验过程中产生屈服时的应力，即对应于 F_s 的应力值。旧标准用符号 σ_s 表示现行国标 GB/T 228—2002 中区分为上屈服强度 R_{eH} 和下屈服强度 R_{eL}，本书采用符号 R_e 表示，单位为 MPa（N/mm^2）。其定义式为：

$$\sigma_s = F_s/S_0 \tag{2-1}$$

式中　F_s——试样屈服时的拉伸力，N；

　　　S_0——试样原始横截面积，mm^2。

工业上使用的一些金属材料（如高碳钢、铝合金等）在进行拉伸试验时屈服现象不明显，也不会产生缩颈现象，测定屈服强度很困难。因此，规定一个相当于屈服强度的指标，以产生 0.2% 塑性变形量时的应力值作为其屈服强度，旧标准用 $\sigma_{0.2}$ 表示，GB/T 228—2002 中根据不同测量方法，分别用 $R_{p,0.2}$、$R_{r,0.2}$、$R_{t,0.2}$ 表示。

金属零件和构件在工作中一般是不允许产生塑性变形的，所以设计零件和构件时屈服强度是重要的设计依据。

（2）抗拉强度。抗拉强度也称强度极限，是指材料对断裂的抵抗能力，是试样断裂前能承受的最大应力值（即图 2-2 中的 σ_b）。旧标准用符号 σ_b 表示，根据 GB/T 228—2002，现用符号 R_m 表示，单位为 MPa。其定义式为：

$$R_m = F_b/S_0 \tag{2-2}$$

式中　F_b——试样承受的最大拉伸力，N；

　　　S_0——试样原始横截面积，mm^2。

R_m 是材料由均匀塑性变形向局部集中塑性变形过渡的临界值，也是材料在静拉伸条件下的最大承载能力。抗拉强度表示材料抵抗断裂的最大能力，测试数据较准确，因此，有关手册和资料中以抗拉强度作为设计和选材的依据。

2.1.1.2　塑性

塑性是指断裂前材料产生塑性变形的能力。塑性也是通过拉伸试验测试的，用拉伸试样断裂时的最大相对变形量来表示金属的塑性指标，常用断后伸长率和断面收缩率表示。

（1）断后伸长率。拉伸试样在进行拉伸试验时，在拉力的作用下产生不断伸长的塑性变形。试样拉断后的伸长量与试样原始长度的百分比称为断后伸长率。旧标准用符号 δ 表示，根据 GB/T 228—2002，现用符号 A 表示。其定义式为：

$$A = \frac{L - L_0}{L_0} \times 100\% \tag{2-3}$$

式中　L——试样拉断后的长度，mm；

　　　L_0——试样原始长度，mm。

（2）断面收缩率。断面收缩率是指试样拉断后横截面积的最大缩减量与试样原始横截面积的百分比。旧标准用符号 ψ 表示，根据 GB/T 228—2002，现用符号 Z 表示。其定义式为：

$$Z = \frac{S - S_0}{S_0} \times 100\% \tag{2-4}$$

式中　S——试样拉断后断口的横截面积，mm^2；

　　　S_0——试样原始横截面积，mm^2。

断后伸长率与断面收缩率具有如下关系：

$$A = \ln \frac{1}{1 - Z}$$

当机械零件在工作中突然超载时，如果材料塑性好，就能先产生塑性变形而不会突然断裂破坏。所以，大多数机械零件除需满足强度要求外，还必须有一定的塑性。但是，铸铁、陶瓷等脆性材料的塑性极低。

【项目2-1】拉伸试验

1. 实验任务

（1）了解万能材料试验机的构造和工作原理，掌握其操作规程及使用时的注意事项；

（2）测定低碳钢和铸铁的力学性能；

（3）通过实验数据对比分析低碳钢和铸铁的性能差异。

2. 实验设备和量具

（1）量具：游标卡尺；

（2）设备：万能材料试验机。

3. 万能材料试验机的构造

在材料力学实验中，最常用的设备是万能材料试验机。它可以做拉伸、压缩、剪切、弯曲等试验，故习惯上称其为万能材料试验机，如图2-3、图2-4所示。本节主要以液压式万能材料试验机为例进行介绍。

图2-3　液压式万能材料试验机

图 2 - 4　微机控制落地门丝杆式万能材料试验机

以 WE - 30 型液压式万能材料试验机为例，其由工作台和操作台组成。

（1）工作台。在试验机的底座上装有两根固定立柱，立柱支承着固定横梁及工作油缸。开动油泵电动机带动油泵工作，将油箱里的油经油管和送油阀送至工作台油缸，从而推动活塞，使上横梁、传力柱和活动平台向上移动。如将试样装于夹具上、下夹头内，当活动平台向上移动时，由于下夹具夹头固定不动，而上夹具夹头随着平台向上移动，则可进行拉伸；如将试样放在活动平台的圆板上，当活动平台上升至试样与固定横梁上的垫板接触时，则可进行压缩。做拉伸试验时，为了适应不同长度的试样，可开动下夹具夹头的电动机，使之带动蜗杆，蜗杆带动蜗轮，蜗轮再带动丝杆，以控制下夹具夹头上下移动，调整适当的拉伸空间。

（2）操作台。装在试验机上的试样受力后，其在不同时刻所受的力的大小可在测力度盘上直接读出。试样受载荷作用后，工作油缸内的油就具有一定的压力，该压力的大小与试样所受载荷的大小成正比。而测力油管将工作油缸与测力油缸连通，则测力油缸就受到与工作油缸相等的油压。此油压推动测力活塞，带动传力杆，使摆杆和摆锤绕支点转动。试样受力越大，摆锤转角也越大。摆杆转动时，其上面的推杆使推动水平齿条运动，从而使齿轮带动测力指针旋转，这样便可从测力度盘上读出试样受力的大小。摆锤的重量可以增减，一般试验机可以有三种锤重，故测力度盘上也相应有三种刻度，这三种刻度对应着机器的三种不同量程。WE - 30 型液压式万能试验机有 0 ~ 60kN、0 ~ 150kN、0 ~ 300kN 三种测量量程。

4. 实验原理

（1）为了检验低碳钢拉伸时的力学性能指标，应使试样轴向拉伸直至断裂。在拉伸过程中以及试样断裂后，测读出必要的特征数据（如 F_s、F_b、L_0、L、d_0、d），经过计算便可得到表示材料力学性能的指标 R_e、R_m、A、Z。

（2）铸铁属于脆性材料，轴向拉伸时，在变形很小的情况下即断裂，故一般测定其

抗拉强度 R_m。

5. 实验步骤

（1）加载前，测力指针应指在测力度盘的零点，否则必须加以调整。调整时，先开动油泵电动机，将活动平台升起 3～5mm，然后稍微移动摆杆上的平衡铊，使摆杆保持垂直位置，再转动水平齿条使指针对准零点。先升起活动平台再调整零点的原因是，由于上横梁、活动立柱和活动平台等有相当大的重量，需要有一定的油压才能将其升起，但是这部分油压并未用来给试样加载，不应反映到试样载荷的读数中去。

（2）选择量程，装上相应的锤重，再一次按照步骤（1）校准零点。调好回油缓冲器的旋钮，使之与所选的量程相同。

（3）安装试样。压缩试样时必须放置垫板。拉伸试样时则需调整下夹具夹头位置，使拉伸区间与试样长短相适应。应注意：调整夹取下夹具的夹头位置时，切记先停止电动机再确定夹取位置，否则一旦夹紧后则无法再改变夹取位置。

（4）调整好自动绘图仪的传动装置和笔、纸等。

（5）检查送油阀、回油阀，一定要注意它们均应处于关闭位置。

（6）开动油泵电动机，缓慢打开送油阀，用慢速均匀加载以避免工件无法夹紧而脱扣。

（7）实验完毕后，立即停车取下试样。这时关闭送油阀，缓慢打开回油阀，使油液泄回油箱，于是活动平台回到原始位置。最后关闭油泵，将机器断电并进行清理。

6. 注意事项

（1）开车前和停车后，送油阀、回油阀一定要处于关闭位置。加载、卸载和回油均应缓慢进行。加载时要求测力指针匀速、平稳地走动，应严防送油阀开得过大、测力指针走动太快，以避免试样受到冲击作用。

（2）拉伸试样夹住后不得再调整下夹头的位置，以避免带动下夹头升降的电动机烧坏。

（3）机器运转时，操作者必须集中注意力，中途不得离开，以免发生安全事故。

（4）试验过程中不得触动摆锤，以免影响试验读数。

（5）在使用机器的过程中，如果听到异声或发生任何故障，应立即停车（切断电源），进行检查和修复。

7. 实验数据处理及报告

2.1.2　硬度

硬度是指金属表面在一个小的（或很小的）体积范围内抵抗弹性变形、塑性变形和破坏的一种能力，它能够反映出金属材料本身的化学成分、金相组织以及热处理状态的不同，是生产或实验中不可或缺的性能检测手段，也是应用非常广泛的力学性能指标，它还可以反映出金属的强度和塑性。

根据硬度测定原理的不同，硬度的测量方法有压入法、划痕法和弹性回跳法。

（1）压入法。压入法测得的硬度值主要是表征金属的塑性变形抗力及硬化能力，如布氏硬度、洛氏硬度和维氏硬度。

（2）划痕法。划痕法测得的硬度值主要是表征金属对切断的抗力，如莫氏硬度。

（3）弹性回跳法。弹性回跳法测得的硬度值主要是表征金属弹性变形的大小，如肖氏硬度。

其中压入法的应用最为常见。压入法是在规定的静态试验力作用下，将压头压入材料表面层，然后根据压痕的面积大小或深度等测定其硬度值。

常用的硬度测试方法有布氏硬度、洛氏硬度和维氏硬度试验法。

2.1.2.1 布氏硬度

布氏硬度试验原理如图 2-5 所示。采用直径为 D 的淬火钢球或硬质合金球，用规定的试验力 F 压入试样表面，保持规定的时间后去除试验力，测量试样表面的压痕直径 d，求出压痕面积 A，然后根据压痕面积计算其硬度值。

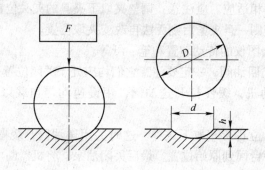

图 2-5 布氏硬度试验原理

布氏硬度的计算公式为：

$$HB = 0.102 \frac{F}{A} = \frac{0.204F}{\pi D \ (D - \sqrt{D^2 - d^2})} \qquad (2-5)$$

式中   HB——布氏硬度，MPa；

F——试验力，N（单位用 kgf 时，去掉系数 0.102）；

A——压痕面积，mm^2；

D——球体直径，mm；

d——压痕直径，mm。

压头为淬火钢球时，布氏硬度的符号为 HBS；压头为硬质合金球时，布氏硬度的符号为 HBW。

压头直径为 10mm、5mm、2.5mm、2mm、1mm；压痕深度 $h < \delta/10$，δ 为试样有效厚度。

布氏硬度试验法的优点是：

（1）硬度值能反映金属在较大范围内各组成相的平均性能，而不受个别组成相及微小不均匀度的影响。

（2）实验数据稳定，重复性强。

为了适应各种硬度级别及各种厚度的金属材料的硬度测试，进行布氏硬度试验时，压头直径、试验力大小及其保持时间应根据被测金属的种类和厚度进行正确的选择。对于一般材料，布氏硬度值小于 450MPa 时选用淬火钢球压头，布氏硬度值在 450～650MPa 时选用硬质合金球压头。目前，我国布氏硬度试验常用的压头是淬火钢球。

布氏硬度的标注方法是：硬度值标注在硬度符号 HB 的前面，在硬度符号的后面用相应的数字注明压头直径、试验力大小和试验力保持时间。当钢球直径为 10mm、试验力为 3000kgf（29.42kN）、试验力保持时间为 10～15s 时，试验条件可以不标明。例如，150HBS10/1000/30 表示用直径为 10mm 的淬火钢球，在 1000kgf（9.807kN）的试验力作用下保持30s 所测得的布氏硬度值为 150MPa；500HBW5/750 表示用直径为 5mm 的硬质合金球，在 750kgf（7.355kN）的试验力作用下保持 10～15s 所测得的布氏硬度值为 500MPa。

由于布氏硬度压痕大，对材料表面的损伤也较大，硬度高的材料、薄壁工件和表面要求高的工件不宜采用布氏硬度测试。布氏硬度测定通常适用于有色金属、低碳钢、灰铸铁以及经过退火、正火和调质处理的中碳结构钢等。

2.1.2.2　洛氏硬度

洛氏硬度也是采用压入法测定的，试验原理如图 2-6 所示。以锥角为 120° 的金刚石圆锥体或直径为 $\phi1.588$mm 的淬火钢球作压头压入试样表面，先加初试验力 F_1（98N），再加主试验力 F_2，压入试样表面后去除主试验力，在保留初试验力的情况下，根据试样压痕深度来衡量金属的硬度大小。

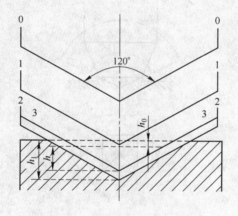

图 2-6　洛氏硬度试验原理

图 2-6 中，0—0 位置为金刚石压头还没有与试样接触时的原始位置；1—1 位置为加上初试验力 F_1 后压头压入试样的位置，此时压入深度为 h_0；2—2 位置为压头受到总试验力 F 后压入试样的位置，此时压入深度为 h_1；经规定的保持时间，卸除主试验力 F_2，仍保留初试验力 F_1，试样弹性变形的恢复使压头上升至 3—3 位置。则压头受主试验力作用压入的深度为 h，金属越硬，h 值越小。为适应人们习惯上数值越大、硬度越高的观念，采用一常数 k 减去压痕深度 h 作为洛氏硬度指标，并规定每 0.002mm 的压痕深度为一个洛氏硬度单位，则洛氏硬度值为：

$$HR = \frac{k-h}{0.002}$$

（2-6）

式中　HR——洛氏硬度，量纲为 1；

　　　k——常数，压头选用金刚石圆锥体时 $k = 0.2$mm，压头选用淬火钢球时 $k = 0.26$mm。

洛氏硬度根据试验时选用的压头类型和试验力大小的不同，分别采用不同的标尺进行标注，常采用的标尺有 A、B、C。洛氏硬度的标注方法为：硬度数值写在硬度符号 HR 的前面，后面写使用的标尺。例如，52HRC 表示用标尺 C 测定的洛氏硬度值为 52。

洛氏硬度试验法具有如下优缺点：

（1）操作简单迅速，硬度值可直接读出。

（2）压痕较小，可在工件上进行试验。

（3）采用不同标尺可测定各种软硬不同的金属和薄厚不一的试样的硬度。

（4）由于压痕小，仪表准确性差，所测得的硬度值重复性差、分散度大。

2.1.2.3　维氏硬度

维氏硬度也是根据压痕单位面积承受的压力来测量的，其试验原理如图 2 - 7 所示。

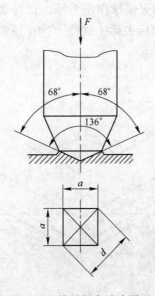

图 2 - 7　维氏硬度试验原理

将夹角为 136° 的正四棱锥体金刚石压头，以选定的试验力压入试样表面，保持规定的时间后去除试验力，在试样表面上压出一个正四棱锥形的压痕，测量压痕两对角线的平均长度，计算硬度值。维氏硬度是用正四棱锥形压痕单位表面积上承受的平均压力来表示硬度值，用符号 HV 表示，单位为 MPa。维氏硬度的计算式为：

$$HV = 0.102\frac{F}{A} = 0.204\frac{F\sin\frac{136°}{2}}{d^2} = 0.189\frac{F}{d^2} \tag{2 - 7}$$

式中　F——试验力，N；

　　　d——压痕两对角线的平均长度，mm。

试验时，用显微镜测出压痕的对角线长度，算出两对角线长度的平均值后，查相关数据表可得出维氏硬度值。

维氏硬度的标注方法为：硬度数值写在硬度符号 HV 的前面，试验条件写在硬度符号的后面。对于钢及铸铁，当试验力保持时间为 10 ~ 15s 时，可以不标出试验条件。例如，600HV30 表示用 30kgf 的试验力保持 10 ~ 15s 所测定的维氏硬度值为 600MPa；640HV30/20 表示用 30kgf 的试验力保持 20s 所测定的维氏硬度值为 640MPa。

维氏硬度试验法具有如下优缺点：

（1）试验力可任意选取，而且压痕测量精度高。

（2）硬度值需在测量压痕对角线的平均长度后才能进行计算，工作效率低。

维氏硬度试验法适用于测量金属箔、极薄表面层以及合金中各组成相的硬度。

【项目 2 - 2】维氏硬度测定试验

1. 实验任务

（1）测定低碳钢和铸铁的硬度值；

（2）对比分析碳含量对铁碳合金硬度的影响。

2. 实验仪器和材料

（1）仪器 HV - 1000 型维氏硬度计（如图 2 - 8 所示）。

（2）材料：被测材料标准试样。

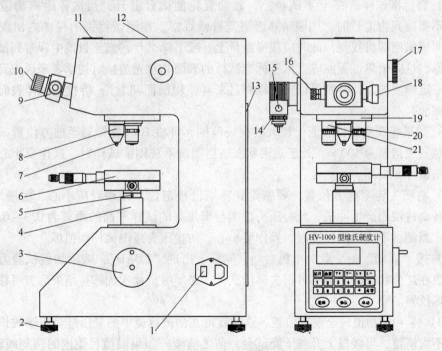

图 2 - 8　HV - 1000 型维氏硬度计

1—电源插头；2—水平螺钉；3—升降旋轮；4—升降螺杆；5—螺钉；6—十字试台；7—压头；8—保护套；

9—测微目镜；10—眼罩；11—摄影板；12—上盖；13—后盖板；14—灯源上下调节螺母；

15—灯源前后调节螺钉；16—左鼓轮；17—变换手轮；18—右鼓轮；

19—转塔；20—40×物镜；21—10×物镜

3. 实验原理

将角锥体在试验力作用下压入材料被测表面，保持一定时间后卸除载荷，然后再测量压痕两对角线的平均长度，计算出压痕的表面积，最后求出硬度值。计算公式为：

$$HV = \frac{F}{A}$$

式中　F——载荷；

　　　A——压痕表面积。

4. 实验步骤

（1）插上电源，打开电源开关。

（2）转动变换手轮，使试验力符合选择要求，变换手轮的力值和屏幕上显示的力值是一致的。旋动变换手轮时，应小心、缓慢地进行。旋转到最大力值 1kgf 时，转动位置已经到底，不能继续朝前转动，应反向转动；旋转到最小力值 0.01kgf 时，也应反向转动。

（3）10s 是最常用的试验力保持时间，也可根据需要按"D＋"键或"D－"键，每按一次变化 1s，"＋"为加，"－"为减。

（4）如视场光源太暗或太亮，可按"L＋"键或"L－"键。

（5）转动转塔，使 40×物镜处于前方位置，此时光学系统总放大倍率为 400×，处于测量状态。

（6）将标准试样放在十字试台上，转动旋轮使试台上升，当试样距离物镜下端约 1mm（不要碰到物镜）时，用眼睛靠近测微目镜观察。在测微目镜的视场内出现明亮光斑，说明聚焦面即将找到，此时应缓慢微量上升或下降试台，直至目镜中观察到试样表面清晰成像，这时聚焦过程完成。由于标准试样的表面非常光洁，对初学者来说找到试样表面是有一定难度的，此时则可以把试样翻过来（使粗糙面朝上），待找到试样表面后再翻回到测试面。

（7）如果想观察试样表面上较大的视场范围，可将 10×物镜转至前方位置，此时光学系统总放大倍率为 100×，处于观察状态。当测试不规则的试样时，操作要小心，防止压头碰击试样而损坏。

（8）将压头转至前方位置，要感觉到转塔已被定位，转动时应小心、缓慢地进行，防止因转动过快而产生冲击，此时压头顶端与聚焦好的试样平面的距离为 0.3～0.45mm。应注意：当测试不规则的试样时，操作要小心，防止压头碰击试样而损坏。

（9）按"启动"键，此时电机启动，屏幕上出现"LOAD"，表示加载试验力；应注意：电机在工作状态时切记不可再去移动试样，必须等待此次加卸荷结束后方可移动，否则会损坏仪器。

（10）将 40×物镜转至前方位置，这时就可在测微目镜中测量压痕对角线的长度。如果压痕不太清楚，可缓慢上升或下降试台，使之清晰；如果测微目镜内的两刻线较模糊，可调节测微镜上的眼罩，这取决于操作者的视力。

（11）在测微目镜的视场内可看到压痕，根据操作者的视力稍微转动升降旋轮，上下移动试台，将其调至最清晰。

（12）测量压痕两对角线的长度。

5. 实验结果记录

2.1.3　冲击韧性

材料在使用过程中不仅受到静载荷和交变载荷的作用，还经常受到冲击载荷的作用。在冲击载荷条件下工作的常见机器零件和工具有活塞销、锤杆、冲模、连杆等。冲击载荷的速度快、作用时间短，易引起工件材料的局部变形和断裂。故在设计和制造受冲击载荷作用的工件时还需考虑其冲击韧性，即材料抵抗冲击载荷的能力。材料的冲击韧性是通过冲击试验来测定的。

2.1.3.1　冲击试验

冲击试验的测试原理如图 2−9 所示。

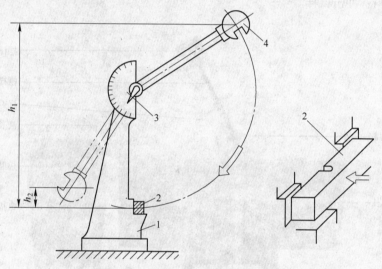

图 2−9　冲击试验测试原理

1—固定支座；2—带 U 形缺口的试样；3—读数表盘及指针；4—摆锤

试验时，将带有缺口（如 V 形缺口）的试样放在试验机的机架上，使其缺口位于两固定支座中间，并背向摆锤的冲击方向。将一定质量的摆锤升高到 h_1，使摆锤具有一定的势能 KV_p，使其自由落下将试样冲断后，摆锤继续升高到 h_2，此时摆锤的势能为 KV_Q，则摆锤冲断试样所消耗的势能 KV（J）为：

$$KV = KV_p - KV_Q \tag{2-8}$$

式中，KV 为规定形状和尺寸的试样在冲击试验力一次作用下断裂时所吸收的能量，称为冲击吸收能量。KV 可以从试验机的刻度盘上直接读出。

2.1.3.2　冲击韧性

用试样断口处横截面面积 S（cm^2）去除 KV（J），即得到冲击韧性 a_k，单位为 J/cm^2：

$$a_k = KV/S \tag{2-9}$$

a_k 对组织缺陷很敏感，能反映出材料质量、宏观缺陷和显微组织方面的微小变化。因此，冲击试验是生产上用来检验冶炼和热加工质量的有效方法之一。

【项目 2 - 3】摆锤冲击试验

1. 实验任务

（1）了解冲击试验方法，测定低碳钢与铸铁的冲击韧性值；

（2）观察低碳钢与铸铁两种材料在常温冲击条件下的破坏情况和断口形貌，并进行比较。

2. 实验设备、量具和材料

（1）设备：摆锤冲击试验机（如图 2 - 10 所示）。

（2）量具：游标卡尺。

（3）材料：冲击试样。

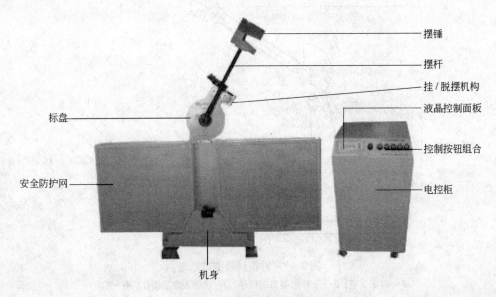

图 2 - 10　摆锤冲击试验机

3. 试样

冲击韧性的数值与试件的尺寸、缺口形状和支承方式有关。为了对实验结果进行比较，正确地反映材料抵抗冲击的能力，国家标准 GB/T 229—2007 规定的冲击试样有两种形式：

（1）V 形缺口试样，见图 2 - 11（a）；

（2）U 形缺口试样，见图 2 - 11（b）。

本实验采用带有深的 U 形缺口的试样。

4. 实验原理和方法

变形速度不同，材料的力学性能也会随之发生变化。在工程上常采用冲击韧性来表示材料抵抗冲击的能力。材料力学实验中的冲击试验采用常温简支梁的大能量一次冲击试

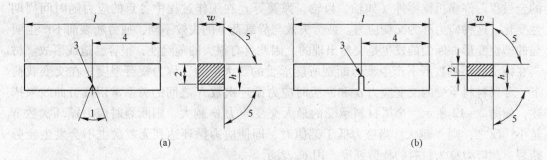

图 2 – 11 冲击试样

（a）V 形缺口试样；（b）U 形缺口试样

1—缺口角度；2—缺口底部高度；3—缺口根部半径；4—缺口对称面 – 端部距离

（缺口对称面 – 试样纵轴角度）；5—试样纵向面间夹角；l—长度，即与缺口方向垂直的最大尺寸；

h—高度，开缺口面与其相对面之间的距离；w—宽度，即与缺口轴线平行且垂直于高度方向的尺寸

验。试验时，将重量为 G 的摆锤向上摆起至 h_1 高度，于是摆锤便具有一定的势能，令摆锤突然下落，冲击安装在机座上的试样，将试样冲断。试样折断所消耗的能量，等于摆锤原来的势能与其冲断试样后在扬起位置 h_2 时的势能之差。冲断试样所消耗的能量可从试验机刻度盘上直接读出，则材料的冲击韧性可由下式得到：

$$K = G(h_1 - h_2)$$

$$a_k = K/S$$

式中　K——冲断试样所消耗的能量；

　　　S——试样断口处的横截面面积。

5. 实验步骤

（1）在安装试样之前先进行空打，记录试验机因摩擦阻力所消耗的能量，并校对零点。

（2）稍抬摆锤，将试样紧贴支座放置，并使试样缺口的背面朝向摆锤刀刃。试样缺口对称面应位于两支座对称中心，其偏差不应大于 0.5mm。

（3）按动"取摆"按钮，抬高摆锤，待听到锁住声后方可慢慢松手。按动"冲击"按钮，摆锤下落，冲断试样，并任其向前继续摆动，至高点后回摆时再将摆锤制动，从刻度盘上读取摆锤冲断试样所消耗的能量。

（4）将摆锤下放到铅垂位置，切断电源，取下试样。应注意：先安装试样，后抬高摆锤。当摆锤抬起后，严禁身体进入摆锤的打击范围内。试样折断后，切勿马上拣拾。

6. 实验结果处理

（1）根据试样折断所消耗的能量，计算低碳钢与铸铁的冲击韧性，并进行比较。

（2）观察两种材料断口的差异。

2.1.4　疲劳强度

疲劳是指材料在服役过程中，由于承受交变载荷而导致裂纹萌生、扩展以及断裂失效

的全过程。许多机械零件（如轴、齿轮、弹簧等）在工作过程中各点的应力随时间周期性变化，这种应力称为交变应力。疲劳失效与静载荷下的失效不同，疲劳断裂前不产生明显的塑性变形，断裂的发生是突然出现的，因此具有很大的危险性，很容易造成事故。材料在指定循环基数下不产生疲劳断裂所能承受的最大应力，称为疲劳强度。在交变载荷下，金属材料承受的交变应力 σ 和断裂时应力循环次数 N 之间的关系常用疲劳曲线来描述，如图 2-12 所示。金属材料承受的最大交变应力 σ 越大，则断裂时应力循环次数 N 越小；反之，则 N 越大。当应力低于某值时，即使应力循环达到无数次也不会发生疲劳断裂，此应力称为材料的疲劳强度，用 σ_D 表示。

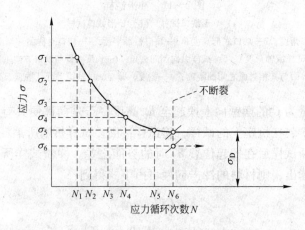

图 2-12　疲劳曲线示意图

工程上，疲劳强度是指在一定的载荷循环次数（一般规定钢铁的循环次数为 10^7，有色金属为 10^8）下不发生断裂的最大应力，用 σ_{-1} 表示。通常材料的疲劳强度是在弯曲疲劳实验机上进行测定的。

疲劳断裂一般是从机件最薄弱的部位或缺陷所造成的应力集中处发生，因此疲劳失效对许多因素都很敏感，如零件外形、循环应力特性、环境介质、温度、机件表面状态、内部组织缺陷等，都会导致裂纹的萌生和扩展而使工件的疲劳强度降低。因此，为了防止疲劳的出现以及疲劳有可能造成的事故，在设计工件结构时应避免应力集中。在工件加工时降低表面粗糙度值、增加表面滚压或喷丸处理工序、进行表面热处理等，可提高工件的疲劳强度。

【项目 2-4】金属轴向拉压疲劳演示试验

1. 实验任务

（1）了解金属材料疲劳性能测试的有关实验设备；

（2）了解金属疲劳破坏断口的形貌特征。

2. 实验设备

设备：高频疲劳试验机。

3. 实验原理和方法

金属材料在交变应力长期作用下发生局部累积损伤，经一定循环次数突然发生断裂的现象称为疲劳破坏。疲劳破坏是一个裂纹形成、扩展直至最终断裂的过程。在工作应力超过疲劳极限 σ_D 时，由于循环应力的反复交变，构件上应力最大或材料最薄弱的地方首先形成微裂纹，随着循环次数的增加，裂纹按一定速率逐渐扩展，而构件的承载面积逐渐减小，当裂纹面上的应力达到材料的断裂强度时，就突然发生断裂。裂纹扩展时，高应变塑性区只限于裂纹尖端附近。断裂时，宏观上没有明显的塑性变形，因此表现为脆断。疲劳破坏断口明显地分成光滑区（裂纹扩展区）和粗糙区（最后断裂区）。

本实验因时间、物力消耗太多且学时有限，在有条件的情况下只能做参观性实验，了解实验设备、实验原理和测试方法。

4. 实验内容

（1）观察疲劳破坏实物，了解疲劳断口的形貌特征。

（2）观看高频疲劳试验机，了解其工作原理。

（3）观看轴向拉压疲劳试样，了解其安装方式。

（4）开启电源，观察试样承受拉、压交变载荷时的情况。

5. 断裂韧性

实际使用的工程材料中常存在一定的缺陷，如气孔、夹杂物或加工和使用过程中产生的裂纹（如焊接、热处理裂纹），这些缺陷就像材料中存在的裂纹，在应力作用下可失稳而扩展，导致工件断裂，如桥梁、船舶、大型轧辊等有时在工作应力远低于材料屈服极限的条件下产生的低应力脆断。材料抵抗裂纹扩展的能力称为断裂韧性，用 K_{IC} 表示，可通过实验测定。它是材料本身的特性，与材料的成分、热处理及加工工艺有关，与裂纹的尺寸、形状及外加应力无关。

断裂韧性为零件的安全设计提供了一个重要的力学性能指标，根据零件的工作应力及内部可能出现的裂纹尺寸，可确定材料应有的断裂韧性，为正确选材提供依据。

2.2 材料的物理、化学及工艺性能

2.2.1 材料的物理性能

（1）密度。密度是指单位体积的物质质量，用 ρ（g/cm³）表示。一般金属材料具有较大的密度，陶瓷材料次之，高分子材料密度最小。材料的密度关系到用它们制造的构件或零件的自重。金属材料中密度小于 $5g/cm^3$ 的称为轻金属，如铝、镁、钛及其合金，多用于航空航天器及车、船等交通运输工具。

（2）熔点。材料由固态变为液态时的温度称为熔点。一般来讲，晶体材料（如金属、陶瓷）具有一定的熔点，非晶体（如高分子材料、玻璃）没有固定熔点。材料的熔点对其零件的耐热性影响较大，高熔点的陶瓷材料可制造耐高温零件；而高分子材料熔点低、耐热性差，一般不能用于耐热构件。

（3）导热性。热能由高温区向低温区传递的现象称为热传导或导热。导热性用热导率 λ（W/(m·K)）表示。一般金属材料的导热性较好（其中银的导热性最好，铜、铝次之），而陶瓷材料及高分子材料的导热性较差。导热性好的材料可制造散热器、热交换器等。

（4）导电性。传导电流的能力称为导电性，用电阻率 ρ（Ω·m）表示。电阻率越

小，导电性越好。金属材料具有较好的导电性（其中银的导电性最好，铜、铝次之），而陶瓷材料及高分子材料是电的绝缘体。电阻率小的金属（纯铜、纯铝）可制作导电零件和电线电缆，电阻率大的金属或合金（钨、钼、铁、铬等）适合制作电热元件。

2.2.2　材料的化学性能

（1）耐蚀性。材料在常温下抵抗氧、水蒸气及其他化学介质腐蚀破坏的能力称为耐蚀性。金属材料中，钛及其合金、不锈钢的耐蚀性较好，而碳钢、铸铁的耐蚀性较差。陶瓷材料及高分子材料都具有极好的耐蚀性。耐蚀性好的材料可用于制造食品、化工、制药等设备的零件。

（2）抗氧化性。材料在加热到较高温度时抵抗氧化作用的能力称为抗氧化性。陶瓷材料具有很好的抗高温氧化性，金属材料中加入铬、硅等元素可提高其抗氧化性。抗氧化性好的材料可用于制造高温结构件，如陶瓷可用于制造高温发动机零件，抗氧化性好的耐热钢可制造内燃机排气阀、加热炉底板等工件。

2.2.3　材料的工艺性能

材料的工艺性能是指材料在冷、热加工过程中为保证加工顺利所具备的性能，包括铸造、锻造、焊接、热处理、切削加工等性能。工艺性能的好坏直接影响零件加工后的质量及加工成本，是选材和制订零件加工工艺路线时必须考虑的因素之一。

（1）铸造性能。铸造性能是指金属材料铸造成型时获得优良铸件的能力。衡量铸造性能的指标主要有流动性、收缩性和偏析等。

（2）锻造性能。锻造性能是指金属材料是否易于进行压力加工的性能。锻造性能取决于材料的塑性和变形抗力，而材料的塑性和变形抗力受材料成分、变形温度、变形条件等影响。塑性越好，变形抗力越小，则材料的锻造性能越好。例如，纯铜在室温下就具有良好的锻造性能，碳钢在加热状态下锻造性能良好，铸铁则不能锻造。

（3）焊接性能。焊接性能是指金属材料在一定焊接工艺条件下获得优质焊接接头的能力，可用焊接时产生裂纹的倾向性来表示。碳钢的焊接性能主要由化学成分决定，其中碳含量的影响最大。例如，低碳钢具有良好的焊接性能，而高碳钢的焊接性能不好。

（4）热处理性能。热处理性能是指热处理后性能改善的难易程度。热处理是通过加热、保温、冷却的方法使材料在固态下的组织结构发生改变，从而获得所要求性能的一种加工工艺。在生产上，热处理既可以用于提高材料的力学性能及某些特殊性能，以进一步充分发挥材料的潜力；也可用于改善材料的加工工艺性能，如改善切削加工和焊接性能等。常用的热处理方法有退火、正火、淬火、回火及表面热处理（表面淬火及化学热处理）等。

（5）切削加工性能。材料进行切削加工的难易程度称为切削加工性能。切削加工性能主要用切削后的表面粗糙度和刀具寿命来衡量。影响切削加工性能的因素有工件的化学成分、组织、硬度和形变强化度等。一般认为，材料具有适当硬度（170～230HBS）和足够脆性时较易切削。所以，灰铸铁的切削加工性能比钢好，碳钢的切削加工性能比合金钢好。改变钢的成分和进行适当热处理，能改善其切削加工性能。

（6）材料的经济性能。在生产过程中，材料的成本一般要占到产品价格的一半左右，所以在达到使用要求的前提下，应尽量降低材料的成本。而成本除了原材料的买入成本外，还包括在生产过程中的使用情况，如加工余量的多少、加工工序的复杂程度等。只有把成本严格控制好，才能使产品在市场上有足够的竞争力，从而促进新产品的开发和利用，使其更好地为社会服务。

习　题

2-1　低碳钢拉伸应力－应变曲线可分为哪几个变形阶段，其变化特征是什么？

2-2　通过拉伸试验得到了哪些力学性能指标，工程上是如何定义它们的，如何测定它们？

2-3　硬度的实验按原理不同有哪些方法，常用的硬度测试方法又有哪些？

2-4　在实际生产中冲击韧性有何重要意义？试举例说明。

2-5　什么是材料的疲劳，它有何特点？生产中如何避免疲劳造成的事故？

2-6　产生化学腐蚀的原因是什么，为什么它的危害性很大？

2-7　试说明制造选材时如何综合考虑材料的各方面性能。

金属材料的结构与组织

　　材料的结构是指材料内部各组成微粒（原子、分子、离子等）之间的结合方式及其在空间的排列分布规律，即物质的结合键和晶体结构类型。材料的组织是指可直接借助仪器观察到的材料内部各组成部分的形貌，如各组成部分的大小、形态、分布状况和相对数量等。

　　不同的金属材料具有不同的性能，即使是同一种金属材料，在不同的条件下性能也不同。这是因为材料的性能取决于其内部的结构与组织，而材料的结构与组织是由其化学成分及加工工艺决定的。因此，研究金属材料内部结构与组织的变化规律，对了解金属材料性能、正确选用金属材料、合理确定加工方法具有非常重要的意义。

3.1　纯金属的结构与组织

　　根据物质内部微粒的排列特征，固态物质分为晶体与非晶体两类。晶体是指其组成质点（原子、离子或分子）在三维空间做有规律的重复排列所组成的物质，如金刚石、石墨及一般固态金属材料等。金属及绝大多数固体都是晶体，晶体具有固定的熔点、沸点和各向异性等特征。非晶体是指其组成质点无序排列组成的物质，如玻璃、沥青、石蜡、松香等。非晶体物质没有固定的熔点、沸点，而且性能各向同性。非晶体从整体结构上来看是无序的，但在很小的范围内又是有序的，也称为近程有序。当条件允许时，这种结构是可以向有序转化的，即晶体与非晶体是可以相互转化的。

　　为了更好地学习和理解晶体中质点在三维空间排列的有序性，可把晶体内部质点近似视为刚性质点，如图 3 - 1（a）所示。用一些假想的直线将各质点中心连接起来，形成一个空间格子，如图 3 - 1（b）所示。这种抽象的用于描述微粒在晶体中排列形式的空间格架，称为晶格。晶体晶格在空间的排列有周期性重复的特点，通常把晶格中具有空间排列规则特征的最小几何单元称为晶胞，如图 3 - 1（c）所示。因此，晶格是由晶胞不断重复堆砌而成的，晶胞表示晶体中微粒在空间的排列规律。

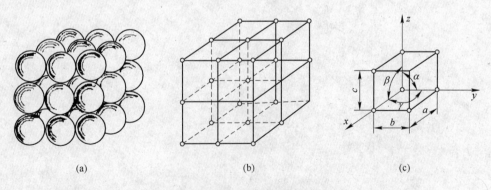

（a）　　　　　　　　　　（b）　　　　　　　　　（c）

图 3 - 1　简单立方晶格和晶胞示意图

　　在研究晶体结构时，可以用晶格参数来表示晶胞的几何形状及尺寸。晶格参数包括晶胞的棱边长度（a、b、c）和棱边夹角（α、β）。晶胞的各棱边长度又称为晶格常数。

在晶格中由一系列原子列组成的平面称为晶面。晶格中各原子列所处的位向称为晶向。

3.1.1 理想金属晶体结构

金属在正常情况下都是晶体，金属原子呈有规律的排列。在已知的多种金属材料中，大部分金属原子排列的晶体结构都属于下面三种类型：

（1）体心立方晶格。这种晶格的晶胞是一个立方体，在立方体的八个顶角和晶胞中心各有一个原子，如图 3-2 所示。体心立方晶胞每个顶角上的原子均为相邻八个晶胞所共有，而中心原子为该晶胞所独有，所以体心立方晶胞中的原子数为 $1 + 8 \times 1/8 = 2$ 个。属于这种晶格类型的金属有 α-Fe、Cr、W、Mo、V 等。

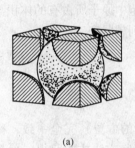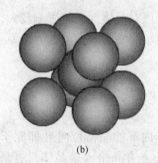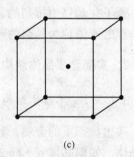

(a)　　　　　　　　　(b)　　　　　　　　　(c)

图 3-2　体心立方晶格示意图

（2）面心立方晶格。这种晶格的晶胞也是一个立方体，立方体的八个顶角和六个面的中心各有一个原子，如图 3-3 所示。同样，晶胞顶角原子为相邻八个晶胞所共有，各面中心的原子为相邻两个晶胞所共有，所以面心立方晶胞中的原子数为 $8 \times 1/8 + 6 \times 1/2 = 4$ 个。属于这种晶格的金属有 γ-Fe、Al、Cu、Ni、Au、Ag 等。

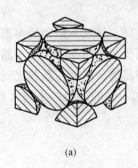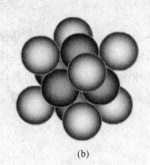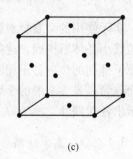

(a)　　　　　　　　　(b)　　　　　　　　　(c)

图 3-3　面心立方晶格示意图

（3）密排六方晶格。这种晶格的晶胞是一个正六方棱柱，在正六方棱柱的十二个顶角和上、下底面中心各有一个原子，另外在晶胞内部还有三个完整的原子，如图 3-4 所示。同样，密排六方晶胞的实有原子数为 $12 \times 1/6 + 3 + 2 \times 1/2 = 6$ 个。属于这种晶格的金属有 Mg、Zn、Ti 等。

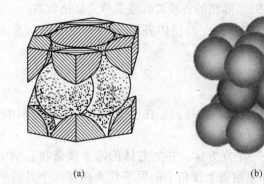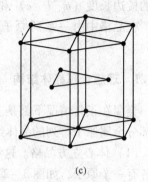

(a)　　　　　　　　　　　　(b)　　　　　　　　　　　　(c)

图 3 - 4　密排六方晶格示意图

原子在晶格中排列的紧密程度对晶体性质的影响较大，晶胞中原子所占有的体积与晶胞体积的比值称为晶格的致密度。晶格的致密度越大，原子排列越紧密。

3.1.2　实际金属晶体结构

3.1.2.1　单晶体结构

理想状态下的金属，其晶体内部的晶格位向（即原子排列的方位）完全一致，称为单晶体，如单晶体 α - Fe 的体心立方晶格。单晶体只有采用特殊方法才能获得。单晶体在不同方向上具有不同的性能，这种现象称为各向异性。这是因为在不同的晶面和晶向上，原子排列状况不同，原子密度及原子间结合力也不同，所以宏观性能就有了方向性。如单晶体 α - Fe 在体对角线方向上的弹性模量 $E = 290000\mathrm{MPa}$，而沿立方体边长方向上的弹性模量 $E = 135000\mathrm{MPa}$。晶体的各向异性在工业上得到广泛应用，如制造变压器用的硅钢片，使其易磁化的晶向平行于轧制方向，可提高磁导率。

3.1.2.2　多晶体结构

实际使用的金属材料即使体积很小，也是由许多晶格位向不同、外形不规则的多面体颗粒状小晶体所构成，这些小晶体称为晶粒。每个小晶体都相当于一个单晶体，各小晶体中原子排列的位向各不相同，这种由许多晶粒组成的晶体称为多晶体。晶粒与晶粒之间的界面称为晶界。一般的金属都是多晶体结构，其性能是各个位向不同的晶粒的平均性能，显示出各向同性。

3.1.2.3　晶体缺陷

实际金属由于种种原因（如压力加工、原子热运动、工作环境等），其局部区域的原子有序性遭到破坏，不会像理想金属的晶体排列那样完整和规则。实际金属中原子排列不规律的区域称为晶体缺陷，其对金属性能有明显的影响。

晶体缺陷按其几何特点，分为点缺陷、线缺陷和面缺陷三种。

A　点缺陷

点缺陷是晶体中某些位置呈点状的缺陷，即在空间三个方向尺寸都很小的晶体缺陷。

最常见的点缺陷是晶格空位和间隙原子。晶格中某个原子脱离了平衡位置，形成了空结点，称为晶格空位；某个晶格间隙中挤入了原子，称为间隙原子，如图 3-5 所示。点缺陷的出现破坏了原子间的平衡状态，使晶格发生扭曲，造成晶格产生畸变。晶格畸变会使晶体的性能发生改变，如强度、硬度增加。

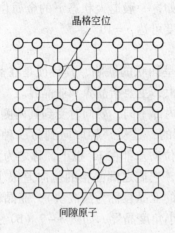

图 3-5　点缺陷示意图

B　线缺陷

线缺陷是晶体中某些位置呈线状的缺陷，其特征是在晶体空间的两个方向上尺寸很小，而在另一个方向上的尺寸相对比较大。这种缺陷主要是指各种类型的位错，即指晶格中一列或数列原子发生某种有规律错排的现象。位错有多种类型，其中刃型位错是最简单的一种位错形式，其几何模型如图 3-6 所示。在晶体的 ABC 平面以上，多出一个垂直半原子面，这个多余的半原子面像刀刃一样垂直切入晶体，使晶体中刃部周围的原子产生错排现象。多余半原子面的底边（见图 3-6 中 EF 线）称为位错线，在位错线周围引起晶格畸变，离位错线越近，畸变程度也越严重。

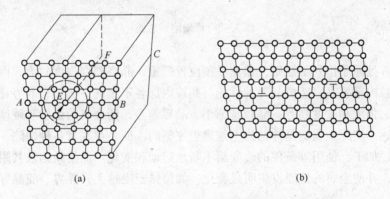

(a)　　　　　　　　　　　　(b)

图 3-6　线缺陷示意图

晶体中的位错不是固定不变的，在相应的外部条件下晶体中的原子发生热运动或晶体受外力作用而产生塑性变形时，位错在晶体中能够进行不同形式的运动，从而使位错密度 ρ（单位体积晶体中位错的总长度，单位为 cm/cm^3）及组成状态发生变化。随着位错密度的增加，由于位错之间的相互作用和制约也相应增加，位错运动越发变得困难，金属的强度会逐步提高。当线缺陷增至趋近100%时，金属将失去规则排列的特征而成为非晶态金属，这时金属显示出很高的强度。

增加或降低位错密度都能有效提高金属的强度，目前生产中一般是采用增加位错密度的方法来提高金属的强度。例如，一般退火状态下的金属位错密度 $\rho = 10^5 \sim 10^8$，采用冷塑性变形后淬火的金属位错密度可达 $\rho = 10^{12}$。

C　面缺陷

面缺陷是晶体中某些位置呈面状的缺陷，其特征是在晶体空间的一个方向上尺寸很小，而在另两个方向上尺寸很大，主要指晶界和亚晶界。

晶界处的原子排列与晶体内部不同，要同时受到其两侧晶粒不同位向的综合影响，所以晶界处的原子排列是不规则的，是从一种取向到另一种取向的过渡状态，如图3-7（a）所示。大多数相邻晶粒的位向差都在15°以上，称之为大角度晶界。在一个晶粒内部还可能存在许多更细小的晶块，它们之间晶格的位向差很小，通常小于2°~3°，这些小晶块称为亚晶粒（有时将细小的亚晶粒称为镶嵌块），亚晶粒之间的界面称为亚晶界。亚晶界是由一些位错排列而成的小角度晶界，如图3-7（b）所示。

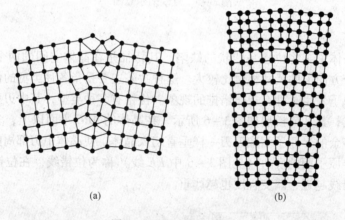

(a)　　　　　　　　　　　　(b)

图3-7　面缺陷示意图

由于晶界处原子排列不规则，偏离平衡位置严重，晶格畸变程度较大，因而使晶界处的能量比晶粒内部要高，造成晶界的性能与晶粒内部各不相同。例如，晶界比晶内易受腐蚀、熔点低、强度和硬度高等。晶粒越细小，晶界越多，则金属的强度和硬度越高。

综上所述，实际金属的晶体结构不是理想完整的，而是存在着各种缺陷，而且这些缺陷随着温度、加工、使用等条件的改变而不断地运动和变化。晶格缺陷及其附近均有明显的晶格畸变，并使金属的性能发生明显变化，如位错密度越大，晶界、亚晶界越多，金属的强度越高。

3.1.3　纯金属的结晶组织

物质由液态转变为固态的过程称为凝固。其中，凝固后的固体能够形成固态晶体的过程称为结晶。金属结晶后形成的组织直接影响到金属的性能，如在机械制造行业中，铸件和焊件的组织及性能在很大程度上取决于其结晶过程。因此,研究金属结晶的规律,对提高铸件、焊件质量有重要的指导意义,同时也为研究金属材料的组织转变奠定基础。

3.1.3.1 纯金属的结晶条件

晶体物质都有一个平衡结晶温度(即熔点),液体低于这一温度时才能结晶,固体高于这一温度时便发生熔化。在平衡结晶温度下,液体与晶体共存,处于平衡状态。纯金属的实际结晶过程可用冷却曲线来描述。冷却曲线是温度随时间变化的曲线,是用热分析法测绘的。首先将金属熔化,然后以缓慢的速度冷却。在冷却过程中,每隔一定时间测定一次对应的温度,最后以温度和时间作为纵坐标和横坐标,即得到纯金属冷却曲线,如图3-8所示。从冷却曲线可以看出,液态金属随时间冷却到某一温度时,在曲线上出现一个平台,这个平台所对应的温度就是纯金属的平衡结晶温度T_0。这是因为金属结晶时放出结晶潜热,补偿了此时其向环境散发的热量,使温度保持恒定,结晶完成后,温度继续下降。

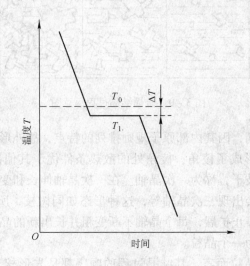

图3-8 纯金属冷却曲线

如图3-8所示,在实际结晶过程中,液态金属降温后必须冷却到平衡结晶温度以下才开始结晶,即其实际结晶温度T_1总是低于平衡结晶温度T_0,这种现象称为过冷现象。平衡结晶温度T_0与实际结晶温度T_1之差ΔT,称为过冷度。在实际生产中,金属结晶必须在一定的过冷度下进行,过冷是金属结晶的必要条件。金属结晶时的过冷度与冷却速度有关,冷却速度越大,则金属的实际结晶温度越低,过冷度就越大。

3.1.3.2 纯金属的结晶过程及结晶组织

纯金属的结晶过程是晶核不断形成和长大的过程。图3-9为金属结晶过程示意图。金属呈液态时温度高,其中的原子热运动剧烈,排列不规则。但随着温度的下降,原子的运动能力逐渐减弱,原子的活动范围也逐渐缩小,相互之间逐渐接近。当温度下降到结晶温度时,在液体内部的一些微小区域内,原子由不规则排列向晶体结构的规则排列逐渐过渡,即随时都在不断产生许多类似晶体中原子排列的小集团。其特点是:尺寸较小,极不稳定，时聚时散；温度越低，尺寸越大，存在的时间越长。这种不稳定的原子排列小集团是结晶中产生晶核的基础。当液体被过冷到结晶温度以下时，某些尺寸较大的原子小集团变得稳定，能够自发地成长，即成为结晶的晶核。这种只依靠液体本身在一定过冷度条件下形成晶核的过程称为自发形核。但自发形核需要非常大的过冷度，在实际生产中，金属液体内常存在各种固态的杂质微粒，金属结晶时，依附这些杂质的表面形成晶核比较容易。这种依附于杂质表面形成晶核的过程称为非自发形核。非自发形核与自发形核相比，过冷度要求很低，因而在生产中都是非自发形核，它的作用也更为重要。结晶开始时各晶核都是按各自方向吸附周围原子自由长大，在长大的同时又有新晶核出现、长大，当相邻晶体彼此接触时被迫停止长大，而只能向尚未凝固的液体部分伸展，直至结晶完毕。因此一般情况下，金属的结晶组织是由许多外形不规则、位向不同的小晶粒组成的多晶体。

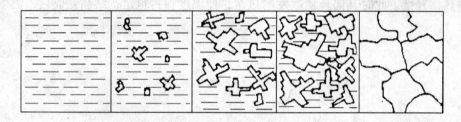

图 3 - 9　金属结晶过程示意图

在晶核开始成长初期，因其内部原子规则排列的特点，故外形大多是比较规则的。但随着晶核的长大，逐渐形成了棱角，棱角处的散热条件优于其他部位，因而得到优先长大，如树枝一样先长出枝干，称为一次晶轴。在一次晶轴伸长和变粗的同时，在棱角处会长出二次晶轴，随后又会出现三次晶轴等，这种形态如同树枝，所以称为"枝晶"。相邻的树枝状骨架相遇时则停止扩展，每个晶轴不断变粗并长出新的晶轴，直至枝晶间液体全部消失，每一枝晶成长为一个晶粒。

对于每一个单个的晶粒而言，其结晶过程的顺序都是先形核、后长大，分为两个阶段；但对整个结晶过程而言，形核与长大在整个结晶期间是同时进行的，直至每个晶核长大到互相接触形成晶粒为止。

3.1.3.3　结晶组织中晶粒大小的控制

金属结晶完毕后，形成了由许多个晶粒组成的多晶体组织。晶粒的大小对金属的力学性能有较大影响。细晶粒组织的金属由于晶界面较多，晶格畸变较大，对金属的变形阻碍较大，使得金属强度、硬度高。而且细晶粒组织的金属塑性和韧性也好，这是因为晶粒越细，一定体积中的晶粒数目越多，在同样的变形条件下，变形量被分散到更多的晶粒内进行，各晶粒的变形比较均匀而不致产生过分的应力集中现象，因此可产生较大的变形量，表现出较高的塑性和韧性。晶粒尺寸对纯铁力学性能的影响见表 3 - 1。

在生产实践中，通常采用适当方法获得细小晶粒以提高材料的强度，这种强化金属材料的方法称为细晶强化。晶粒的大小主要取决于金属结晶时的形核率 N（单位时间内单位体积中产生的晶核数）、晶核长大速度 G（单位时间内晶核生长的速度）、液态金属中的杂

表 3 - 1   晶粒尺寸对纯铁力学性能的影响

晶粒直径/μm	抗拉强度 R_m/MPa	屈服强度 R_e/MPa	断后伸长率 A/%
1.6	270	66	50.6
2.0	268	59	48.7
25	216	45	39.4
70	184	34	30.5

质等因素。因此，生产上控制结晶过程得到细晶粒的措施主要有：

（1）增大过冷度。过冷度对形核率和晶核长大速度的影响见图3-10。由图中左半部分（过冷度小于T）可见，随着过冷度ΔT的增加，形核率N和晶核长大速度G均增加。过冷度达一定值T时，两者均达到最大值。但形核率N的增加比晶核长大速度G的增加更快，有利于晶粒细化。图中右半部分为虚线，表示实际工业生产中一般达不到如此大的过冷度，即使达到也得不到晶体金属，而是得到非晶态金属。因此，在一般液态金属的过冷度范围内，过冷度越大，形核率越高，则晶核长大速度相对越小，金属结晶后得到的晶粒越小。

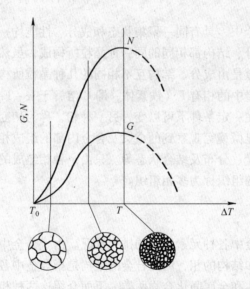

图 3 - 10   过冷度、形核率及晶核长大速度之间的关系

在生产中增大冷却速度（如采用金属型铸造）、降低浇注温度，都可以增加过冷度，细化晶粒。但冷却速度的增加是有一定限度的，特别是对于大的铸件，冷却速度的增加不容易实现，而且冷却速度过大会引起金属铸件应力的增加，造成金属铸件变形甚至开裂。因此，此方法只适合于小型的薄壁铸件。

（2）变质处理。液态金属中的某些高熔点杂质，当其晶体结构与金属的晶体结构相似时，在结晶过程中就能起到形成晶核的作用，促进形核率大大提高，细化晶粒。因此实际生产中，在浇注前向液态金属中加入一定量的难熔金属或合金作为变质剂，可促使液态金属结晶时形成大量非自发晶核，提高形核率，获得细晶粒组织，这种细化晶粒的方法称为变质处理。变质处理在冶金和铸造生产中应用十分广泛，如钢中加入钒、钴、钛、钒等，铸铁中加入硅钙合金等。

（3）附加振动。在金属结晶时，对液态金属附加机械振动、超声波振动和电磁波振动等措施，造成枝晶破碎，使晶核数量增加，也能使晶粒细化。

3.2　合金的晶体结构

3.2.1　纯金属的结构

由于纯金属的力学性能较差，尤其是强度、硬度，所以工程上应用最广泛的是将各种金属或非金属组合起来使用，此即合金。合金是由两种或两种以上的金属元素或金属与非金属元素，经熔炼、烧结等方法结合而成的具有金属特性的物质。例如，工业上广泛应用的钢和铸铁主要是由铁和碳组成的合金；黄铜是由铜和锌组成的合金；硬铝是由铝、铜、镁组成的合金等。

组成合金的最基本的独立物质单元称为组元。组元可以是金属元素、非金属元素和稳定的化合物。根据组元数的多少，合金可分为二元合金、三元合金等。当组元不变而组元比例发生变化时，可以得到一系列不同成分的合金，称为合金系。合金中各元素相互作用可形成相。

相是指在金属或合金中，具有同一聚集状态和成分、性能均一并以界面相互分开的组成部分。若合金是由成分、结构都相同的同一种晶粒所构成，虽然各晶粒有界面分开，但却属于同一种相；若合金是由成分、结构互不相同的几种晶粒所构成，它们则属于不同的几种相。例如，铁碳合金中的相有 F（铁素体，即 C 溶解于 $\alpha - Fe$ 中形成的物质）、Fe_3C 等。金属与合金中的相在一定条件下可以变为另一种相，称为相变。

组织是指用肉眼或显微镜等观察到的金属及合金内部的组成相貌，包括内部组成相的种类、大小、形状、数量、分布及结合状态等。只由一种相组成的组织称为单相组织，由两种或两种以上相组成的组织称为多相组织。

3.2.2　合金的结构

合金的结构是指合金中各种元素原子的排列状况。由于合金中各元素原子之间相互作用会形成具有一定成分和结构的相，因此合金的结构是指合金中各种相的内部结构。合金中相的种类主要有固溶体和金属间化合物两类，下面介绍这两种相的结构。

3.2.2.1　固溶体

溶质原子溶于固态溶剂中并能够保持固态溶剂的晶格类型所形成的合金，称为固溶体。与固溶体晶格类型相同的组元称为溶剂（即被溶的），其他组元称为溶质（即溶入的）。一般溶剂含量较多，溶质含量较少。

根据溶质原子在溶剂晶格中所占位置的不同，可将固溶体分为置换固溶体和间隙固溶体。

（1）置换固溶体。溶质原子代替一部分溶剂原子占据溶剂晶格结点位置时所形成的晶体相，称为置换固溶体，其晶体结构如图 3 - 11（a）所示。置换固溶体按照溶解度的大小可分为有限固溶体和无限固溶体。有限固溶体的溶解度有限，例如铜锌合金形成有限固溶体。溶解度的大小主要取决于组元间的晶格类型、原子半径和原子结构，且溶解度随着温度的升高而增加。只有两组元晶格类型相同、原子半径相差很小时，才可以无限互溶，形成无限固溶体，例如铜镍合金可以形成无限固溶体。

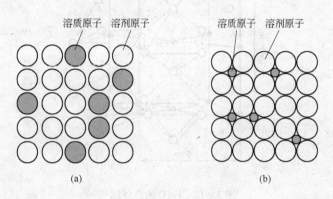

图 3 – 11　固溶体晶体结构示意图
(a) 置换固溶体；(b) 间隙固溶体

（2）间隙固溶体。溶质原子占据溶剂晶格各结点之间的间隙所形成的晶体相，称为间隙固溶体，其晶体结构如图 3 – 11（b）所示。由于溶剂晶格中间隙的尺寸和数量很有限，间隙固溶体只能是有限固溶体。间隙固溶体的溶解度与温度、溶质原子与溶剂原子的半径比及溶剂晶格类型等有关。只有在溶质原子与溶剂原子的半径比小于0.59 时，才能形成间隙固溶体，例如碳、氮、硼等非金属元素溶入铁中形成的固溶体为间隙固溶体。

无论是置换固溶体还是间隙固溶体，由于溶质原子的溶入都会使固溶体内部产生晶格畸变，增加位错运动的阻力，所以使固溶体的强度、硬度提高，塑性、韧性降低。这种由于溶质原子的进入造成固溶体强度、硬度升高的现象，称为固溶强化。而且溶解度越大，造成的晶格畸变程度就越大，固溶强化效果也越好。固溶强化是金属材料强化的重要手段之一。

3.2.2.2　金属间化合物

金属间化合物是指合金元素间发生相互作用生成的具有金属特性的一种新相，其晶格类型和性能与合金中其他组成元素不同。金属间化合物通常有一定的化学成分，可用分子式（例如 Fe_3C、WC）表示。其晶体结构一般比较复杂，性能特点为熔点高、硬而脆。例如，铁碳合金中的 Fe_3C 就是由铁和碳组成的金属间化合物，它具有与其构成组元晶格截然不同的特殊晶格，如图 3 – 12 所示。

由于金属间化合物硬而脆，单相化合物的合金很少使用。当化合物细小且均匀分布在固溶体基体上时，能显著提高合金的强度、硬度和耐磨性，这种现象称为弥散强化。金属间化合物通常用作强化金属，也可溶入其他元素的原子，形成以金属间化合物为基体的固溶体，通过调整其中元素的数量、分布来达到改变性能的目的，满足使用要求。

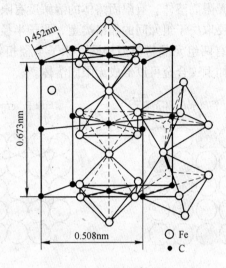

图 3 – 12　Fe$_3$C 的晶体结构

习　　题

3 – 1　金属中常见的晶格类型有哪些，它们分别包含的原子数是多少？

3 – 2　晶体缺陷有哪些，它们的表现形式分别是什么，它们对金属的力学性能有何影响？

3 – 3　何为过冷现象，为什么金属结晶时一定会出现过冷现象？

3 – 4　何为晶粒，为什么细化晶粒可以提高综合力学性能，金属结晶时如何细化晶粒？

3 – 5　什么是合金，它与纯金属的结构有何不同？为什么合金的力学性能优于纯金属？

4　铁碳合金及其相图

铁碳合金主要是由铁和碳两种元素组成的。工业生产中应用广泛的金属材料就是钢和铸铁，它们都是以铁和碳为组元的合金。为了更好地学习铁碳合金，掌握铁碳合金成分、组织与性能之间的关系，为钢铁材料的选择和使用以及钢铁材料热加工工艺的制订打下基础，且由于材料的性能取决于其内部组织和构成，必须了解铁碳合金的组成和结构。

4.1　铁碳合金的结构

铁碳合金的结构是指其内部铁、碳原子的排列形式，即其内部铁、碳原子相互作用形成的各种相的结构。在固态时碳能溶解于铁的晶格中，形成间隙固溶体。当碳含量超过铁的溶解度时，多余的碳与铁形成化合物 Fe_3C。由于铁具有同素异构现象，碳溶于不同的铁中可形成不同的固溶体。

4.1.1　纯铁的同素异构转变

有些金属在固态下随温度或压力的改变会发生晶格转变，即晶体结构发生变化，如铁、钴、钛等。同一种元素在不同条件下具有不同的晶体结构，当温度等外界条件变化时其晶格类型会发生转变，这称为同素异构转变。从图 4-1 所示的纯铁的冷却曲线可知，纯铁的熔点为 1538℃，在 1394℃和 912℃出现平台。纯铁在 1538℃结晶后具有体心立方结构，称为 δ-Fe；当温度下降到 1394℃时，体心立方结构的 δ-Fe 转变为面心立方结构，称为 γ-Fe；在 912℃时，γ-Fe 又转变为体心立方结构，称为 α-Fe；再继续冷却时，晶格类型不再发生变化。

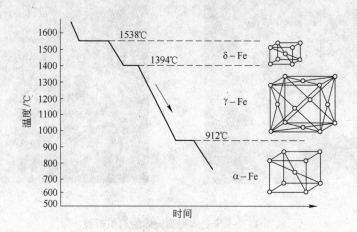

图 4-1　纯铁的冷却曲线及晶体结构转变

4.1.2　铁碳合金的基本相

（1）铁素体（F）。铁素体是指碳溶于 α-Fe 中形成的间隙固溶体，它具有体心立方晶格。碳在 α - Fe 中的溶解度极小，在 727℃时溶解度最大，为 0.0218%，而在室温时几乎为零（0.008%）。铁素体的力学性能几乎与纯铁相同，其强度、硬度很低（$R_m = 180 \sim 280MPa$，硬度为 50～80HBS），但具有良好的塑性和韧性（$A = 30\% \sim 50\%$，$a_K = 160 \sim 200J/cm^2$）。铁素体在显微镜下的形态呈多晶粒状。

（2）奥氏体（A）。奥氏体是指碳溶于 γ - Fe 中形成的间隙固溶体，它具有面心立方晶格。碳在 γ - Fe 中的溶解度比在 α - Fe 中大得多，在 1148℃时溶解度最大，为 2.11%。由于碳在 γ - Fe 中的溶解量较大，固溶强化效果较好，故奥氏体强度、硬度较高，且塑性、韧性也较好。奥氏体在显微镜下的形态也呈多晶粒状。

（3）渗碳体（Fe_3C）。渗碳体是铁、碳原子相互作用形成的一种具有复杂晶体结构的化合物。Fe_3C 的碳含量为 6.69%，其硬度极高（800HBW），塑性和韧性几乎等于零，是一个硬而脆的相。渗碳体因形成条件不同分为如下三种：

1）Fe_3C_I（一次渗碳体），是从高温液相中结晶出来的，呈粗大片状。

2）Fe_3C_{II}（二次渗碳体），是从高温奥氏体中析出来的，呈网状包在奥氏体晶界面上。

3）Fe_3C_{III}（三次渗碳体），是从较低温的铁素体中析出来的，呈细小点状。

4.1.3　铁碳合金的生成相

铁碳合金的三种基本相铁素体、奥氏体、渗碳体，可以相互组合形成珠光体和莱氏体。

（1）珠光体（P）。珠光体组织是由铁素体和渗碳体组成的机械混合物，平均碳含量为 0.77%。其形态为铁素体薄层和渗碳体薄层交替重叠的层状混合物，其显微形态呈指纹状，如图 4 - 2（a）所示。珠光体强度较高，硬度适中，有一定的塑性和韧性，是一种综合力学性能较好的组织。

　　　　　（a）　　　　　　　　　　　　　　　　　　（b）

图 4 - 2　珠光体和莱氏体的组织形貌

（a）珠光体；（b）莱氏体

（2）莱氏体（Ld）。莱氏体组织是由奥氏体（或铁素体）和共晶渗碳体组成的机械混合物，平均碳含量为 4.3%。其形态为小点状奥氏体均匀分布于渗碳体的基体上，其显微形态呈蜂窝状，如图 4 - 2（b）所示。莱氏体组织由于碳含量高，Fe_3C 相对量也较多

（占64%以上），故莱氏体的性能与渗碳体相似，即硬而脆。

铁素体、奥氏体、渗碳体及珠光体和莱氏体是构成铁碳合金组织的基本组成部分，其成分、组织、形态、性能等的比较见表4-1。成分不同的铁碳合金，其平衡组织是由它们中的一种或几种相互搭配组成的，可以由铁碳合金相图进行分析。

表4-1　铁碳合金基本相与生成相的比较

名称	表示方法	碳含量/%	相的分布（一般形态）	性能特点
铁素体	F	<0.0218	晶粒	塑性好
奥氏体	A	<2.11	晶粒	塑性好
渗碳体	Fe_3C	6.69	不规则（点状、片状、网状等）	硬度高，脆
珠光体	P	0.77	指纹状（呈层片状分布）	综合性较好
莱氏体	Ld	4.3	蜂窝状（呈层片状分布）	硬度高，脆

4.2　铁碳合金的组织

4.2.1　铁碳合金相图

铁碳合金相图是在十分缓慢的冷却条件下，用热分析方法测定的铁碳合金成分、温度与组成三者之间关系的图解，故也称为平衡组织相图。它是研究不同成分铁碳合金在不同温度下的组织的重要工具图。由于碳含量大于6.69%的铁碳合金脆性很大，没有使用价值，而Fe_3C（碳含量为6.69%）为稳定的化合物，可作为一个组元，因此，铁碳合金相图即为$Fe-Fe_3C$相图，如图4-3所示。

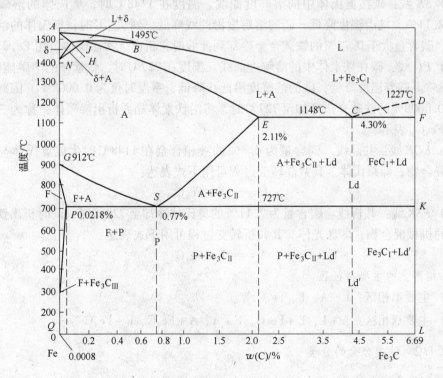

图4-3　$Fe-Fe_3C$相图

　　铁碳合金相图的横坐标为成分坐标轴，其上各点对应于不同碳含量的各种铁碳合金；纵坐标为温度坐标轴，对应于合金所处的不同温度；各区域内所标的字母及符号，代表一定条件下铁碳合金内部的组成相。铁碳合金相图由特征点、特征线、特征区组成。

4.2.1.1　铁碳合金相图分析

　　A　相图上的主要特性点

　　(1) A 点和 D 点：A 点是铁的熔点 (1538℃)，D 点是渗碳体的熔点 (1227℃)。

　　(2) G 点：G 点是 Fe 的同素异构转变点 (912℃)，铁在该点发生面心立方晶格与体心立方晶格的相互转变。

　　(3) E 点和 P 点：E 点处 C 在 γ-Fe 中的溶解度最大 ($w(C)=2.11\%$，温度为 1148℃)，P 点处 C 在 α-Fe 中的溶解度最大 ($w(C)=0.0218\%$，温度为 727℃)。

　　(4) Q 点：Q 点处，室温下 C 在 α-Fe 中的溶解度最大，$w(C)=0.0008\%$。

　　(5) C 点：共晶点，1148℃时发生共晶转变：$L \rightleftharpoons A + Fe_3C$。

　　(6) S 点：共析点，727℃时发生共析转变：$A \rightleftharpoons F + Fe_3C$。

　　B　相图上的主要特性线

　　(1) $ABCD$ 线：液相线，在此线以上所有的铁碳合金均处于液体状态。冷却时碳含量大于 4.3% 的合金在 CD 线开始结晶出 Fe_3C，称为一次渗碳体，用 Fe_3C_I 表示。

　　(2) $AHJECF$ 线：固相线，在此线以下所有的铁碳合金均处于固体状态。

　　(3) GS 线：冷却时从奥氏体中开始析出铁素体或加热时铁素体全部溶入奥氏体的转变温度线。

　　(4) SE 线：碳在奥氏体中的溶解度曲线。温度在 1148℃时，奥氏体的溶碳能力最大，为 2.11%。随着温度降低，碳的溶解度沿此线降低，到 727℃时，奥氏体的溶碳量为 0.77%。碳含量大于 0.77% 的铁碳合金冷却到此线时，析出二次渗碳体，用 Fe_3C_{II} 表示。

　　(5) PQ 线：碳在铁素体中的溶解度曲线。温度在 727℃时，铁素体的溶碳能力最大，为 0.218%。随着温度降低，碳的溶解度沿此线降低，室温时仅为 0.0008%。因此，碳含量大于 0.0008% 的铁碳合金冷却至 727℃时，将沿铁素体晶界析出渗碳体，称为三次渗碳体，用 Fe_3C_{III} 表示。

　　(6) ECF 线：共晶线。碳含量为 4.3% 的液相合金在 1148℃时生成奥氏体与渗碳体的机械混合物，即莱氏体。其共晶转变过程可用下式表达：

$$L \rightleftharpoons A + Fe_3C$$

　　(7) PSK 线：共析线。碳含量为 2.11% 的奥氏体冷却至 727℃时，同时析出铁素体与渗碳体的机械混合物，即珠光体。其共析转变过程可用下式表达：

$$A \rightleftharpoons F + Fe_3C$$

　　C　相图上的主要特征区

　　(1) 主要单相区：L、A、F、Fe_3C 等。

　　(2) 主要双相区：$A+L$、$L+Fe_3C$、$F+A$、$A+Fe_3C$、$F+Fe_3C$ 等。

4.2.1.2　铁碳合金的分类

　　按相图上特征点的碳含量，可将铁碳合金分为工业纯铁、钢及白口铸铁三类。

（1）工业纯铁，碳含量小于 P 点，即 $w(C) < 0.0218\%$。

（2）钢，碳含量在 P 点和 E 点之间，即 $0.0218\% < w(C) < 2.11\%$。钢又可分为以下三种：

1）亚共析钢，碳含量在 P 点和 S 点之间，即 $0.0218\% < w(C) < 0.77\%$；

2）共析钢，碳含量在 S 点，即 $w(C) = 0.77\%$；

3）过共析钢，碳含量在 S 点和 E 点之间，即 $0.77\% < w(C) < 2.11\%$；

（3）白口铸铁。碳含量在 E 点和 F 点之间，即 $2.11\% < w(C) < 6.69\%$。白口铸铁又可分为以下三种：

1）亚共晶白口铸铁，碳含量在 E 点和 C 点之间，即 $2.11\% < w(C) < 4.30\%$；

2）共晶白口铸铁，碳含量在 C 点，即 $w(C) = 4.30\%$；

3）过共晶白口铸铁，碳含量在 C 点和 F 点之间，即 $4.30\% < w(C) < 6.69\%$。

4.2.2 铁碳合金的结晶过程分析及组织

铁碳合金由于成分不同，室温下的组织也不同，其组织可利用铁碳合金相图进行结晶过程分析而得到。工业纯铁的组织比较简单，当温度低于 1538℃时高温液体中结晶出 δ – Fe 的固溶体（即高温铁素体），随温度降低转变为 γ – Fe 的固溶体（即奥氏体），而后又变为 α – Fe 的固溶体（即铁素体），又从铁素体中析出少量三次渗碳体 Fe_3C_{III}，最终组织为 $F + Fe_3C_{\text{III}}$。下面分析图 4 – 4 所示的其他铁碳合金的结晶过程及最终组织。

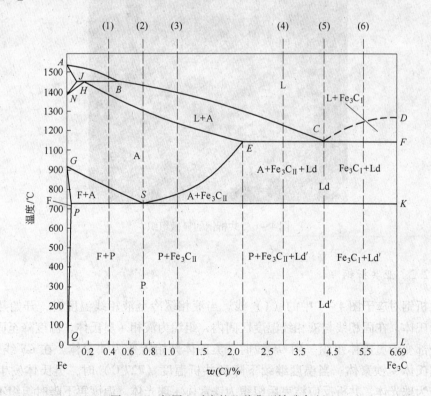

图 4 – 4   相图上对应的几种典型铁碳合金

4.2.2.1　共析钢

共析钢对应于图 4 - 4 中的（2）线。当液体金属由高温缓冷到液相线温度时，开始从液相中结晶出奥氏体。随着温度降低，奥氏体量逐渐增加，液体量逐渐减少，当温度降低到固相线温度时，剩余的液相全部转变为奥氏体，在固相线温度与共析温度之间保持奥氏体不变。冷却至 S 点温度时，达到共析温度（727℃），奥氏体发生共析反应，转变为 F 与 Fe_3C 层片相间的机械混合物，即珠光体 P。温度继续下降时组织不再发生变化，因此共析钢室温下的平衡组织为 P。图 4 - 5 为共析钢结晶过程组织转变示意图，图 4 - 6 所示为共析钢的显微组织。

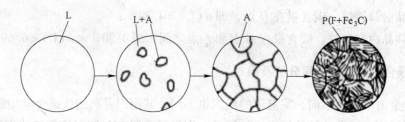

图 4 - 5　共析钢结晶过程组织转变示意图

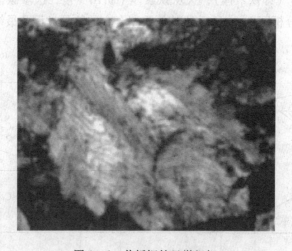

图 4 - 6　共析钢的显微组织

4.2.2.2　亚共析钢

亚共析钢对应于图 4 - 4 中的（1）线。当液相缓冷至液相线温度时，开始从液相中结晶出奥氏体。在固相线与液相线温度区间内，组织为液相 + 奥氏体。温度降至固相线温度时，全部变为奥氏体组织。到 GS 线时，奥氏体开始转变为铁素体。在 GS 线以下时，组织为奥氏体 + 铁素体。当温度继续下降到共析温度（727℃）时，奥氏体发生共析反应，转变为珠光体，共析反应结束后组织为铁素体 + 珠光体。温度再下降时组织不再发生变化，因此亚共析钢的室温组织为铁素体 + 珠光体。图 4 - 7 为亚共析钢结晶过程组织转变示意图，图4-8所示为亚共析钢的显微组织。

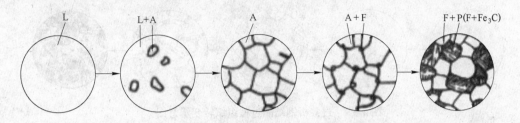

图4-7 亚共析钢结晶过程组织转变示意图

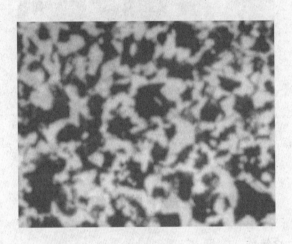

图4-8 亚共析钢的显微组织

所有亚共析钢（碳含量为0.0218%～0.77%）室温下的平衡组织都是铁素体+珠光体，但组织中的珠光体量随碳含量的增大而增加。不同碳含量亚共析钢的组织组成物及相组成物的量均可由杠杆定律计算。

4.2.2.3 过共析钢

过共析钢对应于图4-4中的（3）线。当液相缓冷至液相线温度时，开始从液相中结晶出奥氏体。在液相线与固相线温度区间内，组织为液相+奥氏体。温度降到固相线温度时，全部变为奥氏体组织。到 *ES* 温度时，奥氏体中碳的溶解度随温度的降低而减小，开始从奥氏体中析出二次渗碳体 Fe_3C_{II}，二次渗碳体一般沿奥氏体晶界析出而呈网状分布。随着温度下降，Fe_3C_{II} 量逐渐增加。当缓冷至共析温度（727℃）时，奥氏体发生共析反应，转变为珠光体，共析反应结束后组织为珠光体+二次渗碳体。温度再下降时组织不再发生变化，因此过共析钢的室温组织为珠光体+二次渗碳体。图4-9为过共析钢结晶过程组织转变示意图，图4-10所示为过共析钢的显微组织。

所有过共析钢（碳含量为0.77%～2.11%）室温下的平衡组织均为珠光体+二次渗碳体，但组织中二次渗碳体的量随碳含量的增大而增加。

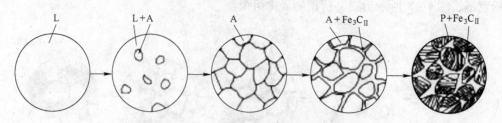

图 4 - 9 过共析钢结晶过程组织转变示意图

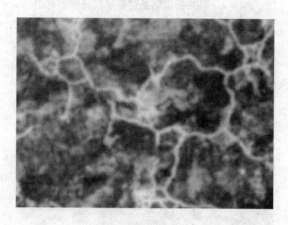

图 4 - 10 过共析钢的显微组织

4.2.2.4 共晶白口铸铁

共晶白口铸铁对应于图 4 - 4 中的（5）线。当液相缓冷至共晶温度（1148℃）时，液相发生共晶反应，结晶出奥氏体和渗碳体的机械混合物，即高温莱氏体 Ld，呈蜂窝状，共晶反应结束时组织全部为 Ld。由固相线温度继续冷却，从莱氏体的奥氏体中不断析出二次渗碳体，二次渗碳体与 Ld 中的渗碳体混在一起，不易分辨。当温度降到共析温度（727℃）时，奥氏体发生共析反应，生成珠光体，此时 Ld 转变为由珠光体与渗碳体组成的低温莱氏体 Ld′，共析反应结束后组织全部为 Ld′。在温度降低至常温的过程中组织保持不变，最终共晶白口铸铁的常温组织为 Ld′。图 4 - 11 为共晶白口铸铁结晶过程组织转变示意图，图 4 - 12 所示为共晶白口铸铁的显微组织。

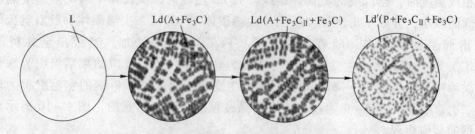

图 4 - 11 共晶白口铸铁结晶过程组织转变示意图

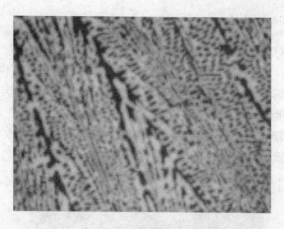

图 4 – 12　共晶白口铸铁的显微组织

4.2.2.5　亚共晶白口铸铁

亚共晶白口铸铁对应于图 4 – 4 中的（4）线。当液态合金冷却至液相线温度时，开始结晶出奥氏体。在液相线与固相线温度区间内，组织为液相 + 奥氏体。当温度降至共晶温度（1148℃）时，剩余的液相发生共晶反应，生成高温莱氏体 Ld，共晶反应结束后组织为奥氏体 + 高温莱氏体。继续缓冷，在共晶与共析温度区间内，从奥氏体中析出二次渗碳体，二次渗碳体沿奥氏体晶界析出并呈网状分布，此时组织为 $A + Fe_3C_{II} + Ld$。当温度降至共析温度（727℃）时，奥氏体发生共析转变，生成珠光体，高温莱氏体 Ld 变为低温莱氏体 Ld′，共析反应结束时组织为 $P + Fe_3C_{II} + Ld′$。温度继续降低至常温的过程中，组织保持不变，最终亚共晶白口铸铁的常温组织为 $P + Fe_3C_{II} + Ld′$。如图 4 – 13 所示为亚共晶白口铸铁的显微组织。

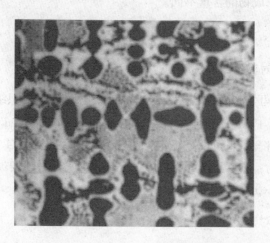

图 4 – 13　亚共晶白口铸铁的显微组织

所有亚共晶白口铸铁（碳含量为 2.11% ~ 4.3%）的室温组织均为 $P + Fe_3C_{II} + Ld′$，但组织组成物的含量不同。

4.2.2.6　过共晶白口铸铁

过共晶白口铸铁对应于图 4 - 4 中的（6）线。液相缓冷至 *CD* 线温度时，开始从液相中结晶出一次渗碳体，呈粗大的片状。当温度下降至共晶温度（1148℃）时，剩余液相发生共晶反应，生成高温莱氏体 Ld，共晶反应结束后组织为高温莱氏体 + 一次渗碳体。在共晶温度与共析温度之间，组织基本不变。当温度降至共析温度（727℃）时，高温莱氏体 Ld 转变为低温莱氏体 Ld′，共析反应结束时组织为低温莱氏体 + 一次渗碳体。温度继续降低至常温的过程中组织保持不变，最终过共晶白口铸铁的常温组织为高温莱氏体 + 一次渗碳体。图 4 - 14 所示为过共晶白口铸铁的显微组织。

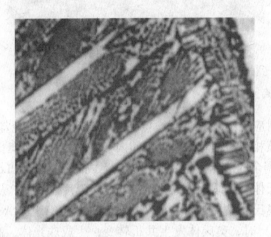

图 4 - 14　过共晶白口铸铁的显微组织

所有过共晶白口铸铁（碳含量为 4.3% ~ 6.69%）的室温平衡组织均为一次渗碳体 + 低温莱氏体，但组织组成物的含量不同。

4.3　铁碳合金成分、组织与性能之间的关系

4.3.1　铁碳合金成分对其组织的影响

由 $Fe - Fe_3C$ 相图可知，随着碳含量的增加，铁碳合金的组织组成物发生如图 4 - 15（a）所示的变化，即：$F \rightarrow F + P \rightarrow P + Fe_3C_{II} \rightarrow P + Fe_3C_{II} + Ld' \rightarrow Ld' \rightarrow Ld' + Fe_3C_I \rightarrow Fe_3C$。而且组织组成物的相对含量也可由杠杆定律求出，数量关系如图 4 - 15（b）所示。铁碳合金相组成物的变化为：铁素体 F 不断减少，渗碳体 Fe_3C 不断增加，由杠杆定律计算的数量关系如图 4 - 15（c）所示。

4.3.2　铁碳合金成分对其力学性能的影响

综上所述，由于铁碳合金的成分影响其组织，因而对合金的力学性能产生影响，如图 4 - 15（d）所示。

（1）硬度。硬度主要取决于组织组成物的硬度及相对数量，不受组织的形态影响。铁碳合金随碳含量的增加，高硬度的 Fe_3C 数量增加，低硬度的 F 数量减少，故铁碳合金

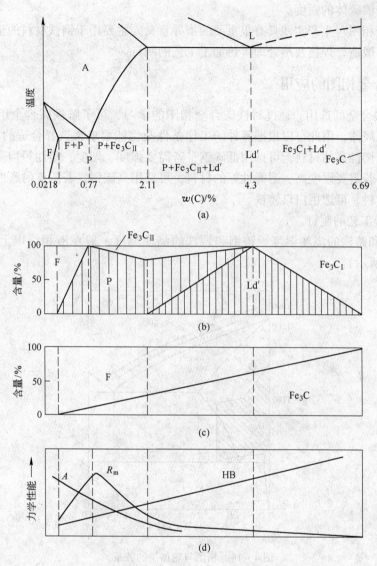

图 4 - 15　铁碳合金成分、组织与性能之间的关系
(a) 铁碳合金相图；(b) 组织组成物的含量；
(c) 相组成物的含量；(d) 成分、组织对力学性能的影响

的硬度不断增加。

（2）塑性和韧性。铁碳合金的塑性和韧性主要由铁素体的含量决定。随碳含量的增加，高塑性、高韧性的铁素体 F 数量减少，故铁碳合金的塑性和韧性不断下降，到白口铸铁时，其塑性和韧性几乎下降为零。

（3）强度。随碳含量的增加，亚共析钢中的 Fe₃C 数量逐渐增加，铁素体 F 数量逐渐减少，而 Fe₃C 的强度较高，F 的强度较低，故亚共析钢的强度随碳含量的增加而增大。当碳含量超过共析成分后，由于强度很低的二次渗碳体 Fe₃C_II 沿晶界出现，当碳含量达到约 0.9% 时，强度达到最大值。当碳含量大于 0.9% 后，Fe₃C_II 沿晶界形成完整的网状结构，强度开始降低。当碳含量超过 2.11% 时，出现莱氏体，渗碳体含量很高，合金强度

很低，趋近于渗碳体的强度。

　　铁碳合金相图对生产实践具有很重要的指导意义，主要用于钢铁材料的选用，还可用于指导铸造、锻造、焊接及热处理等热加工工艺的制订。

4.4　铁碳合金相图的应用

　　（1）铁碳合金的选用。通过对铁碳合金相图的学习，可了解铁碳合金组织和性能随其成分的变化规律，因此可以根据零件的工作条件及性能要求来选择合适的材料。例如，若需要塑性、韧性高的材料，可选用低碳钢；若需要强度、硬度、塑性等均高的材料，可选用中碳钢；若需要硬度高、耐磨性好的材料，可选用高碳钢；若需要耐磨性好、不受冲击的工件用材料，可选用白口铸铁。

　　（2）铸造工艺的制订。

　　1）铸钢和铸铁的浇注温度。铸钢和铸铁的浇注温度一般在液相线以上温度范围内（如图 4 - 16 所示）。

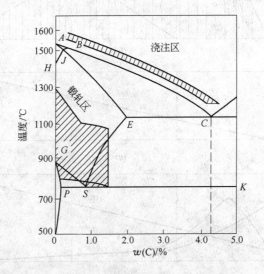

图 4 - 16　相图与热加工的关系

　　2）铸造材料成分的选择。共晶成分的铁碳合金熔点最低，结晶温度范围最小，具有良好的铸造性能。在铸造生产中，经常选用接近共晶成分的铸铁。

　　3）铸造工艺设计依据。如钢的熔化温度和浇注温度与铸铁相比要高得多，且结晶温度范围大，流动性差，故铸造性能较差且收缩剧烈，因而钢的铸造工艺比较复杂。

　　（3）压力加工工艺的制订。奥氏体的强度较低，塑性较好，便于塑性变形。因此，钢材的锻造、轧制均选择在单相奥氏体区的适当温度范围内进行。一般始锻（轧）温度控制在固相线以下 100～200℃（如图 4 - 16 所示），若温度过高，则钢材易发生严重氧化或晶界熔化。终锻（轧）温度可根据钢种和加工目的的不同进行选择，对于亚共析钢，一般控制在 GS 线以上，以避免加工时铁素体呈带状组织而使钢材韧性降低；为了提高强度，某些低合金高强度钢选择 800℃ 为终轧温度；对于过共析钢，则选择在 PSK 线以上某一温度，以便打碎网状二次渗碳体。

（4）焊接工艺的制订。焊接时，由焊缝到母材各区域的温度不同，根据铁碳相图，可分析受不同温度加热的各区域在随后冷却过程中可能出现的不同组织与性能，以及是否需要在焊接后采用热处理方法加以改善。

（5）热处理工艺的制订。铁碳合金相图对制订热处理工艺有着特别重要的意义，其可以确定热处理的加热温度，这部分内容将在后续章节中详细介绍。

【项目 4 - 1】 铁碳合金平衡组织观察

1. 实验任务

（1）了解金相显微镜的构造，熟悉金相显微镜的使用方法、金相试样的制备原理，掌握金相显微镜的使用方法；

（2）观察铁碳合金在平衡状态下的显微组织；

（3）分析碳含量对铁碳合金显微组织的影响，从而加深理解成分、组织与性能之间的相互关系。

2. 实验设备、仪器与材料

（1）设备：切割机、镶嵌机、砂轮机、抛光机、吹风机。

（2）仪器：金相显微镜。

（3）材料：退火状态试样，包括45、T8、T12钢；铸态试样，包括亚共晶白口铸铁、共晶白口铸铁、过共晶白口铸铁；金相砂纸；腐蚀剂（3% ~5% 硝酸酒精溶液）、脱脂棉。

3. 实验原理

铁碳合金的显微组织是研究和分析钢铁材料性能的基础。所谓平衡状态的显微组织，是指合金在极为缓慢的冷却条件下（如退火状态，即接近平衡状态）所得到的组织。可根据 $Fe - Fe_3C$ 相图来分析铁碳合金在平衡状态下的显微组织。

铁碳合金的平衡组织主要是指碳钢和白口铸铁组织，其中碳钢是工业上应用最广泛的金属材料，它们的性能与其显微组织密切相关。此外，对碳钢和白口铸铁显微组织的观察和分析，有助于加深对 $Fe - Fe_3C$ 相图的理解。所有碳钢和白口铸铁的室温组织均由铁素体F 和渗碳体 Fe_3C 这两个基本相所组成。但是由于碳含量不同，铁素体和渗碳体的相对数量、析出条件以及分布情况均有所不同，因而呈现各种不同的组织形态。

4. 实验步骤

（1）制作金相试样：切割→磨削→镶嵌→打磨。

（2）金相组织观察：抛光→腐蚀→金相观察。

（3）确定合金类型并画出金相组织。

5. 实验结果处理及报告

习　题

4 - 1　铁碳合金的基本相有哪些，它们的性能怎么样？

4 - 2　铁碳合金的生成相有哪些，它们有何差别？

4－3　试画铁碳合金相图，并说明相图中各特性点、线的含义。

4－4　典型的铁碳合金是如何分类的？试举例叙述它们的结晶过程。

4－5　铁碳合金的碳含量是如何影响合金性能的？

4－6　举例说明铁碳合金相图在生产中的重要作用。

钢的热处理

5.1 钢的热处理概述

钢的热处理是指将钢在固态下进行加热、保温和冷却，以改变其内部组织，从而获得所需性能的一种工艺方法。与其他冷、热加工工艺方法相比较，热处理只改变工件的内部组织和性能，而不改变工件的外观形状和尺寸。

通过热处理可提高工件的强度、硬度、塑性和韧性等力学性能以及改善其物理化学性能，充分发挥钢材的潜力，延长工件的使用寿命，降低生产成本；也可改善零件的切削加工性能，使其便于加工。随着现代科学和工业技术的进步，热处理技术也日新月异，在改善和强化金属材料、提高产品质量、提高经济效益方面发挥着更加巨大的作用。

热处理根据其目的及其在加工过程中的工序位置，可分为预先热处理和最终热处理两大类。预先热处理一般安排在毛坯来料之后、切削加工之前，其主要作用是均匀、细化毛坯中的组织及分布，减小或消除内应力，调整硬度，改善切削加工性能。最终热处理一般安排在粗加工或半精加工之后、精加工之前，其主要目的是改变工件的组织，提高性能（特别是力学性能），以满足工件的使用性能要求。

要了解各种热处理方法对钢组织与性能的改善情况，必须研究热处理时钢在加热和冷却过程中的组织转变规律。

5.2 钢在加热时的组织转变

5.2.1 加热温度

热处理加热时发生相变是需要达到一定温度的，加热的温度及相变的规律可用 Fe – Fe$_3$C 相图进行研究。图 5 – 1 为 Fe – Fe$_3$C 相图的左下部分，由图可知，碳钢被缓慢加热至临界转变温度 A_1、A_3、A_{cm} 以上时要发生组织转变。但实际热处理生产中，相变并不是按照相图中所表示的温度进行，而是随加热和冷却条件下发生的过热和过冷进行，过热度和过冷度分别与加热速度和冷却速度呈正比例关系。因而加热和冷却时的临界温度不同，发生组织转变的温度与相图所示的 A_1、A_3、A_{cm} 有一定偏差，实际加热时各临界转变温度为 Ac_1、Ac_3、Ac_{cm}，冷却时各临界转变温度为 Ar_1、Ar_3、Ar_{cm}，如图 5 – 1 所示。

热处理时的加热温度主要由钢的临界转变温度 Ac_1、Ac_3、Ac_{cm} 确定，不同碳含量及合金含量的钢进行不同的热处理时，临界温度也不尽相同。如亚共析钢退火加热温度要高于其 Ac_3；过共析钢退火加热温度高于其 Ac_1 即可，过共析钢正火加热温度要高于其 Ac_{cm}。可以看出，钢的种类或热处理目的不同，其加热温度也不尽相同。

5.2.2 转变过程

钢在进行热处理加热时，任何成分的碳钢加热到一定温度时，其组织都要发生珠光体 $P(F + Fe_3C)$ 向奥氏体 A 的转变，称为奥氏体化。奥氏体形成过程是通过晶格改组和铁、碳原子扩散进行的, 分为四个阶段, 如图 5 - 2 所示。

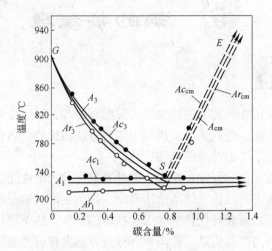

图 5 - 1　Fe - Fe$_3$C 相图中临界点的变化

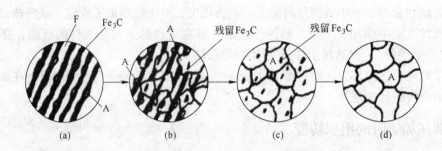

图 5 - 2　共析钢奥氏体形成过程示意图
(a) 奥氏体晶核形成；(b) 奥氏体晶核长大；(c) 残留渗碳体溶解；(d) 奥氏体均匀化

(1) 奥氏体晶核形成, 如图 5 - 2 (a) 所示。奥氏体晶核优先在铁素体和渗碳体的相界面上形成。这是由于相界面上原子排列比较紊乱, 位错密度较高, 空位较多, 成分不均匀, 而且奥氏体碳含量处于铁素体和渗碳体之间, 于是在奥氏体晶核形成时提供了足够的浓度起伏和结构起伏, 有利于奥氏体的形核。

(2) 奥氏体晶核长大, 如图 5 - 2 (b) 所示。奥氏体晶核形成后, 通过铁、碳原子的扩散, 使相邻的体心立方晶格的铁素体不断向面心立方晶格的奥氏体转变, 与其相邻的渗碳体则随温度的升高不断溶入奥氏体中, 使奥氏体晶核逐渐向铁素体和渗碳体两个方面长大, 直至铁素体全部转变为奥氏体。

(3) 残留渗碳体溶解, 如图 5 - 2 (c) 所示。渗碳体的晶体结构和碳含量都与奥氏体有很大差别, 因此, 当铁素体全部消失后, 仍有部分渗碳体尚未溶解。随着保温时间的延长, 残留渗碳体不断溶入奥氏体, 直至全部消失。

(4) 奥氏体均匀化, 如图 5 - 2 (d) 所示。残留渗碳体全部溶解后, 奥氏体中碳原子的分布不均匀, 先析出渗碳体处的碳含量高于后析出铁素体处, 只有延长保温时间, 通过高温下碳原子的扩散, 才能使奥氏体成分逐渐趋于均匀。

共析碳钢在室温下的组织为珠光体，加热到其 Ac_1 以上，珠光体通过上述四个过程转变为奥氏体。

亚共析钢和过共析钢的奥氏体形成过程与共析钢基本相同，但其完全奥氏体化的过程有所不同。亚共析钢的室温平衡组织为铁素体+珠光体，加热到 Ac_1 以上时，组织中的珠光体转变为奥氏体。继续加热，在 $Ac_1 \sim Ac_3$ 的升温过程中，铁素体逐渐转变为奥氏体。直至加热温度超过 Ac_3 时，亚共析钢组织全部转变为奥氏体。过共析钢的室温平衡组织为珠光体+二次渗碳体，加热到 Ac_1 以上时，组织中的珠光体转变为奥氏体。在 $Ac_1 \sim Ac_{cm}$ 的温度范围内继续加热升温，二次渗碳体逐渐溶入奥氏体中。当温度超过 Ac_{cm} 时，二次渗碳体完全溶解于奥氏体中，组织全部为奥氏体。

奥氏体化过程转变速度的影响因素主要有钢的化学成分、原始组织、加热温度和加热速度等。钢中碳含量增加，铁素体和渗碳体的相界面数量增多，有利于奥氏体的形成；在钢中加入合金元素，虽然不能改变奥氏体形成的基本过程，但却对奥氏体形成速度有显著的影响；当钢的化学成分相同时，珠光体组织越细小，奥氏体形成速度越快，层片状珠光体的相界面比粒状珠光体大，加热时奥氏体更容易形核；在连续加热时，随着加热速度的不断加快，奥氏体形成温度也不断升高，形成奥氏体的温度范围扩大，转变时间减少。

5.2.3 奥氏体晶粒长大及其控制措施

钢中奥氏体晶粒的大小对冷却后的组织和性能有很大的影响。奥氏体晶粒越细小，冷却后其转变产物的晶粒就越细小，其综合力学性能也越好；反之，转变产物的晶粒就越粗大，其力学性能也越差。因此，控制热处理时奥氏体晶粒的大小是评定热处理加热质量的主要指标之一。

5.2.3.1 三种不同的晶粒度概念

（1）起始晶粒度。将钢加热到临界温度以上时，由珠光体刚刚转变成的奥氏体晶粒是细小的，此时称为起始晶粒度。此后，随着加热温度的升高或保温时间的增加，奥氏体均会长大。

（2）实际晶粒度。实际热处理过程中都要进行加热和保温，奥氏体晶粒会随着这两个过程不断地长大，这是一个自发的过程。钢在某一具体加热条件下实际获得的奥氏体晶粒大小，称为奥氏体的实际晶粒度。实际晶粒度一般比起始晶粒度大。

金属组织中晶粒的大小用晶粒度级别指数来表示。如图 5-3 所示，由比较的方法来测定钢的奥氏体晶粒大小。晶粒度分为 8 级，1~4 级为粗晶粒度，5~8 级为细晶粒度。

（3）本质晶粒度。不同的钢在加热时奥氏体长大的倾向是不同的，经常把加热时奥氏体晶粒长大的标准用本质晶粒度表示。奥氏体晶粒容易长大的钢称为本质粗晶粒钢；反之，奥氏体晶粒不容易长大的钢称为本质细晶粒钢，如图 5-4 所示。

本质晶粒度是由钢的成分和冶炼条件决定的，一般用铝脱氧的钢或含钛、钒、钨等合金元素的钢为本质细晶粒钢，而只用硅锰脱氧的钢为本质粗晶粒钢。沸腾钢一般为本质粗晶粒钢，镇静钢一般为本质细晶粒钢。需要进行热处理的工件多采用本质细晶粒钢，一般热处理加热温度都在 950℃ 以下，因此奥氏体晶粒不易长大，可避免过热的出现。

本质晶粒度在热处理中有重要意义。如渗碳是在高温、长时间条件下进行的热处理，

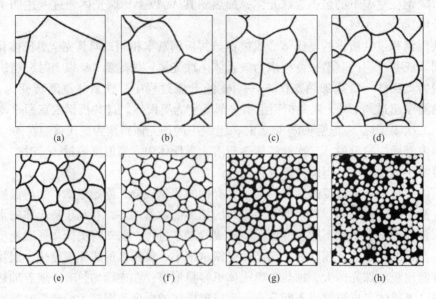

图 5 - 3　标准晶粒度等级示意图

（a）1 级；（b）2 级；（c）3 级；（d）4 级；（e）5 级 （f）6 级；（g）7 级；（h）8 级

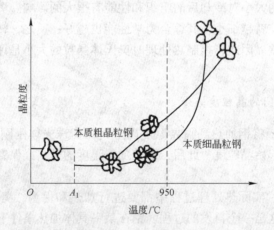

图 5 - 4　钢的本质晶粒示意图

若采用本质细晶粒钢，渗碳后可直接淬火，得到细小组织；若采用本质粗晶粒钢，将使奥氏体粗化，产生过热缺陷。

5.2.3.2　钢晶粒尺寸的影响因素

（1）钢的化学成分。

1）碳含量的影响。随着钢中碳含量的增加，奥氏体长大的倾向也越大。但当碳含量超过 1.2% 时，奥氏体晶界上存在未溶的渗碳体，会阻碍奥氏体晶粒的进一步长大。

2）合金元素的影响。钢中如果含有可以形成稳定碳化物或氧化物的合金元素（如 Nb、Ti、V 等），则会阻碍奥氏体晶粒长大；而 P、Mn 是钢中促进晶粒长大的元素，应控制其含量，特别是有害元素 P，其还易造成钢的冷脆。

（2）加热温度。热处理加热时间越长，奥氏体晶粒越容易长大。应合理选择加热温度，避免粗大组织出现。

（3）保温时间。奥氏体化保温时间越长，晶粒越易长大，所以应控制保温时间。

（4）过冷度、原始组织等。增大过冷度有利于晶粒细化。选择本质细晶粒钢，热处理后组织细小。

【项目 5 – 1】观察奥氏体组织及了解加热温度对奥氏体晶粒尺寸的影响

1. 实验任务

（1）了解奥氏体的组织特征和加热温度与奥氏体晶粒尺寸的关系；

（2）了解奥氏体晶粒大小对材料性能的影响。

2. 实验设备、仪器与材料

（1）设备：切割机、砂轮机、镶嵌机、砂纸、抛光机、腐蚀剂（3% ~5% 硝酸酒精溶液）、脱脂棉、吹风机、显微硬度计。

（2）仪器：金相显微镜。

（3）材料：1Cr18Ni9 钢试样。

3. 实验原理

将钢加热到相变温度以上时得到奥氏体，它是具有面心立方晶格的间隙固溶体，故其具有高的塑性和低的屈服强度，在相变过程中易产生塑性变形，产生大量的晶体缺陷，从而使强度、硬度升高。碳在其中的最大溶解度为 2.11%。

在铁碳合金中，奥氏体只在 A_1 温度以上才稳定，因此只有用高温显微镜才能观察到它的晶粒组织。如果加入足够的合金元素扩大其 γ 相区，则可使奥氏体稳定至室温，这样在室温条件下也可直接观察到奥氏体的组织。

4. 实验步骤

（1）制备试样。根据实验条件和实验要求，选用钢材并按标准制备和腐蚀试样。

（2）金相组织观察。利用金相显微镜对奥氏体的组织进行观察，同时观察不同工艺条件下同种试样晶粒度大小的区别。

（3）硬度测定。利用显微硬度计测定不同晶粒度大小的试样的硬度。

5. 实验结果及报告

5.3 钢在冷却时的组织转变

钢经过热处理加热后（奥氏体），由于冷却手段不同，冷却速度也不尽相同，最终得到的组织也有很大的差异。

热处理过程中的冷却方式有两种，即等温冷却和连续冷却。等温冷却转变是加热到相变温度以上奥氏体化后，快速冷却到相变点 Ar_1 以下某一温度，并等温一段时间，待过冷奥氏体转变完全后，再冷却到室温。连续冷却转变是加热到相变温度以上奥氏体化后，以不同冷却速度连续冷却到室温，在冷却的过程中过冷奥氏体发生转变。但无论是等温冷却还是连续冷却，它们的组织转变都不能用铁碳合金相图来分析，因为在实际冷却过程中是不可能以极慢的冷却方式来完成的，故需要根据由实际冷却条件绘制的奥氏体转变规律图形来分析。

5.3.1　过冷奥氏体等温冷却转变

以共析钢为例，采用若干组共析钢的小圆片试样，经同样奥氏体化以后，每组试样各以一个恒定速度连续冷却，每隔一段时间取出一个试样淬入水中，将高温分解的状态固定到室温，然后进行金相测定，求出每种转变的开始温度、开始时间和转变量。将各个冷速下的数据综合绘制在温度－时间的坐标图中，便得到共析钢的连续冷却曲线，其测定与绘制如图5－5所示。

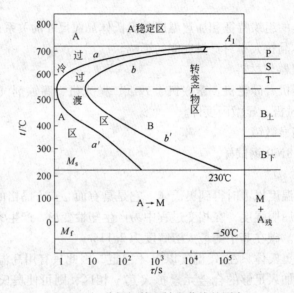

图5－5　共析钢等温转变曲线的测定

奥氏体冷却至临界温度 A_1 以下，由于冷却速度很快，奥氏体没有来得及发生转变但又处于相变温度以下，故称为过冷奥氏体。它处于不稳定状态，经过一个孕育期后会发生转变。将加热奥氏体化后的钢快速冷却到 A_1 以下各个不同的温度，分别测出各温度下过冷奥氏体转变的开始时间、终止时间，将这些时间画在温度－时间坐标图上，并把各转变开始点和转变终了点分别用平滑曲线连起来，便得到钢的过冷奥氏体等温转变曲线。由于此曲线形状与英文字母"C"相似，其又称为 C 曲线。图5－6所示为共析钢的过冷奥氏体等温转变曲线。

图5－6左边曲线为过冷奥氏体等温转变开始线，右边曲线为过冷奥氏体等温转变终止线。A_1 线以上是奥氏体稳定区；A_1 线以下，转变开始线以左是过冷奥氏体存在区，转变终止线以右是转变产物区；转变开始线与转变终止线之间是过冷奥氏体和转变产物共存区。

在一定温度下，转变开始线以左的一段时间为孕育期，孕育期越长，过冷奥氏体越稳定；反之，越不稳定。共析钢等温转变曲线拐弯处（或称"鼻尖"）的温度约为550℃，此处孕育期最短，过冷奥氏体最不稳定，转变速度最快。M_s 是指钢经奥氏体化后快速冷却时，过冷奥氏体产生马氏体转变的开始温度；M_f 是指钢快速冷却时，过冷奥氏体产生

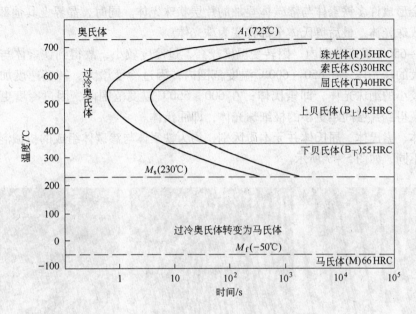

图 5 - 6 共析钢的过冷奥氏体等温转变曲线

马氏体转变的终止温度。从 M_s 到 M_f，马氏体量不断增多，到 M_f 时全部转变为马氏体。符号 A' 表示残余奥氏体，是指钢快速冷却条件下，马氏体转变至室温时残存的奥氏体。

A_1 至 C 曲线"鼻尖"温度区间的高温转变是珠光体转变，转变产物是珠光体 P、索氏体 S、屈氏体 T；C 曲线"鼻尖"至 M_s 温度区间的中温转变是贝氏体转变，转变产物是贝氏体 B；在 M_s 以下的低温转变是马氏体转变，转变产物是马氏体 M。

5.3.2 奥氏体冷却时的转变产物及其性能

实际热处理过程中冷却时的速度是比较快的，一般不采用等温冷却或缓慢冷却，否则生产率会很低，并且 Fe - Fe₃C 相图是在接近平衡状态下（极其缓慢加热或冷却条件下）建立的，因此，热处理过程中奥氏体的组织转变不能采用铁碳合金相图来描述。通过上述实验证明，奥氏体过冷到 Ar_1 以下不同的温度时，会向不同的组织发生转变。按照过冷奥氏体转变时温度的高低和组织形态，过冷奥氏体的转变分为三种，即珠光体转变、贝氏体转变、马氏体转变。下面以共析钢的过冷奥氏体转变为例，说明这三种转变的过程、产物及其性能。

5.3.2.1 珠光体转变

过冷奥氏体的珠光体转变属于高温转变，转变温度在 A_1 ~ 550℃ 之间，由过冷奥氏体转变为层片状的珠光体。

转变过程中，铁、碳原子进行扩散，所以珠光体转变也称为扩散型转变，转变过程也是通过形核和晶核长大来完成的。由于晶界存在能量、结构、成分上的不同，优先在奥氏体晶界形成渗碳体小片状晶核。渗碳体碳含量较高，它的形成导致其周围奥氏体中碳含量降低，促进铁素体形成；而铁素体的形成又促使其周围富碳，促进渗碳体形成，如此反复进行, 会形成许多铁素体与渗碳体叠加的片层状珠光体。同时, 晶界上其他部分也如此不断地形成珠光体, 最后奥氏体全部转变为珠光体。

在 A_1 ~650℃温度范围内, 因转变温度较高, 过冷度较小, 故得到铁素体与渗碳体片层间距较大的珠光体; 在 650~600℃温度范围内, 因过冷度增大, 转变速度加快, 得到片层间距较小的细珠光体, 即索氏体; 在 600~550℃温度范围内, 因过冷度更大, 转变速度更快, 得到片层间距更小的极细珠光体, 即屈氏体。

珠光体、索氏体、屈氏体并无本质区别, 均为铁素体与渗碳体组成的机械混合物, 只是形态上不同, 如图 5-7 所示。

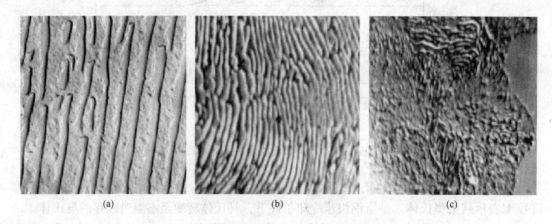

  (a)   (b)   (c)

图 5-7　共析钢高温转变珠光体类型的组织形态
(a) 珠光体; (b) 索氏体; (c) 屈氏体

珠光体、索氏体、屈氏体的硬度依次为 12~20HRC、25~35HRC、35~40HRC。

5.3.2.2　贝 氏 体 转 变

过冷奥氏体的贝氏体转变属于中温转变, 转变温度在 550℃~M_s (230℃) 之间, 由过冷奥氏体转变为贝氏体 B。在 550~350℃之间的组织称为上贝氏体 $B_上$, 在 350℃~M_s 之间的组织称为下贝氏体 $B_下$。

贝氏体是含碳过饱和的铁素体和碳化物的混合物, 贝氏体转变时只发生碳原子的扩散, 铁原子不扩散, 因此贝氏体转变是半扩散型转变。

上贝氏体由成束平行排列的条状铁素体和条间断续分布的短杆状渗碳体组成, 如图 5-8 (a) 所示。在光学显微镜下, 铁素体呈黑色, 渗碳体呈亮白色, 整体上呈羽毛状, 如图 5-9 所示。上贝氏体组织中, 渗碳体分布在铁素体条间, 使条间易发生脆性断裂, 因此上贝氏体性能较脆, 基本无实用价值。

下贝氏体由含碳过饱和的针状铁素体和弥散分布的 $\varepsilon-Fe_{2-3}C$ 细片组成, 如图 5-8 (b) 所示。其在光学显微镜下呈黑色针状或竹叶状, 如图 5-10 所示。下贝氏体组织中针片状铁素体细且无方向性, 碳的过饱和度大, ε 碳化物弥散沉淀在针片状铁素体内, 因此下贝氏体的强度、硬度、塑性、韧性均较好, 如共析钢下贝氏体的硬度为 45~55HRC。

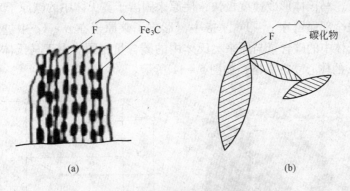

图5-8 贝氏体组织示意图

（a）上贝氏体；（b）下贝氏体

图5-9 上贝氏体组织形态

图5-10 下贝氏体组织形态

5.3.2.3 马氏体转变

过冷奥氏体被迅速冷却到较低的温度后，发生了马氏体的转变，马氏体转变的温度范围在30~50℃（$M_s \sim M_f$）之间。由于冷却速度很快，故过冷度很大，转变温度低，铁、碳原子难以进行扩散，只有依靠铁原子做短距离移动来完成$\gamma - Fe$晶格向$\alpha - Fe$晶格的切变改组；另外，马氏体形成速度极快，使原来固溶于奥氏体中的碳原子来不及随温度降低而析出，就被全部保留在 α – Fe 晶格中，形成了碳原子在 α – Fe 中过饱和的固溶体，即马氏体。马氏体中的碳含量与原来奥氏体中的碳含量相同。由于马氏体中的碳过饱和，形成的是 α – Fe 的体心立方晶格，如图 5 – 11 所示。

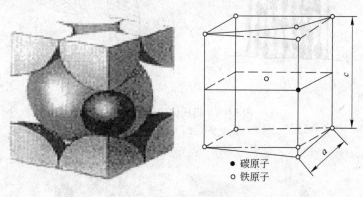

● 碳原子
○ 铁原子

图 5 – 11　马氏体体心立方晶格

马氏体组织形态主要有针片状和板条状两种，其主要取决于奥氏体的碳含量。当 $w(C) < 0.2\%$ 时，形成板条状低碳马氏体，其立体形态呈具有椭圆形截面的细长板条状，其成群、相互平行地定向排列，故在显微镜下可看到一束束细长板条状组织，如图 5 – 12 所示；当 $w(C)$ 在 $0.2\% \sim 1.0\%$ 之间时，形成针片状和板条状的混合组织，如图 5 – 13 所示；当 $w(C) > 1.0\%$ 时，形成针片状高碳马氏体，其立体形态呈双凸透镜状，在显微镜下看到的是截面形态，故呈竹叶状或针状，如图 5 – 14 所示。

图 5 – 12　板条状马氏体　　　　图 5 – 13　针片状 + 板条状　　　　图 5 – 14　针片状马氏体
　　　　组织形态　　　　　　　　马氏体组织形态　　　　　　　　　组织形态

马氏体的强度、硬度主要取决于马氏体的过饱和程度，即晶格畸变程度，它是由晶格中碳含量的多少来决定的。如图 5 – 15 所示，马氏体、硬度随其碳含量的增加而提高，尤其是碳含量较低时，提高得比较明显；当马氏体的碳含量超过 0.6% 以后，提高幅度趋于平缓。

马氏体的塑性和韧性也与马氏体碳含量有关。针片状高碳马氏体的塑性和韧性很差，硬

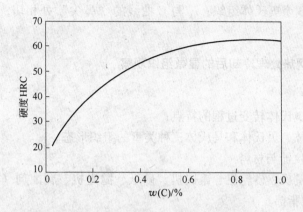

图 5 – 15 马氏体硬度与其碳含量的关系

度高而脆性大;板条状低碳马氏体有良好的塑性和韧性,强度、硬度高,且韧脆转变温度低。

5.3.3 过冷奥氏体连续冷却转变

钢在实际热处理时,其奥氏体的冷却方式主要有随炉冷却（退火）、在空气中冷却（正火）、在水、油或盐浴等液体介质中冷却（淬火）,属于连续冷却方式,转变产物应根据其奥氏体的连续冷却转变曲线来判断。目前生产中常应用过冷奥氏体等温转变曲线,定性地、近似地分析奥氏体在连续冷却过程中的转变。

将钢热处理时的连续冷却速度曲线绘制在等温转变 C 曲线上,根据其与 C 曲线相交的位置,可估出连续冷却转变的产物。图 5 – 16 所示为共析钢等温冷却 C 曲线及各种连续冷却速度曲线。图中,v_1 相当于随炉冷（退火）,其交于 C 曲线上部,故转变产物为珠光体;v_2 相当于空冷（正火）,其交于 C 曲线上部的较低温度处,转变产物为索氏体;v_3 相当于油冷（淬火）,其与 C 曲线上部较低温度处的等温转变开始线相交,末与等温转变终止线相交,部分过冷奥氏体转变为屈氏体,其余的被过冷到 M_s 点以下转变为马氏体,最后得到屈氏体与马氏体和残余奥氏体的混合组织;v_4 相当于水冷（淬火）,其与 M_s 线相

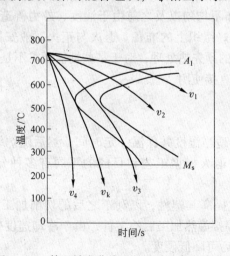

图 5 – 16 等温转变曲线上的连续冷却速度曲线

交，得到马氏体和残余奥氏体组织；v_k 与 C 曲线的"鼻尖"处相切，是该钢淬火的临界冷却速度。

【项目 5 - 2】共析钢热处理冷却后的显微组织观察

　　1. 实验任务

　　（1）了解过冷奥氏体转变过程的特点；

　　（2）观察珠光体、贝氏体和马氏体三种类型的组织形态。

　　2. 实验设备、仪器与材料

　　（1）设备：切割机、砂轮机、镶嵌机、砂纸、抛光机、腐蚀剂（3% ~ 5% 硝酸酒精溶液）、吹风机、脱脂棉。

　　（2）仪器：金相显微镜。

　　（3）材料：T8 钢试样。

　　3. 实验原理

　　钢的热处理一般都有加热、保温、冷却三个过程，其中加热和冷却过程都会经过临界点而发生组织转变。由于加热和冷却是不平衡过程，不能完全参考相图来判断分析组织的变化，因而通过使共析钢在不同温度下发生等温转变，建立 C 曲线来了解组织的变化

　　4. 实验步骤

　　（1）使过冷奥氏体发生转变。将 T8 钢等分成若干块，加热至完全奥氏体化后，采用不同的冷却方法，使奥氏体发生不同的组织转变。

　　（2）制备金相试样。

　　（3）观察金相组织。在金相显微镜下观察不同冷却条件下的组织，辨别珠光体、贝氏体和马氏体三种类型组织的特征。

　　5. 实验结果及报告

5.4　钢的退火与正火

　　钢的退火与正火主要是用来消除铸造、锻造、焊接等热加工过程中产生的某些缺陷（组织粗大、化学成分分布不均匀以及之前由于温度、外力等造成的应力），并为随后的切削加工或最终热处理做好组织上的准备。退火与正火一般安排在铸造、锻造、焊接之后，粗加工之前，属于钢的预先热处理；对于某些性能要求不是很高的零件，正火也可作为最终热处理，处理后可直接使用。

5.4.1　钢的退火

　　退火是将工件加热到适当温度并保温一定时间，然后随炉缓慢冷却以获得稳定组织的一种热处理工艺方法。退火根据工艺和目的的不同有多种分类方法。退火的目的主要有：

　　（1）降低工件硬度，提高其塑性，以利于之后的切削加工或塑性变形加工（冲压、轧制等）。铸造、锻造、焊接等热加工后的工件，由于冷却速度较快，一般硬度较高，切削加工困难，退火或正火后可降低硬度。

　　（2）细化晶粒，均匀化学成分，改善组织，从而提高钢的力学性能。铸件、锻件、

焊接件等经过热加工后往往存在晶粒粗大或带状组织等缺陷，退火或正火可使晶粒细化。另外，退火或正火还可消除偏析，使化学成分均匀化。晶粒细化及成分均匀化可提高钢的力学性能，并为最终热处理（淬火、回火等）做组织上的准备。

（3）消除残余应力，以稳定钢件尺寸并防止其变形和开裂。退火可消除铸造、锻造、焊接等工件的残余内应力，稳定工件尺寸并减少淬火时的变形和开裂倾向。

退火工艺的保温时间一般按照装炉量的多少来确定，加热温度和冷却方式见以下具体工艺。

常用的退火方法有扩散退火、完全退火、球化退火、去应力退火等。

5.4.1.1 扩散退火

扩散退火是将工件加热到 Ac_3 以上 150~250℃ （通常为 1000~1200℃），并适当保温（10~15h），然后随炉缓慢冷却，使工件的化学成分和组织达到均匀化的工艺方法，也称为均匀化退火，其工艺曲线如图 5 – 17 所示。扩散退火后，由于加热温度较高，钢的晶粒过分粗大，因此，随后还应进行一次完全退火或正火以细化晶粒。

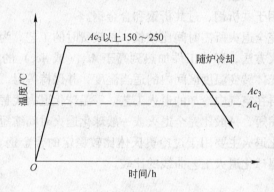

图 5 – 17 均匀化退火工艺曲线

扩散退火耗费能量很大、时间长、成本高，主要用于质量要求高的优质合金钢的铸锭或铸件，用来消除铸造结晶过程中产生的枝晶偏析，使化学成分均匀化。

5.4.1.2 完全退火

完全退火是将亚共析钢工件加热到 Ac_3 以上 20~50℃并保温一定时间，然后随炉缓慢冷却到 600℃以下时出炉，再在空气中冷却的工艺方法，其工艺曲线如图 5 – 18 所示。完全退火后的组织接近其平衡组织。完全退火可降低钢的硬度，提高加工性能；细化组织，改善力学性能；消除内应力，防止变形和开裂。

完全退火主要用于亚共析钢的铸件、锻件、焊件等，不适用于过共析钢，因为加热到 Ac_{cm} 以上缓慢冷却时会沿奥氏体晶界析出网状二次渗碳体，使钢的脆性明显增大。

5.4.1.3 球化退火

球化退火是将过共析钢加热到 Ac_1 以上 20~40℃，保温一定时间后随炉缓冷到 600℃左右，再出炉空冷的工艺方法。球化退火后，钢中的片状渗碳体和网状二次渗碳体变为粒

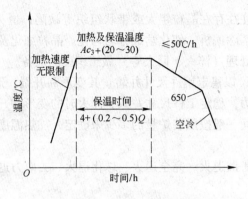

图 5 – 18　完全退火工艺曲线

状，组织为粒状渗碳体分布在铁素体基体上。碳化物呈颗粒状弥散分布于铁素体基体中的珠光体，称为粒状珠光体。球化退火后钢的硬度降低，改善了切削加工性；另外，球化退火后组织均匀，为后续的淬火热处理做好组织准备。若钢中存在严重的网状二次渗碳体，则应在球化退火前进行一次正火。

球化退火主要适用于共析钢、过共析钢和合金钢。

一般球化退火与完全退火所需时间比较长，是较费时的工艺。为缩短退火时间，生产中常采用等温球化退火方法，即将工件加热到高于 Ac_3（或 Ac_1）的温度，保持适当时间后，较快地冷却到珠光体转变温度区间内的适当温度，并保持等温，使奥氏体转变为珠光体类型组织后出炉，再在空气中冷却的退火工艺。等温球化退火代替完全退火或一般球化退火，所用时间大大缩短，一般比完全退火或一般球化退火时间缩短 1/3 左右，并能获得均匀的组织。等温球化退火主要用于过冷奥氏体比较稳定的合金钢。图5 – 19所示为 T12钢一般球化退火与等温球化退火工艺曲线的比较。

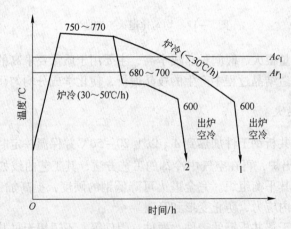

图 5 – 19　球化退火工艺曲线
1—一般球化；2—等温球化

5.4.1.4　去应力退火

去应力退火是将工件加热到 500～600℃，保温后随炉缓冷至200℃以下出炉空冷，其工艺曲线如图 5 - 20 所示。由于加热温度低于 Ac_1，钢在去应力退火过程中不发生组织变化，可消除工件由塑性变形加工、切削加工或焊接造成的应力以及铸件内存在的残余应力。

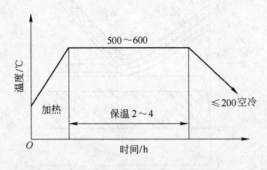

图 5 - 20　去应力退火工艺曲线

去应力退火主要用于消除铸件、锻压件、焊件、切削加工件的残留应力，稳定尺寸，减小变形，对于形状复杂和壁厚不均匀的零件尤为重要。

5.4.2　钢的正火

正火是指将钢加热到 Ac_3 或 Ac_{cm} 以上 30 ~ 50℃，使钢完全奥氏体化，保温一定时间后在空气中冷却的热处理工艺。亚共析钢正火后的组织接近平衡组织，为铁素体和珠光体，但珠光体的量较多且珠光体片间距较小；过共析钢正火后的组织为珠光体和少量网状二次渗碳体。正火的目的与退火相同，但与退火相比，其冷却速度稍快，所得到的组织比较细小，强度、硬度、韧性等比退火高一些。另外，正火生产周期短、生产效率高、成本低，生产中一般优先采用正火工艺。

正火的应用主要有：

（1）提高低碳钢和低碳合金钢的硬度，改善其切削加工性。低碳钢和低碳合金钢退火后铁素体所占比例较大，硬度偏低，切削加工时都有"粘刀"现象，而且表面粗糙度参数值都较大。通过正火能适当提高其硬度，改善其切削加工性。因此，低碳钢、低碳合金钢都选择正火作为预先热处理；而 $w(C) > 0.5\%$ 的中高碳钢、合金钢都选择退火作为预先热处理。

（2）消除过共析钢中的网状渗碳体，并细化珠光体组织，为球化退火做组织准备。对于过共析钢，正火加热到 Ac_{cm} 以上可使网状渗碳体充分溶解到奥氏体中，空气冷却时渗碳体来不及析出，因而消除了网状渗碳体组织，同时细化了珠光体组织，有利于以后的球化处理。

（3）对使用性能要求不高的结构零件，正火可细化其组织，提高其力学性能，作为这类零件的最终热处理；对一些大型或形状较复杂的零件，淬火时容易开裂，可用正火代替调质处理，作为这类零件的最终热处理。

钢的退火及正火工艺的加热温度范围如图 5 - 21 所示，其工艺曲线的比较如图 5 - 22 所示。

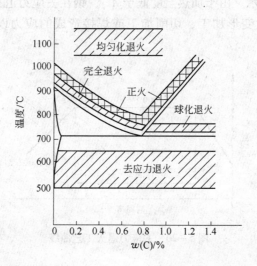

图 5 – 21   钢的退火及正火工艺的加热温度范围

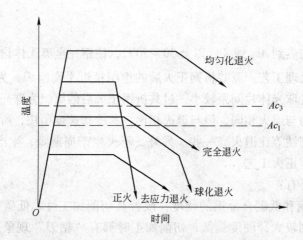

图 5 – 22   钢的退火及正火工艺曲线的比较

【项目 5 – 3】 钢的退火和正火

1. 实验任务

（1）了解钢的退火和正火方法。

（2）分析退火和正火时，加热温度、冷却方式及原始碳含量对热处理后组织和性能的影响。

2. 实验设备、仪器及材料

（1）设备：实验室用箱式电阻炉、切割机、砂轮机、镶嵌机、抛光机、吹风机。

（2）仪器：金相显微镜、显微硬度计。

（3）材料：45、T8、T12 钢试样、砂纸、腐蚀剂（3% ~ 5% 硝酸酒精溶液）、脱脂棉。

3. 实验原理

退火和正火是常见的两种预先热处理方法，是为了更好地发挥金属材料性能的重要热处理工艺。

退火方法根据目的和工艺不同有多种分类方法，多数情况下都需要加热到相变温度以上，保温后随炉冷却，因而冷却后得到的组织易接近平衡组织。一般45钢经退火后组织稳定，有利于切削加工。

正火也是一种将钢加热到相变温度以上的热处理方法，保温后常进行空冷。由于其冷却速度比退火稍快一些，因而得到的组织片层较细密，强度、硬度有所改善。

4. 实验步骤

(1) 将三种钢按照退火和正火的不同工艺要求加热到奥氏体化后，保温适当时间。

(2) 分别采用随炉冷却至600℃后出炉空冷和直接空冷两种方法冷却。

(3) 观察冷却后经不同热处理工艺处理后试样的金相组织，并测定组织硬度。

5. 实验结果处理及报告

5.5 钢的淬火与回火

淬火是将工件加热到 Ac_3 或 Ac_1 以上某一温度，保温一定时间后以较快速度冷却，以获得马氏体或下贝氏体组织的热处理工艺。它是强化钢最经济、最有效的热处理方法之一，因此，重要的结构件（特别是承受较大载荷和剧烈摩擦的零件）以及各种类型的工具等都要进行淬火。

淬火马氏体在不同回火温度下可获得不同的组织，从而使钢具有不同的力学性能，以满足各类工具或零件的使用要求。

由于淬火冷却速度很快，淬火组织中存在很大的内应力，因此淬火后必须采用回火来消除；同时，为了改善塑性、韧性，也需采用回火来解决。

5.5.1 钢的淬火

5.5.1.1 淬火的目的与作用

淬火的目的是得到马氏体（或贝氏体）组织，作用是提高钢的硬度、强度、耐磨性等。

5.5.1.2 淬火的加热温度及保温时间

钢淬火的加热温度根据铁碳相图确定，加热温度范围如图5－23所示。

亚共析钢淬火的加热温度范围一般为 $Ac_3 + (30 \sim 50)℃$，以得到全部细小的奥氏体晶粒，淬火后组织为均匀细小的马氏体和残余奥氏体。若加热温度在 $Ac_1 \sim Ac_3$ 之间，则淬火后组织中将有一部分铁素体存在，使钢的淬火硬度降低；若加热温度超过 Ac_3 过高时，则奥氏体晶粒粗化，淬火后得到粗大的马氏体组织，钢的性能变差，淬火应力增大，导致变形和开裂。

共析钢和过共析钢淬火的加热温度范围为 $Ac_1 + (20 \sim 30)℃$。淬火后，共析钢得到细小马氏体和残余奥氏体组织；过共析钢为马氏体、少量粒状渗碳体和残余奥氏体组织，粒

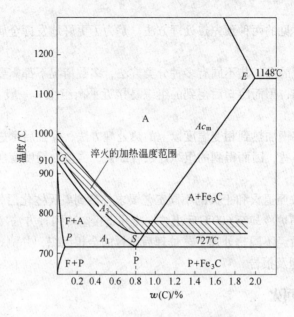

图 5 - 23　钢淬火的加热温度范围

状渗碳体的存在可提高钢的硬度和耐磨性。若加热温度在 Ac_{cm} 以上，由于渗碳体全部溶入奥氏体中，提高了奥氏体的碳含量，使奥氏体的稳定性提高，淬火后残留奥氏体量增多，钢的硬度和耐磨性将会降低；另外，因奥氏体晶粒粗化，淬火后得到粗大马氏体，使钢的脆性增大。

影响保温时间的因素很多，如加热介质、加热速度、钢的种类、工件形状和尺寸、装炉方式、装炉量等。生产中常根据实际情况综合考虑上述各影响因素并结合经验确定。

5.5.1.3　淬火冷却介质

淬火冷却介质是指工件进行淬火时所用的介质。淬火冷却速度必须大于临界冷却速度 v_k，才能得到马氏体组织。但是，快冷不可避免地会带来较大的内应力，往往引起工件的变形或开裂。为了解决这一矛盾，理想的淬火冷却应该是：在稍低于 A_1 处，过冷奥氏体较稳定，冷却速度可慢些；而在 C 曲线"鼻尖"处，过冷奥氏体最不稳定，必须进行快速冷却，且冷却速度应大于马氏体临界冷却速度，以保证过冷奥氏体能避开非马氏体型的组织转变；在 M_s 及以下的冷却速度要更缓慢一些，以减小产生的淬火应力，避免由此而产生的变形和开裂。但生产中常用的冷却介质都不能完全满足理想冷却速度的要求，在淬火时应结合生产实际情况合理地选用。

A　水

水是冷却能力较强的淬火介质，但它在需要快冷的 650～500℃ 温度范围内冷速较小，而在需要慢冷的 300～200℃ 温度周内冷速较大，在 100～40℃ 时冷速极快。由于水比较便宜，故应用较多，但其只能用于形状简单、截面尺寸较小的碳钢工件。

B　盐水及碱水

水中溶入盐、碱等物质减少了蒸汽膜的稳定性，使蒸汽膜阶段变短，特性温度提高，从而加快了冷却速度。食盐水溶液的冷却能力在食盐浓度较低时随食盐浓度的增加而提高，随温度升高，冷却能力降低。用碱水溶液作淬火介质时，它能和已氧化的工件表面发生反应，淬火后工件表面呈银白色，具有良好的外观。这类淬火介质在 300 ~ 200℃ 的低温区域，其冷却能力比油弱；在 650 ~ 500℃ 的高温区域，碱浴的冷却能力介于水、油之间，盐浴的冷却能力比油稍弱。因此，采用这类淬火介质淬火时能保证获得马氏体组织，且能大大减少变形和开裂倾向，它们主要用于形状复杂和要求变形较小的碳素工具钢及合金工具钢小件的分级淬火或等温淬火。但这种溶液对工件和设备腐蚀较大，淬火时有刺激性气味，因此未能广泛应用。

C 油

矿物油或植物油也是使用较广的淬火介质，其冷却能力较小，在 300 ~ 200℃ 的温度范围内对减少变形和开裂有利，但在 650 ~ 500℃ 的温度范围内对防止奥氏体发生非马氏体转变不利。油类淬火介质主要用于过冷奥氏体稳定的合金钢或尺寸较小的碳钢工件。

D 有机物质的水溶液及乳化液

水中加入一些可改变其冷却能力的物质，并能满足使用要求，则该物质是一种理想的淬火介质。如果在水中加入不溶于水而构成混合物的物质，如构成悬浮液（固态物质）、乳化物（未溶液滴）或在水中含有气体，均将增加蒸汽膜核心，提高蒸汽膜的稳定性，降低特性温度，从而使冷却能力降低。但是如果对液体再施以一定程度的搅动，则可控制各阶段的温度范围及冷却速度。目前各国都在研究开发以有机物水溶液作为淬火介质，一些国家均有以水基添加有机物和矿物盐的淬火介质专利。例如，美国应用含 15% 聚乙烯醇、0.4% 抗黏附剂、0.4% 防泡剂的淬火介质；其他国家也应用类似的淬火介质。最常用的乳化液是矿物油与水经强烈搅拌及振动而制成的。即一种液体以细小的液滴形式分布在另一种液体中，呈牛奶状溶液，故称其为乳化液。如果水形成外相，油滴在水中，则称为油水乳化液。要使这种分布状态稳定，除了采用上述的机械振动外，还应加入乳化剂。这种乳化剂作为表面活性物质富集在界面上，通过降低界面张力使乳化稳定。乳化液一般用于火焰淬火和感应淬火时的喷水淬火，一般要求其有高的稳定性，在使用和放置时间内不分解；喷射到工件表面上的乳化液急剧升温以及水部分汽化时，应不导致乳化液破坏及产生多层离析；在工序间储存时，应能防止工件锈蚀等。

5.5.1.4 淬火方法

根据淬火介质的不同，常用的淬火方法有：

（1）单液淬火。单液淬火（水淬或油淬）是将工件加热奥氏体化后浸入一种冷却介质中冷却的淬火工艺，其冷却速度曲线如图 5 – 24 中 1 线所示。此法操作简便，易实现机械化和自动化，但易产生变形和开裂。形状简单的碳钢件一般在水中淬火，而合金钢件和尺寸较小的碳钢件一般在油中淬火。

（2）双液淬火。双液淬火也称中断淬火，是将工件加热奥氏体化后先浸入冷却能力强的介质，在组织即将发生马氏体转变时立即转入冷却能力弱的介质中冷却的淬火工艺，其冷却速度曲线如图 5 – 24 中 2 线所示。碳钢先水冷、后油冷，合金钢先油冷、后空冷等均属于双液淬火。此法由于在水中的停留时间不易控制，操作不便，主要用于形状复杂的高碳钢件和尺寸较大的合金钢件。

（3）分级淬火。分级淬火是将工件加热奥氏体化后浸入温度稍高或稍低于 M_s 点的盐浴或碱浴中，保持较短时间，在工件整体达到介质温度后取出空冷以获得马氏体的淬火工艺，其冷却速度曲线如图 5 - 24 中 3 线所示。此法易于操作，能够减小工件中的热应力并缓和相变产生的组织应力，可有效防止工件的变形和开裂，主要用于尺寸较小、形状较复杂的工件，如钻头、丝锥等小型刀具以及小型模具等。

（4）等温淬火。等温淬火是将工件加热奥氏体化后在温度稍高于 M_s 点的盐浴或碱浴中快冷到贝氏体转变温度区间，等温保持一定时间，使奥氏体转变为贝氏体的淬火工艺，其冷却速度曲线如图 5 - 25 中 4 线所示。等温淬火后的工件淬火应力较小，不易变形和开裂，具有较高的强度和韧性，但生产周期长、效率低。该法主要用于处理形状复杂和尺寸要求精确、强度和韧性要求较高的由各种中、高碳钢和合金钢制造的小型复杂工件，如各种模具、刀具、螺栓、弹簧等。

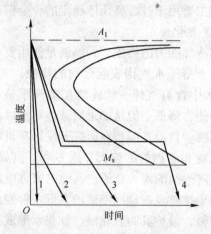

图 5 - 24　常用淬火方法的冷却曲线
1—单液淬火；2—双液淬火；3—分级淬火；4—等温淬火

（5）局部淬火法。有些工件只要求局部具有高硬度，可进行局部加热淬火，以避免工件其他部位产生变形和开裂。

（6）冷处理。一般钢种的 M_f 点在 -60℃ 左右，因此淬火后钢中有不稳定的残余奥氏体组织，会影响其在使用中的尺寸稳定性。对于量具、精密轴承、精密丝杠、精密刀具等工件，在淬火之后应进行一次冷处理，即把淬冷至室温的钢继续冷却到 -70 ~ -80℃，保持一段时间，使残余奥氏体转变为马氏体，以提高钢的硬度并稳定工件尺寸。获得低温的办法是采用干冰（固态 CO_2）和酒精的混合剂或冷冻机冷却。

5.5.1.5　淬透性与淬硬性

A　淬透性
淬透性是指钢淬火时获得马氏体的能力，是钢材固有的一种属性。

淬透性可用钢在规定条件下淬火获得的有效淬硬层深度来表示。有效淬硬层深度是指从淬硬的工件表面(组织全部为马氏体)至规定硬度值处(组织为半马氏体)的垂直距离。

淬透性也可用临界直径法测定，如图 5 - 25 所示。

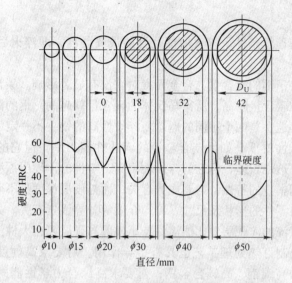

图 5－25 不同直径的 45 钢在水中的淬火断面硬度

D_U—未淬硬部分心部直径

临界直径是在一定淬火条件下测定的，它是钢制圆柱试样在某种介质中快冷后，中心得到全部或 50% 马氏体组织的最大直径。常用钢的临界淬火直径见表 5－1。

表 5－1 常用钢的临界淬火直径

钢　号	临界直径/mm		钢　号	临界直径/mm	
	水　冷	油　冷		水　冷	油　冷
45	13 ~ 16.5	6 ~ 9.5	35CrMo	36 ~ 42	20 ~ 28
60	11 ~ 17	6 ~ 12	60Si$_2$Mn	55 ~ 62	32 ~ 46
T10	10 ~ 15	< 8	50CrVA	55 ~ 62	32 ~ 40
65Mn	25 ~ 30	17 ~ 25	38CrMoAlA	100	80
20Cr	12 ~ 19	6 ~ 12	20CrMnTi	22 ~ 35	15 ~ 24
40Cr	30 ~ 38	19 ~ 28	30CrMnSi	40 ~ 50	23 ~ 40
35SiMn	40 ~ 46	25 ~ 34	40MnB	50 ~ 55	28 ~ 40

淬透性主要取决于钢中合金元素的种类和含量。除钴外，大多数合金元素都能显著提高钢的淬透性，这是因为大多合金元素可使 C 曲线向右移动，使得钢淬火时的临界冷却速度减小，从而提高钢的淬透性。

在选用材料和制订热处理工艺时经常要考虑淬透性。若工件整个截面未被淬透，则工件表面和心部的组织及性能就不均匀,心部未淬透部分的性能就达不到要求。因此,对大截面重要零件以及轴向承受拉应力、压应力、交变应力、冲击载荷的连杆、螺柱、锻模、锤杆等,应选用淬透性高的钢;对承受交变弯曲应力、扭转应力、冲击载荷和局部磨损的轴类零件,其表面受力很大,心部受力较小,不要求全部淬透,可选用淬透件较低的钢;焊接件一般选用淬透性低的钢,否则易在焊缝和热影响区出现淬火组织,导致变形和开裂;承受交变应力和振动的弹簧,为防止心部淬不透而导致工作时产生塑性变形,应选用淬透性高的钢。

　　B　淬硬性

　　淬硬性是指钢在理想条件下淬火所能达到的最高硬度，即淬火后得到全部马氏体的硬度。

　　淬硬性主要取决于钢的碳含量，合金元素对它没有显著影响。碳含量越高，淬火加热时固溶于奥氏体中的碳含量越高，所得马氏体的碳含量就越高，钢的淬硬性也越高。

　　钢的淬硬性、淬透性是两个不同的概念。淬硬性高的钢，不一定淬透性就高；淬硬性低的钢，不一定淬透性就低。如低碳合金钢的淬透性相当高，但它的淬硬性却不高；再如，高碳工具钢的淬透性较差，但它的淬硬性很高。零件的淬硬层深度与淬透性也是不同的概念，淬透性是钢本身的特性，与其成分有关；而淬硬层深度是不确定的，它除取决于钢的淬透性外，还与零件的形状及尺寸、冷却介质等外界因素有关。如同一钢种在相同的奥氏体化条件下，水淬的淬硬层要比油淬深，小件的淬硬层要比大件深。

　　淬硬性对选材及制订热处理工艺也具有指导作用。对要求高硬度、高耐磨性的工模具，选用淬硬性高的高碳钢、高碳合金钢；对要求高综合力学性能的轴类、齿轮类等零件，选用淬硬性中等的中碳钢、中碳合金钢；对要求高塑件的焊接件等，选用淬硬性低的低碳钢、低碳合金钢。

5.5.2　钢的回火

　　回火是将工件淬火后重新加热到 Ac_1 以下某一温度，保温一定时间，然后冷却到室温的热处理工艺。回火一般采用在空气中缓慢冷却。

5.5.2.1　回火的目的与作用

　　淬火后钢的组织主要由马氏体和少量残余奥氏体组成（高碳钢中还有未溶碳化物），其内部存在很大的内应力，脆性大，韧性低，一般不能直接使用，必须进行回火。

　　回火的目的是减少和消除淬火时产生的淬火应力，降低脆性，稳定组织与尺寸，以减少工件变形及开裂；此外，回火可获得强度和韧性之间的不同配合，达到工件所要求的不同使用性能。

5.5.2.2　回火时的组织转变

　　工件淬火后，组织中的马氏体与残余奥氏体都是不稳定组织，在回火加热时都会自发向稳定组织转变。转变是通过原子扩散进行的，回火温度越高，扩散速度就越快。回火一般分为四个阶段，如图 5-26 所示。

　　(1) 第一阶段：马氏体分解（不高于 200℃）。在 100℃ 以下温度回火时，淬火钢没有明显的组织转变，此时只发生马氏体中碳的偏聚而没有开始分解。在 100℃ 以上回火时，马氏体开始分解，碳以 ε 碳化物形式析出，使马氏体中碳的过饱和度逐渐降低。在这一阶段中，由于回火温度较低，马氏体中仅析出了一部分过饱和的碳原子，但此时 α 相仍保持针状特征，它仍是碳在 α-Fe 中的过饱和固溶体。这种由过饱和度较低的 α 相与极细的 ε 碳化物所组成的混合组织，称为回火马氏体。此阶段由于马氏体中析出的碳较少，硬度降低不明显；但由于碳的析出，晶格畸变降低，淬火应力有所减小。回火马氏体的形态与淬火马氏体区别不大，但回火马氏体因为易被腐蚀，组织呈暗黑色。高碳钢的回

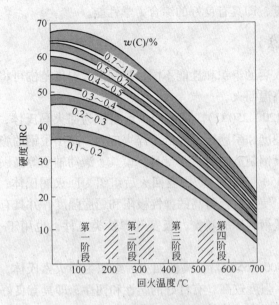

图 5-26　不同回火阶段的硬度变化

火马氏体呈片状，具有高硬度；低碳钢的回火马氏体呈板条状，具有较高的强度和韧性。

（2）第二阶段：残余奥氏体分解（200~300℃）淬火钢中残留奥氏体从200℃开始分解，到300℃左右基本结束。残余奥氏体分解是通过碳原子的扩散先形成偏聚区，进而分解为α相和ε碳化物的混合组织，即转变为下贝氏体。由于在回火的第一阶段马氏体分解尚未结束，在此阶段中马氏体分解继续进行，到350℃左右马氏体碳含量降至接近平衡成分，此时马氏体分解才基本结束。马氏体的继续分解虽然会使钢的硬度降低，但同时由于较软的残余奥氏体转变为较硬的下贝氏体，故此阶段内钢的硬度没有明显降低，淬火应力进一步减小。

（3）第三阶段：渗碳体转变（250~400℃）。在250℃以上回火时，碳原子的扩散能力增强，铁原子也恢复了扩散能力，马氏体分解和残余奥氏体分解析出的过渡ε碳化物逐渐向稳定的渗碳体转变，到400℃时全部转变为极其细小的球状颗粒渗碳体。随着碳化物的析出和转变，马氏体中碳的含量不断降低，马氏体的晶格畸变消失，转变为铁素体，但仍保持针状，于是得到由针状铁素体和极其细小的球状颗粒渗碳体组成的两相组织，称为回火屈氏体。此阶段淬火应力基本消除，硬度有所下降，塑性、韧性得到提高。

（4）第四阶段：渗碳体的聚集长大与铁素体的再结晶（高于400℃）。在400℃以上回火时，由于回火温度已经很高，碳原子和铁原子均具有较强的扩散能力，高度弥散分布的渗碳体逐渐聚集长大。在500~600℃以上时，α相逐渐发生再结晶，使铁素体形态失去原来的板条状或片状，转变成为多边形晶粒。这种在多边形铁素体基体上分布着球粒状渗碳体的两相组织，称为回火索氏体。回火索氏体具有良好的综合力学性能。此阶段内应力和晶格畸变完全消除，硬度明显下降。

综上所述，淬火钢回火时的组织转变是在不同温度范围内产生的，又是交叉重叠进行的，在同一回火温度下会进行几种不同的变化。淬火钢回火后的性能随着回火温度的升高，强度、硬度降低，塑性、韧性提高，在600℃左右回火时，塑性和韧性达到较高的数值，并保持较高的强度，即具有良好的综合力学性能。

5.5.2.3　回火方法

钢在不同温度回火后的组织和性能不同，根据回火温度范围可将回火分为三种，即低温回火、中温回火和高温回火。

（1）低温回火（120 ~ 250℃）。低温回火后组织为回火马氏体，硬度为 58 ~ 64HRC，保持了淬火组织的高硬度和耐磨性，降低了淬火应力，减小了钢的脆性。低温回火主要用于由高碳钢、合金工具钢制造的刃具、量具、模具、滚动轴承等高硬度要求的工件。

（2）中温回火（350 ~ 500℃）。中温回火后组织为回火屈氏体，硬度为 35 ~ 45HRC，大大降低了淬火应力，使工件获得高的弹性极限和屈服强度，并具有一定的韧性。中温回火主要用于由中、高碳钢制作的卷簧、板簧等弹簧类工件，也用于一些热作模具（如热锻模、压铸模等）。

（3）高温回火（500 ~ 650℃）。高温回火后组织为回火索氏体，硬度为 25 ~ 35HRC，淬火应力可完全消除，强度较高，有良好的塑性和韧性，即具有良好的综合力学性能。工件经淬火后再进行高温回火的热处理工艺，称为调质处理。高温回火主要用于由中碳钢制作的各种重要结构件，如轴、连杆、螺栓、齿轮等。中碳钢调质处理后的各种力学性能均高于正火，表 5 - 2 所示为 45 钢正火与调质处理后的性能比较。

表 5 - 2　45 钢（ϕ20 ~ 40mm）调质与正火后组织和性能的比较

热处理方法	力 学 性 能				处理后组织
	R_m/MPa	A/%	HBS/MPa	KV/J	
调质处理	750 ~ 850	15 ~ 20	160 ~ 220	38 ~ 62	回火索氏体
正火处理	700 ~ 800	20 ~ 25	200 ~ 250	60 ~ 95	铁素体 + 珠光体

【项目 5 - 4】 钢的淬火与回火

1. 实验任务

（1）了解钢的淬火和回火方法。

（2）分析淬火和回火时，加热温度、冷却方式及原始碳含量对热处理后材料组织和性能的影响。

2. 实验设备、仪器与材料

（1）设备：实验室用箱式电阻炉、切割机、砂轮机、镶嵌机、抛光机、吹风机。

（2）仪器：金相显微镜、显微硬度计。

（3）材料：45、T8、T12 钢试样、砂纸、腐蚀剂（3% ~ 5% 硝酸酒精溶液）、脱脂棉。

3. 实验原理

淬火和回火是常见的最终热处理方法，处理后的组织决定了工件最终的使用性能。

淬火需要加热到相变温度以上，保温后在大于临界冷却速度条件下的不同介质中快速冷却，以获得马氏体组织。

经淬火后得到的马氏体组织，由于淬火冷却速度太快，其内部存在很大的内应力；同时，由于得到的马氏体组织的比体积大，还会造成工件尺寸变化。因此，淬火钢必须进行回火。

4. 实验步骤

（1）将三种钢按照淬火和回火的不同工艺要求加热到相变温度上、下后，保温适当时间。

（2）分别采用水冷和空冷两种方法冷却。

（3）观察冷却后经不同热处理工艺处理后试样的金相组织，并测定组织硬度。

5. 实验结果处理及报告

习　题

5-1 奥氏体加热时对奥氏体晶粒度的影响有哪些，如何影响？

5-2 绘制 C 曲线并分析过冷奥氏体等温转变的产物及形成温度。它们的性能有何差异？

5-3 试分析共析钢等温转变曲线与热处理实际冷却过程的关系。

5-4 将一块共析钢平均分成两块，加热到相变温度以上的适当温度，保温一定时间后取出，迅速冷却到700℃开始等温，待转变完成后分别以极快和极慢两种冷却方式冷却到室温，试问最终的组织和性能如何。

5-5 何谓马氏体，它的转变特点是什么，它与淬透性有什么关系？

5-6 常用的退火工艺方法有哪些，它们的工艺及目的是什么？

5-7 钢的退火和正火有何差异，生产中如何选择？

5-8 常用的淬火冷却方式有哪些？试叙述它们的适用范围。

5-9 为什么淬火钢回火后的硬度主要取决于回火温度的高低？

5-10 将一块45钢平均分成三份，分别加热到840℃、760℃和680℃，保温一定时间后在水中冷却，试问冷却后的组织和性能有何变化？

5-11 有一批45钢制的螺钉（要求头部淬硬到60HRC）中，混入少量20钢，淬火后能否满足使用要求，为什么？

5-12 现有一批40钢制传动轴，硬度要求为32HRC，采用正火或调质处理都可以达到硬度要求，试问两种方法处理后的组织和性能有何差异？

5-13 现采用45钢制造拖拉机半轴，要求其轴颈处具有高的耐磨性，试简单设计其热处理工艺。

5-14 何谓表面淬火，它和普通热处理有何异同？

5-15 何谓钢的化学热处理，其与普通热处理相比较有何特点？

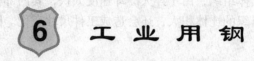

6　工　业　用　钢

在铁碳合金中，碳钢有较好的力学性能和工艺性能，原料来源丰富，冶炼及制造工艺比较简便，价格较低，在工业上应用广泛。

6.1　碳钢的成分及分类

6.1.1　碳钢的成分

碳钢是碳含量小于 2.11%，且含有少量硅、锰、硫、磷等杂质元素的铁碳合金。碳钢的性能主要由其碳含量决定，碳钢中的杂质元素一般是冶炼时混入的，对钢的性能和质量有一定影响，冶炼时应适当控制各杂质元素的含量。

（1）硅的影响。硅是作为脱氧剂加入钢中的。在镇静钢中硅含量通常为 0.1% ~ 0.4%，在沸腾钢中仅有 0.03% ~0.07%。硅的脱氧作用比锰要强，它与钢液中的 FeO 生成炉渣，能消除 FeO 对钢的不良影响；硅能溶于铁素体中，并使铁素体强化，从而提高钢的强度和硬度，但会降低钢的塑性和韧性。

（2）锰的影响。锰是炼钢时用锰铁脱氧后残留在钢中的。锰能把钢中的 FeO 还原成铁，改善钢的质量；锰还可与硫化合形成 MnS，消除硫的有害作用，降低钢的脆性，改善钢的热加工性能；锰能大部分溶解于铁素体中，使铁素体强化，提高钢的强度和硬度。碳钢中的锰含量一般为 0.25% ~0.8%。

（3）硫的影响。硫是在炼钢时由矿石和燃料带进钢中的。在固态下硫不溶于铁，而以 FeS 的形式存在。FeS 与 Fe 能形成低熔点的共晶体，熔点为 985℃，分布在晶界上，当钢材在 1000 ~1200℃ 条件下进行热加工时，由于共晶体熔化，从而导致热加工时脆化、开裂，这种现象称为热脆。因此，必须控制钢中的硫含量，一般控制在 0.05% 以下。

（4）磷的影响。磷是由矿石带入钢中的。磷在钢中能全部溶于铁素体，因此提高了铁素体的强度和硬度；但在室温或更低温度下，因析出脆性化合物 Fe_3P，使钢的塑性和韧性急剧下降，产生脆性，这种现象称为冷脆。因此，要严格限制钢中的磷含量，一般控制在 0.045% 以下。

6.1.2　碳钢的分类

（1）按钢中碳含量分类，分为：

1）低碳钢，$w(C) < 0.25\%$。

2）中碳钢，$w(C) = 0.25\% ~0.6\%$。

3）高碳钢，$w(C) < 0.6\%$。

（2）按钢的平衡组织分类，分为：

1）亚共析钢，平衡组织为 F + P。

2）共析钢，平衡组织为 P。

3）过共析钢，平衡组织为 $P + Fe_3C_{II}$。

（3）按钢的主要质量等级分类，分为：

1) 普通碳素钢，$w(S) \leqslant 0.055\%$，$w(P) \leqslant 0.045\%$。

2) 优质碳素钢，$w(S) \leqslant 0.04\%$，$w(P) \leqslant 0.04\%$。

3) 高级优质碳素钢，$w(S) \leqslant 0.03\%$，$w(P) \leqslant 0.035\%$。

（4）按钢的用途分类，分为：

1) 碳素结构钢。碳素结构钢用于制造各种机械零件（如齿轮、轴、连杆、螺钉、螺母等）和工程结构件（如桥梁、船舶、建筑构架等）。这类钢一般属于低、中碳钢。

2) 碳素工具钢。碳素工具钢用于制造刀具、量具和模具。这类钢一般属于高碳钢。

此外，钢按冶炼时脱氧方法的不同，还可分为沸腾钢、镇静钢和半镇静钢等。

6.2 碳钢成分与其组织、性能的关系

6.2.1 平衡状态下碳钢成分与组织、性能的关系

由前文可知，铁碳合金的成分决定其平衡组织、性能。因此，碳钢的成分也决定其组织、性能。图 6－1 所示为碳含量对碳钢性能的影响。

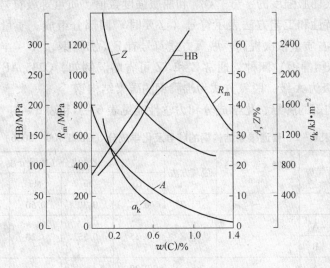

图 6－1 碳含量对碳钢性能的影响

碳钢的平衡组织取决于其碳含量。当碳含量 $w(C) = 0.02\% \sim 0.77\%$ 时，其平衡组织为亚共析组织；当 $w(C) = 0.77\%$ 时，为共析组织；当 $w(C) = 0.77\% \sim 2.11\%$ 时，为过共析组织。

碳钢的性能取决于其组织。亚共析钢中，随碳含量的增加，组织中的铁素体量减少，而珠光体量增加，因此塑性、韧性降低，强度和硬度直线上升。过共析钢中，随着碳含量的增加，开始时强度和硬度仍呈增加趋势，塑性和韧性仍呈下降趋势；当 $w(C) > 0.9\%$ 时，硬度仍呈直线上升，塑性、韧性仍继续下降，但抗拉强度转为下降趋势。强度在 $w(C) = 0.9\%$ 时出现峰值，这是由于二次渗碳体量逐渐增加，形成了连续的网状结构，从而使钢的脆性增加、强度下降。

6.2.2 热处理状态下碳钢成分与组织、性能的关系

为提高性能，碳钢一般在热处理状态下使用。不同成分的碳钢，其常用的热处理工艺不同，达到的性能也不同。

　　低碳钢本身塑性较好、强度不高，一般进行退火或正火热处理后，组织与平衡状态相比变化不大，仍为 F + P；但晶粒得到细化，成分得以均匀化，内应力减小，塑性、强度得以提高。低碳钢可进行渗碳及淬火和低温回火热处理，使表面组织为高碳马氏体和粒状渗碳体，心部组织为低碳马氏体，达到表硬心韧的性能。

　　中碳钢本身具有强度、硬度、塑性、韧性均较好的综合力学性能，一般进行调质热处理后，组织为回火索氏体，其综合性能进一步提高。

　　高碳钢本身硬度较高，一般进行淬火及低温回火热处理后，组织主要为回火马氏体（过共析钢还有粒状渗碳体），其硬度进一步提高。

6.3　常用碳钢的牌号、性能及应用

6.3.1　普通碳素结构钢

　　普通碳素结构钢是工程中应用最多的钢种，其产量占钢总产量的 70% ~ 80%。其牌号按顺序，由代表屈服强度的字母"Q"和屈服强度数值、质量等级符号、脱氧方式符号以及产品用途、特性和工艺方法表示符号（必要时）四部分组成。质量等级分为 A、B、C、D 等，从左至右质量依次提高。脱氧方式符号有 F（沸腾钢）、b（半镇静钢）、z（镇静钢）、TZ（特殊镇静钢）四种，通常 Z 和 TZ 可省略。例如，Q235 AF 表示屈服强度为 235MPa、质量等级为 A 级、脱氧方式为沸腾钢的碳素结构钢。

　　普通碳素结构钢的牌号、化学成分和力学性能见表 6 - 1 和表 6 - 2。

表 6 - 1　普通碳素结构钢的牌号及化学成分（GB/T 700—2006）

牌号	统一数字代号[①]	等级	厚度（或直径）/mm	脱氧方法	化学成分（质量分数，≤）/%				
					C	Si	Mn	P	S
Q195	U11952	—	—	F、Z	0.12	0.30	0.50	0.035	0.040
Q215	U12152	A	—	F、Z	0.15	0.35	1.20	0.045	0.050
	U12155	B							0.045
Q235	U12352	A	—	F、Z	0.22	0.35	1.40	0.045	0.050
	U12355	B			0.20[②]				0.045
	U12358	C		Z	0.17			0.040	0.040
	U12359	D		TZ				0.035	0.035
Q275	U12752	A	—	F、Z	0.24	0.35	1.50	0.045	0.050
	U12755	B	≤40	Z	0.21			0.045	0.045
			>40		0.22				
	U12758	C	—	Z	0.20			0.040	0.040
	U12759	D		TZ				0.035	0.035

　　① 表中为镇静钢、特殊镇静钢牌号的统一数字，沸腾钢牌号的统一数字代号如下：
　　Q195F——U11950；
　　Q215AF——U12150，Q215BF——U12153；
　　Q235AF——U12350，Q235BF——U12353；
　　Q275AF——U12750。
　　② 经需方同意，Q235B 的碳含量可不大于 0.22%。

表6-2 普通碳素结构钢的力学性能 (GB/T 700—2006)

牌号	等级	屈服强度[①]R_{eH} (≥)/MPa						抗拉强度[②]R_m /MPa	断后伸长率 A (≥)/%					冲击试验 (V形缺口)	
		厚度（或直径）/mm							厚度（或直径）/mm					温度 /℃	冲击吸收能量 （纵向， ≥)/J
		≤16	>16 ~40	>40 ~60	>60 ~100	>100 ~150	>150 ~200		≤40	>40 ~60	>60 ~100	>100 ~150	>150 ~200		
Q195	—	195	185	—	—	—	—	315~430	33	—	—	—	—	—	—
Q215	A	215	205	195	185	175	165	335~450	31	30	29	27	26	—	—
	B													+20	27
Q235	A	235	225	215	215	195	185	370~500	26	25	24	22	21	—	—
	B													+20	27[③]
	C													0	
	D													-20	
Q275	A	275	265	255	245	225	215	410~540	22	21	20	18	17	—	—
	B													+20	27
	C													0	
	D													-20	

① Q195 的屈服强度值仅供参考，不作交货条件。

② 厚度大于100mm 的钢材，抗拉强度下限允许降低 20MPa。宽带钢（包括剪切钢板）的抗拉强度上限不作交货条件。

③ 厚度小于25mm 的 Q235B 级钢材，如供方能保证冲击吸收能量值合格，经需方同意，可不作检验。

6.3.2 优质碳素结构钢

优质碳素结构钢中有害杂质含量少，塑性和韧性较高，用于制造较重要的零件。其牌号一般为两位数字，表示钢中平均碳含量的万分数。例如，45 表示平均碳含量为 0.45% 的优质碳素结构钢，20 表示平均碳含量为 0.2% 的优质碳素结构钢。

当优质碳素结构钢中锰含量较高（0.7% ~1.2%）时，在其牌号后面标出元素符号"Mn"，如 65Mn 等。

必要时，也可标注脱氧方式符号（镇静钢表示符号通常可以省略）以及产品用途、特性或工艺方法表示符号。

优质碳素结构钢的牌号、化学成分和力学性能见表6-3。

08、10、15 钢属于冷冲压薄板钢，碳含量低，塑性好，强度低，焊接性能好，用于要求塑性较高的冲压件、焊接件等。

20、25 钢属于渗碳钢，强度较低，但塑性、韧性较高，冷冲压性能和焊接性能很好，可以制造各种受力不大但要求高韧性的零件，如轴承端盖、螺钉、杆件、轴套、容器及支架等冲压件和焊接件。这类钢经渗碳淬火后，表面耐磨性好，而心部具有一定的强度和韧性，可用于制造耐磨并承受冲击载荷的零件。

表 6－3　优质碳素结构钢的牌号、化学成分和力学性能

牌号	化学成分（质量分数）/%					力 学 性 能						
	C	Si	Mn	P	S	屈服强度 R_e /MPa	抗拉强度 R_m /MPa	断后伸长率 A/%	断面收缩率 Z/%	冲击韧性 a_k /J·cm^{-2}	硬度 HBS(≤) /MPa	
								（≥）			热轧钢	退火钢
05F	≤0.06	≤0.03	≤0.04	≤0.035	≤0.040	—	—	—	—	—	—	—
08F	0.05～0.11	≤0.03	0.25～0.50	≤0.040	≤0.040	180	300	35	60	—	131	—
08	0.05～0.12	0.17～0.37	0.35～0.65	≤0.035	≤0.040	200	330	33	60	—	131	—
10F	0.07～0.14	≤0.07	0.25～0.50	≤0.040	≤0.040	190	320	33	55	—	137	—
10	0.07～0.14	0.17～0.37	0.35～0.65	≤0.035	≤0.040	210	340	31	55	—	137	—
15F	0.12～0.19	≤0.07	0.25～0.50	≤0.040	≤0.040	210	360	29	55	—	143	—
15	0.12～0.19	0.17～0.37	0.35～0.65	≤0.040	≤0.040	230	380	27	55	—	143	—
20F	0.17～0.24	≤0.07	0.25～0.50	≤0.040	≤0.040	230	390	27	55	—	156	—
20	0.17～0.24	0.17～0.37	0.35～0.65	≤0.040	≤0.040	250	420	25	55	—	156	—
25	0.22～0.30	0.17～0.37	0.50～0.80	≤0.040	≤0.040	280	460	23	50	90	170	—
30	0.27～0.35	0.17～0.37	0.50～0.80	≤0.040	≤0.040	300	500	21	50	80	179	—
35	0.32～0.40	0.17～0.37	0.50～0.80	≤0.040	≤0.040	320	540	20	45	70	187	—
40	0.37～0.45	0.17～0.37	0.50～0.80	≤0.040	≤0.040	340	580	19	45	60	217	187
45	0.42～0.50	0.17～0.37	0.50～0.80	≤0.040	≤0.040	360	610	16	40	50	241	197
50	0.47～0.55	0.17～0.37	0.50～0.80	≤0.040	≤0.040	380	640	14	40	40	241	207
55	0.52～0.60	0.17～0.37	0.50～0.80	≤0.040	≤0.040	390	660	13	35	—	255	217
60	0.57～0.65	0.17～0.37	0.50～0.80	≤0.040	≤0.040	410	690	12	35	—	255	229
65	0.62～0.70	0.17～0.37	0.50～0.80	≤0.040	≤0.040	420	710	10	30	—	255	229
70	0.67～0.75	0.17～0.37	0.50～0.80	≤0.040	≤0.040	430	730	9	30	—	269	229
75	0.72～0.80	0.17～0.37	0.50～0.80	≤0.040	≤0.040	900	1100	7	20	—	285	241
80	0.77～0.85	0.17～0.37	0.50～0.80	≤0.040	≤0.040	950	1100	6	30	—	285	241
85	0.82～0.90	0.17～0.37	0.50～0.80	≤0.040	≤0.040	1000	1150	6	30	—	302	255
15Mn	0.12～0.19	0.17～0.37	0.70～1.00	≤0.040	≤0.040	250	420	26	55	—	163	
20Mn	0.17～0.24	0.17～0.37	0.70～1.00	≤0.040	≤0.040	280	460	24	50		197	
25Mn	0.22～0.30	0.17～0.37	0.70～1.00	≤0.040	≤0.040	300	500	22	50	90	207	
30Mn	0.27～0.35	0.17～0.37	0.70～1.00	≤0.040	≤0.040	320	550	20	45	80	217	187
35Mn	0.32～0.40	0.17～0.37	0.70～1.00	≤0.040	≤0.040	340	570	18	45	70	229	197

牌号	化学成分（质量分数）/%					力学性能					硬度 HBS(≤)/MPa	
	C	Si	Mn	P	S	屈服强度 R_e/MPa	抗拉强度 R_m/MPa	断后伸长率 A/%	断面收缩率 Z/%	冲击韧性 a_k/J·cm^{-2}		
						（≥）					热轧钢	退火钢
40Mn	0.37~0.45	0.17~0.37	0.70~1.00	≤0.040	≤0.040	360	600	17	45	60	229	207
45Mn	0.42~0.50	0.17~0.37	0.70~1.00	≤0.040	≤0.040	380	630	15	40	50	241	217
50Mn	0.48~0.56	0.17~0.37	0.70~1.00	≤0.040	≤0.040	400	660	13	40	40	255	217
60Mn	0.57~0.65	0.17~0.37	0.70~1.00	≤0.040	≤0.040	420	710	11	35	—	269	229
65Mn	0.62~0.70	0.17~0.37	0.90~1.20	≤0.040	≤0.040	440	750	9	30	—	285	229
70Mn	0.67~0.75	0.17~0.37	0.90~1.20	≤0.040	≤0.040	460	800	8	30	—	285	229

35、40、45、50、55 钢属于调质钢，经过调质热处理后具有良好的综合力学性能，主要用于制造受力及冲击较大且要求强度、塑性、韧性都较高的轴类、轮类、杆类等零件，如齿轮、套筒、转轴等。这类钢在机械制造中的应用非常广泛，特别是 40、45 钢，在机械零件中应用最广泛。

60、65 钢属于弹簧钢，经过淬火及中温回火热处理后可获得高的弹性极限，主要用于制造尺寸较小的弹簧、弹性零件。

6.3.3 碳素工具钢

碳素工具钢主要用于制造刀具、模具和量具，碳含量为 0.65% ~ 1.35%，有害杂质元素（S、P）含量较少。此类钢属于优质钢和高级优质钢。

碳素工具钢的牌号以"T"（"碳"的汉语拼音首字母）开头，其后的数字表示平均碳含量的千分数，如 T12 表示平均碳含量为 1.2% 的碳素工具钢。锰含量较高时，在第三部分加锰元素符号"Mn"。第四部分还可标以字母"A"表示为高级优质碳素工具钢，如 T8A 表示平均碳含量为 0.8% 的高级优质碳素工具钢。

碳素工具钢的牌号、化学成分、性能及用途见表6-4和表6-5。

碳素工具钢淬火后硬度相近，但随着碳含量的增加，组织中未溶渗碳体增多，使钢的耐磨性提高而韧性下降，故用不同牌号该类钢所制造的工具也不同。

T8、T9 钢一般用于制造要求韧性稍高的工具，如冲头、简单模具、木工工具等；T10 钢用于要求中等韧性、适当硬度的工具，如手工锯条、丝锥等，也可用作要求不高的模具；T12 钢具有较高的硬度及耐磨性，但韧性低，用于制造量具、锉刀、钻头、刮刀等。高级优质碳素工具钢杂质和非金属夹杂物含量少，适于制造重要的、形状复杂的工具。

表 6 - 4　碳素工具钢的牌号、化学成分和性能（GB/T 1298—2008）

牌号	化学成分（质量分数）/%					HBW（≤）/MPa		试样淬火	
	C	Si	Mn	P	S	退火	退火后冷拉	温度及介质	HRC
T7	0.65 ~ 0.74		≤0.40	优质钢：≤0.035 高级优质钢：≤0.030	优质钢：≤0.030 高级优质钢：≤0.020	187	241	800 ~ 820℃，水	≥62
T8	0.75 ~ 0.84							780 ~ 800℃，水	
T8Mn	0.80 ~ 0.90		0.40 ~ 0.60						
T9	0.85 ~ 0.94	≤0.35				192			
T10	0.95 ~ 1.04					197			
T11	1.05 ~ 1.14		≤0.40			207		760 ~ 780℃，水	
T12	1.15 ~ 1.24								
T13	0.25 ~ 1.35					217			

表 6 - 5　碳素工具钢的用途

牌　号	用　途　举　例
T7、T7A	承受冲击、韧性较好、硬度适当的工具，如扁铲、手钳、大锤、改锥、木工工具
T8、T8A	承受冲击、要求较高硬度的工具，如冲头、压缩空气工具、木工工具
T8Mn、T8MnA	承受冲击、要求较高硬度的工具，但淬透性较大，可制造断面较大的工具
T9、T9A	韧性中等、硬度高的工具，如冲头、木工工具、凿岩工具
T10、T10A	不承受剧烈冲击、高硬度、耐磨的工具，如车刀、刨刀、冲头、丝锥、钻头、手锯条
T11、T11A	不受冲击、高硬度、耐磨的工具，如车刀、刨刀、冲头、丝锥、钻头
T12、T12A	不受剧烈冲击、要求高硬度、耐磨的工具，如锉刀、刮刀、精车刀、丝锥、量具
T13、T13A	不受剧烈冲击、要求高硬度、耐磨的工具，如锉刀、刮刀、精车刀、丝锥、量具；要求更耐磨的工具，如刮刀、剃刀

6.3.4　铸造碳钢

对于形状复杂的零件，用铸铁铸造难以满足力学性能时常用铸造碳钢件。铸造碳钢广泛用于制造形状复杂且要求有较高力学性能的零件，如轧钢机、破碎机、冲床等机器的机架、工作台等。

铸造碳钢的碳含量一般为 0.2% ~ 0.6%。若碳含量过高，则钢的塑性差，且铸造时易产生裂纹；若碳含量过低，则强度低，达不到性能要求。

铸造碳钢的牌号是由"铸钢"两字的汉语拼音首字母"ZG"及其后两组数字组成，第一组数字代表屈服强度最低值，第二组数字代表抗拉强度最低值。例如，ZG200 - 400 表示屈服强度不小于 200MPa、抗拉强度不小于 400MPa 的铸造碳钢。

工程用铸造碳钢的牌号、化学成分、力学性能及用途见表 6 - 6 和表 6 - 7。

表6-6 工程用铸造碳钢的牌号、化学成分和力学性能（GB/T 11352—2009）

牌 号	化学成分（质量分数，≤)/%					屈服强度 R_{eH} ($R_{p,0.2}$) /MPa	抗拉强度 R_m /MPa	断后伸长率 A/%	根据合同选择		
	C	Si	Mn	P	S				断面收缩率 Z/%	冲击吸收能量/J	
										KV	KU_2
ZG200-400	0.2	0.6	0.8	0.035	0.035	200	400	25	40	30	47
ZG230-450	0.3					230	450	22	32	25	35
ZG270-500	0.4		0.9			270	500	18	25	22	27
ZG310-570	0.5					310	570	15	21	15	24
ZG340-640	0.6					340	640	10	18	10	16

表6-7 工程用铸造碳钢的用途

牌 号	特 性 和 用 途
ZG200-400	有良好的塑性、韧性和焊接性能；用于受力不大、要求韧性的各种机械零件，如机座、变速箱壳等
ZG230-450	有一定的强度和较好的塑性、韧性，焊接性能良好，切削加工性尚可；用于受力不大、要求韧性的各种机械零件，如砧座、外壳、轴承盖、底板、阀体、犁柱等
ZG270-500	有较高的强度和较好的塑性，铸造性能良好，焊接性很好，可切削性佳；用途广泛，用作轧钢机机架、轴承座、连杆、箱体、曲拐、缸体等
ZG310-570	有较高强度，可切削性良好，塑性、韧性较低；用于负荷较高的零件，如大齿轮、缸体、制动轮、辊子
ZG340-640	有高的强度、硬度和耐磨性，可切削性中等，焊接性较差，流动性好，但裂纹敏感性较大；用作齿轮、棘轮等

6.4 合金钢的成分、组织、性能及应用

碳钢由于生产简便、成本低廉，而且通过控制碳含量及热处理方式可以达到多种性能要求，因此应用很广泛，约占工业用钢总量的80%。但由于碳钢淬透性差、强度和屈强比低、抗回火性差、不具备某些特殊性能等，限制了它在现代工业生产中的应用。这些制约可通过合金化的方法来解决，即加入合金元素形成合金钢，以改善钢的力学性能或获得某些特殊性能。

6.4.1 合金钢的成分

6.4.1.1 合金钢的成分特点

冶炼时，在碳钢基础上有目的地加入一些合金元素所形成的钢称为合金钢。因此，合金钢的碳含量小于2.11%，加入的合金元素主要有铬、镍、硅、锰，此外还可添加钼、钨、钒、钴、铝、铁、铝、硼、稀土等。合金钢中加入的合金元素可以是一种，也可以是多种，主加合金元素的量一般超过1%，有时合金元素的总加入量甚至超过25%。合金元

素加入钢中会与铁和碳产生作用，以不同的形式存在于钢中，改变钢的内部组织及结构，提高钢的性能。

6.4.1.2　合金元素在钢中的存在形式及产生的作用

铁素体和渗碳体是碳钢在退火或正火状态下的两个基本相，合金元素加入钢中时可以固溶于铁素体内，也可以与碳或渗碳体化合形成碳化物。

A　固溶态

几乎所有合金元素都会或多或少地溶入铁素体中，形成固溶体，产生固溶强化，使铁素体的强度、硬度提高。合金元素中 Cr 含量小于 2%，Ni 含量小于 5%，Si、Mn 含量小于 1% 时，不会降低铁素体的韧性。

B　化合态

在钢中能形成碳化物的元素有铁、锰、铬、钼、钨、钒、铌、锆、钛等（按与碳的亲和力由小到大依次排列）。

铌、钒、锆、钛是强碳化物形成元素，一般形成特殊碳化物，如 NbC、VC、ZrC、TiC。

锰是弱碳化物形成元素，一般是溶入渗碳体，形成合金渗碳体 $(Fe，Mn)_3C$。

铬、钼、钨属于中强碳化物形成元素。其含量不多时，一般形成合金渗碳体，如 $(Fe,Cr)_3C$ 等；含量较高（超过 5%）时，易形成特殊碳化物，如 Cr_7C_3、$Cr_{23}C_6$、MoC、WC 等。

合金渗碳体比渗碳体略为稳定，硬度也较高，是一般低合金钢中碳化物的主要存在形式。特殊碳化物比合金渗碳体具有更高的熔点、硬度与耐磨性，且更稳定。合金渗碳体与特殊碳化物在钢中细小均匀分布时可起到弥散强化（或弥散硬化）作用，是合金钢中的重要强化相。

6.4.2　合金钢的组织

合金钢的组织与合金元素的总加入量及碳含量有关。

6.4.2.1　平衡组织

合金总量少（小于 5%）时，可以按照铁碳合金相图判断合金钢的平衡组织，即合金钢的组织与相同碳含量的碳钢相似。当 $w(C) = 0.02\% \sim 0.77\%$ 时，其平衡组织为亚共析组织；当 $w(C) = 0.77\%$ 时，为共析组织；当 $w(C) = 0.77\% \sim 2.11\%$ 时，为过共析组织。

合金总量多时，合金元素对铁碳合金相图的影响较大。合金元素可以使相图上的 S 点及 E 点左移，使合金钢的组织不能按照相同碳含量的碳钢去判断。例如，含碳 0.3% 的 3Cr2W8V 合金钢为过共析钢组织，而碳含量不超过 1% 的 W18Cr4V 合金钢在铸态下具有莱氏体组织。合金元素可以改变奥氏体相区的形状，如镍、锰、碳、氮等元素的加入都会使奥氏体相区扩大，图 6 - 2（a）所示为锰对铁碳合金相图的影响，当锰、镍含量达到一定值时，有可能在室温下形成单相奥氏体钢；铬、钼、硅、钨等元素则会使奥氏体相区缩小，图 6 - 2（b）所示为铬对铁碳合金相图的影响，当铬含量较高时，有可能在室温下形成单相铁素体钢。因此，高合金钢可得到单相奥氏体钢或铁素体钢，使钢具有某些特殊的性能，如耐蚀、耐热、无磁等。

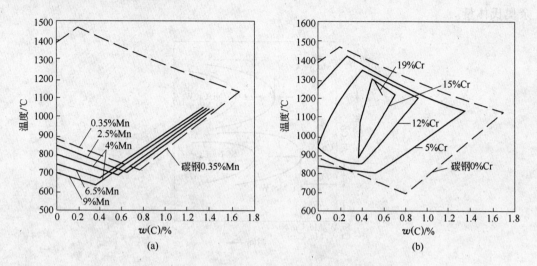

图 6-2 合金元素（锰、铬）对铁碳合金相图的影响

（a）锰对铁碳合金相图的影响；（b）铬对铁碳合金相图的影响

总之，高合金钢的组织比较复杂，组织中存在大量合金元素的碳化物。

6.4.2.2 热处理的特点及组织

A 合金钢的热处理特点

（1）合金钢的热处理加热温度高于相同碳含量的碳钢。因为合金元素阻碍钢奥氏体化过程中碳、铁原子的扩散。

（2）合金钢的淬火冷却速度低于碳钢，一般用油淬火。因为合金元素（除钴外）溶入奥氏体后均增大过冷奥氏体的稳定性，使 C 曲线右移，提高钢的淬透性，如图 6-3所示。

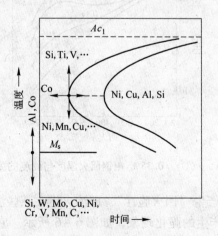

图 6-3 合金元素对 C 曲线的影响

（3）合金钢有时采用多次回火。因为合金元素（除钴、铝外）溶入奥氏体后使 M_s 及 M_f 降低（如图 6 - 4 所示），钢中残余奥氏体量增多，可通过多次回火降低残余奥氏体量。

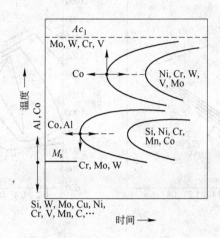

图 6 - 4　合金元素对 M_s（M_f）的影响

（4）合金钢回火时与相同碳含量的碳钢相比，温度高，时间长。因为合金元素阻碍马氏体分解和碳化物聚集长大，使回火时的硬度降低、过程变缓。

（5）合金钢回火时会产生"二次硬化"，即回火时硬度出现回升现象。因为含有大量碳化物形成元素（如钨、钼、钒等）的淬火钢在回火过程中，当温度超过 400℃ 时形成和析出特殊碳化物，这种碳化物颗粒很细且不易聚集，产生弥散硬化作用，使钢的硬度提高。因此，这类钢在 500~600℃ 回火时出现二次硬化现象，如图 6 - 5 所示。二次硬化现象对需要有较高红硬性的工具钢具有重要意义。

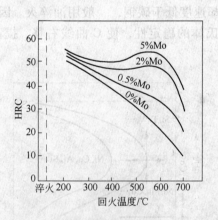

图 6 - 5　$w(C) = 0.35\%$ 钼钢回火温度与硬度的关系曲线

（6）合金钢回火时会产生"回火脆性"，即淬火钢在某些温度区间内回火或回火时缓慢冷却通过该温度区间时产生的脆化现象，如图 6 - 6 所示。它与 Sb、Sn、P 等杂质元素在原奥氏体晶界上的偏聚有关。含铬、锰、镍等合金元素的合金钢回火时，若缓慢冷却，则最易发生这种偏聚。如果回火时快冷，杂质元素便来不及在晶界上偏聚，就可防止这种

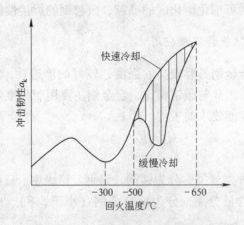

图 6-6 合金钢回火脆性示意图

回火脆性。

B 合金钢的热处理组织

合金总量少时，合金钢的热处理组织与相同碳含量的碳钢相似。低碳钢退火或正火后，组织为 F+P；中碳钢调质热处理后，组织为回火索氏体；高碳钢淬火及低温回火热处理后，组织主要为回火马氏体（过共析钢还有粒状渗碳体）。

合金总量多时，热处理组织较复杂，在此不再赘述。

6.4.3 合金钢的性能及应用

6.4.3.1 合金元素对钢性能的影响

（1）合金元素对钢力学性能的影响。合金元素加入钢中可起到固溶强化、弥散强化等作用，从而提高钢的强度及高温强度。合金钢与碳钢相比，在相同韧性条件下具有更高的强度或在相同强度条件下获得更好的韧性。

（2）合金元素对钢热处理性能的影响。合金元素使钢的 C 曲线右移，提高钢的淬透性。合金钢的临界淬火直径较大，对截面较大的工件容易淬透，可保证淬火质量。另外，钢淬火时可用冷速相对较小的油作冷却介质，有利于防止由淬火应力过大造成的变形和开裂缺陷。

（3）合金元素对钢物理化学性能的影响。在钢中加入较多的合金元素可使钢具有一些特殊的物理化学性能，得到不锈钢、耐热钢、耐磨钢、无磁性钢等特殊性能钢。

（4）合金元素对钢切削加工性能的影响。适当提高钢中硫、锰的含量，形成均匀分布的硫化锰夹杂物，可改善钢的切削加工性能。也可在钢中加入适量的铅，使它弥散、均匀分布在钢中，提高易切削钢的切削加工性能。

（5）合金元素对钢冷变形性能的影响。合金元素溶入钢基体中一般会使钢变硬、变脆，导致冷变形加工困难。因此，冷变形用钢要限制钢中碳、硅、硫、磷、镍、铬、钒、铜等元素的含量。

（6）合金元素对钢焊接性能的影响。焊接性能的好坏主要由钢材的淬透性决定。如果淬透性高，焊缝附近热影响区内可能出现马氏体组织，易脆裂，使钢的焊接性能下降。

但钒、钛、铌、锆等元素可细化熔化区的晶粒，改善钢的焊接性能。

6.4.3.2　合金钢的性能特点及应用

合金元素的作用使合金钢具有较高的强度、较好的淬透性，有的合金钢还具有耐热、耐蚀、耐磨等特殊性能。因此与碳钢相比，合金钢主要用于强度要求更高的工件、尺寸更大的工件或有一些特殊性能要求的工件。

6.5　合金钢的分类

（1）按合金元素的种类分类，分为锰钢、铬钢、铬镍钢、硅锰钢等。

（2）按合金元素的含量分类，分为低合金钢（小于5%）、中合金钢（5% ~ 10%）、高合金钢（大于10%）。

（3）按钢的主要质量等级分类，分为普通合金钢（$w(S) \leqslant 0.05\%$、$w(P) \leqslant 0.045\%$）、优质合金钢（$w(S) \leqslant 0.03\%$、$w(P) \leqslant 0.035\%$）、高级优质合金钢（$w(S) \leqslant 0.02\%$、$w(P) \leqslant 0.025\%$）。

（4）按用途分类，分为合金结构钢、合金工具钢、特殊性能钢。

1）合金结构钢，用于制造各种工程结构件和机器零件，其又分为低合金高强度钢、合金渗碳钢、合金调质钢、合金弹簧钢、滚动轴承钢、易切削钢等。

2）合金工具钢，用于制造各种工具、模具，其又分为合金刃具钢、合金模具钢和合金量具钢。

3）特殊性能钢，是指具有特殊物理化学性能的钢，其又分为不锈钢、耐热钢、耐磨钢等。

按用途分类是合金钢最常用的分类方法。

6.6　合金结构钢

合金结构钢中的低合金高强度钢主要用于各种受力的工程结构，大多为普通质量钢，冶炼简便，成本低，使用时一般不进行热处理。合金渗碳钢、合金调质钢、合金弹簧钢、滚动轴承钢等用于制造机器零件，对力学性能要求较高，属于优质钢或高级优质钢，一般经过热处理后再使用。

6.6.1　低合金高强度钢

6.6.1.1　成分

低合金高强度钢又称普通低合金结构钢（简称普低钢），是在碳素结构钢的基础上加入少量合金元素发展起来的。它碳含量较低（$w(C) < 0.16\%$），以少量锰为主加元素，并辅加钛、钒、铌、铜、磷等合金元素。锰是强化基体元素，含量在1.8%以下，除具有固溶强化作用外，其还可细化铁素体晶粒，所以既提高了钢的强度，又改善了钢的塑件和韧性。钛、钒、铌等合金元素在钢中形成微细碳化物，起到细化晶粒和弥散强化的作用，从而提高钢的强度和冲击韧性等。铜、磷可提高钢对大气的抗蚀能力。

6.6.1.2　组织

低合金高强度钢一般在热轧后或正火状态下使用，组织为铁素体和少量珠光体。

6.6.1.3　性能及应用

低合金高强度钢具有良好的焊接性、耐蚀性以及较好的韧性、塑性，强度显著高于相同碳含量的碳钢。如 Q345（17Mn）的屈服强度不低于 345MPa，而普通碳素结构钢 Q235 的屈服强度为 185～235MPa。因此，用这种钢代替普通碳素结构钢可大幅度减轻结构重量，节约钢材，提高使用可靠性。另外，由于其成本与碳素结构钢相近，这种钢在桥梁、船舶、高压容器、车辆、石油化工等工程结构中应用广泛。

低合金高强度结构钢的用途、牌号、化学成分和力学性能见表 6-8 和表 6-9。

表 6-8　低合金高强度结构钢的用途

新标准	旧　标　准	用 途 举 例
Q295	09MnV，9MnNb，09Mn2，12Mn	车辆的冲压件、冷弯型钢、螺旋焊管、拖拉机轮圈、低压锅炉汽包、中低压化工容器、输油管道、储油罐、油船等
Q345	12MnV，14MnNb，16Mn，18Nb，16MnRE	船舶、铁路车辆、桥梁、管道、锅炉、压力容器、石油储罐、起重及矿山机械、电站设备厂房钢架等
Q390	15MnTi，16MnNb，10MnPNbRE，15MnV	中压或高压锅炉汽包、中压或高压石油化工容器、大型船舶、桥梁、车辆、起重机及其他较高载荷的焊接结构件等
Q420	15MnVN，14MnVTiRE	大型船舶、桥梁、电站设备、起重机械、机车车辆、中压或高压锅炉和容器及其大型焊接结构件等
Q460		可淬火加回火后用于大型挖掘机、起重运输机械、钻井平台等

6.6.2　合金渗碳钢

6.6.2.1　成分

合金渗碳钢的碳含量一般介于 0.15%～0.25% 之间，低的碳含量可保证渗碳钢零件的心部具有足够的韧性。主加的合金元素有锰、铬、镍等，可辅加少量的硼、钛、钒、钼等。合金元素能提高钢的淬透性，改善心部性能，还可细化晶粒，防止渗碳过程中钢件产生过热。

6.6.2.2　热处理方法及组织

合金渗碳钢的热处理一般是在渗碳后进行淬火及低温回火处理。热处理后，表层组织由回火马氏体及少量分布均匀的碳化物组成，有很高的硬度（58～62HRC）和耐磨性；心部组织与钢的淬透性及零件尺寸有关，全部淬透时是低碳回火马氏体（40～48HRC），未淬透时是屈氏体、少量低碳回火马氏体（25～40HRC，$a_k \geqslant 60\text{J/cm}^2$）。

表6-9　低合金高强度结构钢的牌号、化学成分和力学性能（GB/T 1591—2008）

牌号	等级	化学成分（质量分数，≤）/%											R_{eL} (d≤40mm, ≥)/MPa	R_m (d≤16mm, ≥)/MPa	A (d≤40mm, ≥)/%	冲击吸收能量（纵向，≥）	
		C	Si	Mn	P	S	Nb	V	Ti	Cr	Ni	Mo				试验温度/℃	KV_2（厚度=12~150mm, ≥）/J
Q345	B	0.20			0.035	0.035							345	470~630	20	20	34
	C	0.20			0.030	0.030		0.15			0.50	0.10				0	34
	D	0.18			0.030	0.025										−20	34
Q390	B	0.20	0.50	1.70	0.035	0.035	0.07						390	490~650	20	20	34
	C	0.20			0.030	0.030				0.30						0	34
	D	0.18			0.030	0.025										−20	34
Q420	B	0.20			0.035	0.035							420	520~680	19	20	34
	C	0.20			0.030	0.030		0.20								0	34
	D	0.18			0.030	0.025										−20	34
Q460	C	0.20			0.030	0.030							460	550~720	17	0	34
	D	0.20	0.60	1.80	0.030	0.025			0.20			0.20				−20	34
	E	0.18			0.025	0.020										−40	34
Q500	C	0.18	0.60		0.030	0.030					0.80		500	610~770	17	0	55
	D				0.030	0.025				0.60						−20	47
	E				0.025	0.020										−40	31
Q550	C	0.18			0.030	0.030							550	670~830	16	0	55
	D				0.030	0.025	0.11	0.12		0.80		0.30				−20	47
	E				0.025	0.020										−40	31
Q620	C	0.18			0.025	0.030							620	710~880	15	0	55
	D			2.00	0.030	0.025										−20	47
	E				0.025	0.020										−40	31
Q690	C	0.18			0.030	0.030							690	770~940	14	0	55
	D				0.030	0.025				1.00						−20	47
	E				0.025	0.020										−40	31

6.6.2.3 性能及应用

合金渗碳钢零件在渗碳、淬火及低温回火后具有表硬心强韧的性能，能在冲击载荷作用下及强烈磨损条件下工作，主要用于制造性能要求较高或截面尺寸较大的渗碳钢零件，如汽车、拖拉机上的变速齿轮，内燃机上的凸轮轴、活塞销等。

6.6.2.4 合金渗碳钢零件的制造工艺路线

用 20CrMnTi 钢制造汽车变速齿轮的工艺路线为：

下料→锻造→正火→加工齿形→渗碳（930℃）→预冷淬火（830℃）→低温回火（200℃）→磨削齿形

6.6.2.5 常用合金渗碳钢

常用合金渗碳钢的牌号、化学成分、热处理、力学性能及用途见表 6-10。

6.6.3 合金调质钢

6.6.3.1 成分

合金调质钢的碳含量在 0.25% ~ 0.5% 之间。主加合金元素为硅、锰、铬、镍等，辅加元素有硼（0.001% ~ 0.003%）、钨、钛、钒、钼等。合金元素可提高淬透性，起到固溶强化及弥散强化作用，微量的钨、钼等元素可减轻或防止回火脆性。

6.6.3.2 热处理方法及组织

合金调质钢的预先热处理一般采用正火或退火，目的是细化晶粒、降低硬度以改善切削加工性能。对于合金元素含量较高的钢，正火后形成马氏体组织，硬度很高，需进行一次高温回火以降低硬度。

合金调质钢的最终热处理一般采用调质处理，得到回火索氏体组织。如果零件还要求表面有良好的耐磨性，则要在调质处理后进行表面淬火（或淬火）及低温回火，以使表面得到回火马氏体组织。

6.6.3.3 性能及应用

调质处理后，合金调质钢具有良好的综合力学性能，广泛用于制造有高强度和高韧性要求的各种重要机器零件，如轴、连杆、齿轮等。对于一些大截面零件，为保证足够的淬透性，必须选用合金调质钢。

6.6.3.4 合金调质钢零件的制造工艺路线

用 40Cr 钢制造汽车或拖拉机连杆的工艺路线为：

下料→锻造→退火→粗切削加工→调质→精切削加工→装配

6.6.3.5 常用合金调质钢

常用合金调质钢的牌号、化学成分、热处理、力学性能及用途见表 6-11。

表6-10　常用合金渗碳钢的牌号、化学成分、热处理、力学性能及用途（GB/T 699—1999、GB/T 3077—1999）

类别	牌号	数字代号	C	Si	Mn	Cr	其他	渗碳	淬火	回火	R_m/MPa	$R_{eH}(R_{p,0.2})$/MPa	A/%	Z/%	KU_2/J	HBW(≤)/MPa	用途
低淬透性	15	U20152	0.12~0.18		0.35~0.65				800,水		375	225	27	55		143	活塞销等
	20Mn2	A00202	0.17~0.24		1.40~1.80				850,水、油		785	590		40	47	187	小齿轮、小轴、活塞销等
	20MnV	A01202	0.17~0.24		1.30~1.60				880,水、油		785	590			55	187	小齿轮、小轴、锅炉、高压容器管道等
中淬透性	20Cr	A20202	0.18~0.24		0.50~0.80	0.70~1.00			880,水、油		835	540	10		47	179	小齿轮、小轴、活塞销等
	20CrMn	A22202	0.17~0.23	0.17~0.37	0.90~1.20	0.90~1.20	V:0.07~0.12	930	850,油	200	930	735			47	187	齿轮、轴、蜗杆、活塞销、摩擦轮等
	20CrMnTi	A26202	0.17~0.23		0.80~1.10	1.00~1.30	Ti:0.04~0.10		850,油		1080	850		45	55	217	汽车、拖拉机上的变速箱齿轮等
	20MnTiB	A74202	0.17~0.24		1.30~1.60		Ti:0.04~0.10,B:0.0005~0.0035		860,油		1130	930			55	187	代20CrMnTi
高淬透性	20Cr2Ni4	A43202	0.17~0.23		0.30~0.60	1.25~1.62	Ni:3.25~3.65		880,油		1180	1080			63	269	大型渗碳齿轮和轴类等
	18Cr2Ni4WA	A52183	0.13~0.19			1.35~1.65	Ni:4.00~4.50,W:0.80~1.20		950,空		1180	835			78	269	大型渗碳齿轮和轴类等

表6-11 常用合金调质钢的牌号、化学成分、热处理、力学性能及用途（GB/T 699—1999、GB/T 3077—1999）

类别	牌号	数字代号	C	Si	Mn	Cr	其他	毛坯尺寸/mm	淬火/℃	回火/℃	R_m/MPa	R_{eH}($R_{p,0.2}$)/MPa	A/%	Z/%	KU_2/J	HBW(≤)/MPa	用途
碳素钢	45	U20452	0.42~0.50	0.17~0.37	0.50~0.80			25	840,水	600	600	355	16	40	39	229	主轴、曲轴、齿轮等
低淬透性	40Cr	A20402	0.37~0.44	0.17~0.37	0.50~0.80	0.80~1.10		25	840,油	520	980	785	9	45	47	207	轴类、连杆、螺栓、重要齿轮等
低淬透性	40MnB	A71402	0.37~0.44	0.17~0.37	1.10~1.40		B: 0.0005~0.0035	25	850,油	500	980	785	10	45	47	207	主轴、曲轴、齿轮等
低淬透性	40MnVB	A73402	0.37~0.44	0.17~0.37	1.10~1.40		B: 0.0005~0.0035, V:0.05~0.10	25	850,油	520	980	785	10	45	47	207	代40Cr制作重要零件
中淬透性	38CrSi	A21382	0.35~0.43	1.00~1.30	0.30~0.60	1.30~1.60		25	900,油	600	1080	835	12	50	55	255	大载荷轴类、车辆上的调质件等
中淬透性	30CrMnSi	A24302	0.27~0.34	0.90~1.20	0.80~1.10	0.80~1.10		25	880,油	540	980	835	10	45	39	229	高强度钢、高速载荷轴类等
中淬透性	35CrMo	A30352	0.32~0.40	0.17~0.37	0.40~0.70	0.80~1.10	Mo: 0.15~0.25	25	850,油	550	980	835	12	45	63	229	重要调质件、曲轴、连杆、大截面轴等
中淬透性	38CrMoAl	A33382	0.35~0.42	0.20~0.45	0.30~0.60	1.35~1.65	Mo: 0.15~0.25, Al:0.70~1.10	30	940,水、油	640	980	835	14	45	71	229	渗氮零件、缸套等
中淬透性	37CrNi3	A42372	0.34~0.41	0.17~0.37	0.30~0.60	1.20~1.60	Ni: 3.00~3.50	25	820,油	500	1130	980	10	50	47	269	大截面、高韧性的零件
高淬透性	40CrMnMo	A34402	0.37~0.45	0.17~0.37	0.90~1.20	0.90~1.20	Mo: 0.20~0.30	25	850,油	600	980	785	10	45	63	217	相当于40CrNiMo高级调质钢
高淬透性	25Cr2Ni4WA	A52253	0.21~0.28	0.17~0.37	0.30~0.60	1.35~1.65	Ni: 4.00~4.50, W:0.80~1.20	25	850,油	550	1080	930	11	45	71	269	力学性能要求高的大截面零件
高淬透性	40CrNiMoA	A50403	0.37~0.44	0.17~0.37	0.50~0.80	0.60~0.90	Ni: 1.25~1.65, Mo:0.15~0.25	25	850,油	600	980	835	12	55	78	269	高强度零件、飞机发动机轴等

6.6.4　合金弹簧钢

6.6.4.1　成分

合金弹簧钢的碳含量一般为 0.45% ~ 0.7%（碳素弹簧钢的碳含量为 0.6% ~ 0.9%），主加合金元素是硅和锰，辅加少量的铬、钒等。合金元素的作用是固溶强化、细化晶粒、弥散强化等，并提高钢的淬透性。

6.6.4.2　热处理方法及组织

弹簧按加工工艺方法不同，可分为冷成型弹簧和热成型弹簧，它们的热处理方法及组织也不同。

（1）冷成型弹簧。直径较小的弹簧可采用冷拉钢丝冷卷成型。冷卷后的弹簧不必进行淬火处理，只需进行一次消除内应力和稳定尺寸的定型处理，即加热到 250 ~ 300℃ 并保温一段时间，从炉内取出空冷即可。其组织为珠光体和少量铁素体，且晶粒有拉长变形。

（2）热成型弹簧。截面尺寸较大的弹簧通常是在热成型后进行淬火 + 中温回火（350 ~ 500℃）处理，得到回火屈氏体组织。

6.6.4.3　性能及应用

合金弹簧钢具有高的屈服强度，特别是高的弹性极限，并有一定的塑性和韧性，用来制造各种弹簧和弹性元件。弹簧的表面质量对其使用寿命影响很大，常采用喷丸处理以强化表面，提高弹簧钢的屈服强度和疲劳强度。

6.6.4.4　合金弹簧钢零件的制造工艺路线

用 60Si2Mn 钢制造汽车板簧的工艺路线为：

扁钢下料→加热压弯成型→淬火 + 中温回火→喷丸

6.6.4.5　常用合金弹簧钢

常用合金弹簧钢的牌号、化学成分、热处理、力学性能及用途见表 6 - 12。

6.6.5　滚动轴承钢

6.6.5.1　成分

滚动轴承的碳含量为 0.95% ~ 1.15%，为高碳钢，可保证高硬度和高耐磨性。主加合金元素是铬，含量为 0.4% ~ 1.65%；有时可添加硅、锰等元素。合金元素可提高钢的淬透性，铬元素还可形成弥散分布的碳化物，提高钢的耐磨性和接触疲劳强度。

6.6.5.2　热处理方法及组织

滚动轴承钢在锻造后进行球化退火，作为预先热处理，以降低硬度、方便加工。最终热处理是淬火 + 低温回火，组织为回火马氏体及细粒状碳化物。

表 6-12 常用合金弹簧钢的牌号、化学成分、热处理、力学性能及用途（GB/T 1222—2007）

类别	牌号	数字代号	化学成分（质量分数）/%					热处理/℃		力学性能（≥）					用途举例
			C	Si	Mn	Cr	V	淬火	回火	R_m/MPa	R_{eL}/MPa	A/%	$A_{11.3}$/%	Z/%	
碳素弹簧钢	65	U20652	0.62~0.70	0.17~0.37	0.50~0.80	≤0.25		840，油	500	980	785		9	35	用于制造汽车、机车车辆、拖拉机的板弹簧及螺旋弹簧
	85	U20852	0.82~0.90	0.17~0.37	0.50~0.80	≤0.25		820，油	480	1130	980		6	30	
	65Mn	U21653	0.62~0.70	0.17~0.37	0.90~1.20	≤0.25		830，油	540	980	785		8	30	用于制造较大尺寸的扁弹簧、冷卷簧、气门簧、发条弹簧等
合金弹簧钢	60Si2Mn	A11602	0.56~0.64	1.50~2.00	0.70~1.00	≤0.35		870，油	480	1275	1180		5	25	用于制造汽车、拖拉机的板弹簧、螺旋弹簧、安全阀弹簧及止回阀用弹簧、耐热弹簧等
	50CrVA	A23503	0.46~0.54	0.17~0.37	0.50~0.80	0.80~1.10	0.10~0.20	850，油	500	1275	1130	10		40	用于制造大截面、高应力螺旋弹簧及工作温度低于300℃的耐热弹簧
	60Si2CrVA	A28603	0.56~0.64	1.40~1.80	0.40~0.70	0.90~1.20	0.10~0.20	850，油	410	1860	1665	6		20	适于制造高负荷、耐冲击的重要弹簧及工作温度低于200℃的耐热弹簧，如高压水泵碟形弹簧等

6.6.5.3　性能及应用

滚动轴承钢热处理后具有很高的硬度、耐磨性及良好的疲劳强度，还有足够的韧性，表面能承受较高的局部应力和磨损，主要用来制造滚动轴承的内、外套圈和滚动体。

6.6.5.4　滚动轴承钢零件的制造工艺路线

用 GCr15 轴承钢制造轴承的工艺路线为：

　　　　　轧制或锻造→球化退火→切削加工→淬火 + 低温退火→磨削加工

对于精密轴承，为保证尺寸的稳定性，可在淬火后进行冷处理，并在磨削加工后于120 ~ 130℃下进行 5 ~ 10h 的稳定化处理。

6.6.5.5　常用滚动轴承钢

常用滚动轴承钢的牌号、化学成分、热处理及用途见表 6 – 13。

表 6 – 13　常用滚动轴承钢的牌号、化学成分、热处理及用途

牌　号	化学成分（质量分数）/%						热处理			用途举例
	C	Si	Mn	Cr	P	S	淬火/℃	回火/℃	回火 HRC	
GCr9	1.00 ~ 1.10	0.15 ~ 0.35	0.25 ~ 0.45	0.90 ~ 1.20	≤0.025	≤0.025	810 ~ 803	150 ~ 170	62 ~ 66	小尺寸滚动体和内外套圈
GCr15	0.95 ~ 1.05	0.15 ~ 0.35	0.25 ~ 0.45	1.45 ~ 1.65	≤0.025	≤0.025	825 ~ 845	150 ~ 170	62 ~ 66	汽车、拖拉机、机床的轴承
GCr15SiMn	0.95 ~ 1.05	0.45 ~ 0.75	0.95 ~ 1.25	1.45 ~ 1.65	≤0.025	≤0.025	825 ~ 845	150 ~ 180	>62	大型轴承滚动体和内外套圈

6.6.6　易切削钢

6.6.6.1　成分

在碳钢中加入一定量的 S、Pb、P、Ca 等合金元素所形成的容易切削加工的易切削结构钢，可以是从低碳到高碳各种碳含量的钢。钢中硫含量为 0.22% ~ 0.3%，锰含量为0.6% ~ 1.55%，使钢中形成大量的 MnS 夹杂物，MnS 使切屑易断并有一定的润滑作用，还能减少刀具磨损，从而改善钢的切削性能。磷能溶于铁素体，提高钢的强度、硬度，降低塑性、韧性；适当提高磷含量可以使铁素体脆化，也能提高钢的切削性能，还可降低零件的表面粗糙度。锰含量较高的易切削钢应在钢号后标出锰元素符号“Mn”，如Y40Mn 等。

6.6.6.2　热处理方法及组织

易切削钢的热处理方法及组织主要由钢中碳含量决定。

6.6.6.3 性能及应用

易切削钢适合在自动机床上进行高速切削，切削后零件表面质量较高，而且刀具的磨损较小，使用寿命较长。其主要用于制造受力较小、不太重要且大批生产的标准件，如螺钉、螺母、垫圈、垫片以及缝纫机、计算机和仪表零件等。

易切削钢可进行最终热处理，而预先热处理则会降低其易切削性。由于易切削钢的成本高，但其适合于大批量生产。

6.7 合金工具钢

6.7.1 合金刃具钢

刃具钢可制造各种车刀、铣刀等切削刀具。它必须具有高硬度（大于60HRC）、高耐磨性、高热硬性（钢在高温下保持硬度的能力称为热硬性或红硬性）、足够的韧性和塑性。

6.7.1.1 低合金刃具钢

A 成分

低合金刃具钢碳含量高，为0.75%~1.5%，主加硅、铬、锰、钨等合金元素，以保证其高硬度、高耐磨性、高热硬性并提高淬透性。

B 热处理方法及组织

低合金刃具钢锻造后进行球化退火预先热处理，以降低硬度、方便切削加工；其最终热处理为淬火+低温回火，组织为回火马氏体和粒状碳化物。

C 性能及应用

低合金刃具钢与碳素工具钢相比，有较高的淬透性、较小的淬火变形、较高的红硬性（达300℃）、较高的强度与耐磨性。但其红硬性、耐磨性、淬透性仍不能满足高速切削要求。低合金刃具钢主要用于制造变形要求小、尺寸较小或低速切削的刀具，如丝锥、板牙、铰刀、钻头、低速车刀、刨刀等。

D 低合金刃具钢工具的制造工艺路线

用9SiCr钢制造圆板牙的工艺路线为：

下料→锻造→球化退火→粗切削加工→淬火+低温回火→精切削加工

E 常用低合金刃具钢

常用低合金刃具钢的牌号、化学成分、热处理、力学性能及用途见表6-14。

6.7.1.2 高速钢

A 成分

高速钢碳含量高，为0.75%~1.65%，可保证形成较多的合金碳化物，获得高碳马氏体，从而保证钢的高硬度及高耐磨性。此外，其还含有质量分数总和在10%以上的钨、钼、钒、铬等碳化物形成元素。钨和钼的作用主要是提高钢的热硬性，含有大量钨和钼的马氏体具有很高的抗回火性，在560℃左右回火时会析出弥散的特殊碳化物 W_2C、Mo_2C，

表6-14　常用合金刀具钢的牌号、化学成分、热处理、力学性能及用途（GB/T 1299—2000、GB/T 9943—2008）

类别	牌号	数字代号	化学成分（质量分数）/%									力学性能			用途举例
			C	Si	Mn	P	S	Cr	W	Mo	V	HBW（交货状态）/MPa	淬火 温度及介质	淬火 HRC	
低合金工具钢	9SiCr	T30110	0.85~0.95	1.20~1.60	0.30~0.60			0.95~1.25				241~197	820~860，油	≥62	板牙、丝锥、钻头、铰刀、齿轮铣刀、冷冲模、冷轧辊等
	Cr2	T30201	0.95~1.10	≤0.40	≤0.40	≤0.030	≤0.030	1.30~1.65				229~179	830~860，油	≥62	切削工具如车刀、插刀、铰刀等，测量工具，样板车刀、偏心轮、冷轧辊等
	CrWMn	T20111	0.90~1.05	≤0.40	0.80~1.10			0.90~1.20	1.20~1.60			255~207	800~830，油	≥62	板牙、拉刀、量规以及形状复杂、高精度的冲模等
高速钢	W18Cr4V	T51841	0.73~0.83	0.20~0.40	0.10~0.40			3.80~4.50	17.20~18.70		1.00~1.20	≤255	1260~1280，油	≥63	一般高速切削用车刀、刨刀、钻头、铣刀等
	W6Mo5Cr4V2	T66541	0.80~0.90	0.20~0.45	0.15~0.40			3.80~4.40	5.50~6.75	4.50~5.50	1.75~2.20	≤262	1200~1220，油	≥64	要求耐磨性和韧性很好配合的高速切削刀具，如丝锥、钻头等；适于采用热变形加工成型新工艺来制造钻头等刀具
	W6Mo5Cr4V3	T66543	1.15~1.25	0.15~0.40	0.20~0.45			3.80~4.50	5.90~6.70	4.70~5.20	2.70~3.20	≤262	1190~1210，油	≥64	要求耐磨性和热硬性较高的、耐磨性和韧性较好配合的、形状稍为复杂的刀具，如拉刀、铣刀等

造成二次硬化。铬能显著提高钢的淬透性。钒形成的碳化物 VC 很稳定，硬度极高，可显著提高钢的耐磨性；钒也产生二次硬化，可提高钢的热硬性。

B 热处理方法及组织

高速钢中大量的合金元素使铁碳相图上的 E 点显著左移，其铸态组织中出现莱氏体，且莱氏体中的大量共晶碳化物呈鱼骨状分布，使钢有很大的脆性。图 6 – 7 所示为高速钢 W18Cr4V 的铸态组织，组织中粗大的碳化物不能用热处理来消除，通常采用反复锻造的办法将其击碎，并使其均匀分布。高速钢锻造后进行球化退火，其组织为索氏体和细小粒状碳化物，图 6 – 8 所示为高速钢 W18Cr4V 的球化退火组织。

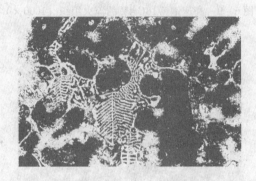

图 6 – 7　高速钢 W18Cr4V 的铸态组织（400 ×）

图 6 – 8　高速钢 W18Cr4V 的球化退火组织（1000 ×）

高速钢的优良性能只有经过正确的淬火和回火之后才能发挥出来。为了使钨、钼、钒等合金元素较多地溶入奥氏体，以提高钢的红硬性，其淬火温度非常高（1200℃以上）。高速钢的导热性很差，淬火加热温度又很高，所以淬火加热时必须进行一次预热（800 ~ 850℃）或两次预热（500 ~ 600℃、800 ~ 850℃），以防止开裂。高速钢淬火后组织由细小针片状马氏体（在一般光学显微镜下分辨不出，称为隐针马氏体）、粒状碳化物及大量残余奥氏体组成，如图 6 – 9 所示。

高速钢的回火工艺通常是在 550 ~ 570℃下回火三次，每次保温 1h，以使残余奥氏体尽量都转变为回火马氏体。最后的组织为极细的回火马氏体、细粒状碳化物及少量残余奥氏体，图 6 – 10 所示为高速钢 W18Cr4V 的回火组织。在回火过程中，由马氏体中析出高度弥散的钨、钼及钒的碳化物，使钢的硬度明显提高，形成二次硬化；同时，残余奥氏体

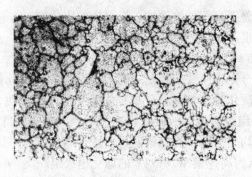

图 6 - 9　高速钢 W18Cr4V 的淬火组织（1000 ×）

图 6 - 10　高速钢 W18Cr4V 的回火组织（1000 ×）

转变为马氏体也使硬度提高，保证了钢的高硬度和热硬性。

C　性能及应用

高速钢与其他工具钢相比的突出特点是热硬性高，它可使刀具在高速切削、刃部温度升高到 600℃时的硬度仍维持在 55 ~ 60HRC。高速钢还具有高硬度和高耐磨性，使切削时刀刃保持锋利，因此高速钢也称为"锋钢"。高速钢的淬透性优良，甚至在空气中冷却也能得到马氏体，因此又称为"风钢"。高速钢广泛应用于制造尺寸大、形状复杂、负荷重、工作温度高的各种高速切削刀具。

D　高速钢工具的制造工艺路线

用 W18Cr4V 钢制造盘形铣刀的工艺路线为：

　　　　下料→锻造→球化退火→切削加工→淬火 + 回火→喷砂→磨削加工

E　常用高速钢

常用高速钢的牌号、化学成分、热处理、力学性能及用途见表 6 - 14。W18Cr4V 钢是我国发展最早、应用最广的一个钢种，它的特点是热硬性高、加工性好。目前应用较广的还有 W6Mo5Cr4V2 等钨钼系高速钢，这类钢的耐磨性、热塑性和韧性都优于 W18Cr4V 钢，而且价格相对较低；但其脱碳倾向较大，热加工时应注意。

6.7.2　合金模具钢

模具是用于压力加工的工具，模具的品种不同，则性能要求不同，用作模具的材料也不同，碳素工具钢、合金工具钢、高速钢、滚动轴承钢等都可用于制造模具。根据模具的工作条件不同，模具钢可分为冷作模具钢和热作模具钢。

6.7.2.1 冷作模具钢

A 成分

冷作模具钢碳含量较高，为 0.85% ~ 2.3%，以保证高硬度。常加入铬、钨、锰、钼等合金元素以提高其淬透性、耐磨性等。

B 热处理方法及组织

冷作模具钢的预先热处理为球化退火，以软化材料、方便切削加工；最终热处理为淬火和较低温度回火，以提高其硬度及耐磨性。

C 性能及应用

冷作模具钢具有高的硬度、良好的耐磨性、足够的强度和韧性以及较高的淬透性。其用于制造使金属在较低温度下变形的模具，如冷冲模、拉丝模等。

D 冷作模具的制造工艺路线

用 Cr12MoV 钢制造冲孔模具的工艺路线为：

　　　下料→锻造→球化退火→切削加工→淬火 + 回火→磨削加工或电火花加工

E 常用冷作模具钢

尺寸较小的轻载模具，可采用 T10A、9SiCr、9Mn2V 等一般刃具钢来制造；尺寸较大的重载模具或要求精度较高、热处理变形小的模具，一般采用 Cr12 型钢，如 Cr12、Cr12MoV 等。Cr12 型钢的化学成分、热处理、力学性能及用途见表 6 – 15，这类钢碳、铬含量高，其组织中有较多铬的碳化物，耐磨性好。Cr12MoV 钢的碳含量低于 Cr12 钢，故其碳化物的不均匀性比 Cr12 钢有所减轻，因此强度和韧性较高。钼能减轻碳化物偏析，并能提高钢的淬透性。钒可细化钢的晶粒，增加其韧性。常用冷作模具钢的牌号、化学成分、热处理、力学性能及用途见表 6 – 15。

6.7.2.2 热作模具钢

热作模具钢用于制造使金属热成型的模具，如热锻模、热挤压模、压铸模等。其工件部分的温度会升高到 300 ~ 400℃（热锻模）、500 ~ 800℃（热挤压模），甚至达到 1000℃（钢铁压铸模），工作时承受较大的冲击、摩擦以及反复的热循环、热应力。

A 成分

热作模具钢的碳含量为 0.3% ~ 0.6%，在中碳范围内，可保证有较高的韧性、强度、硬度和较好的导热性。常加入 Cr、Ni、Mn、Si 等合金元素，以提高其淬透性、高温强度、抗热疲劳能力等。

B 热处理方法及组织

热作模具钢的热处理与调质钢相似，锻造后预先热处理采用退火，最终热处理是淬火 + 高温回火，组织为回火索氏体。

C 性能及应用

热作模具钢有良好的综合力学性能，如高的热强性、足够高的韧性、高的热硬性和高温耐磨性、高的热疲劳抗力和抗氧化能力、高的淬透性和良好的导热性。其用于各种热变形模具。

表 6 - 15　常用模具钢的牌号、化学成分、热处理、力学性能及用途（GB/T 1299—2000）

类别	牌号	数字代号	化学成分（质量分数）/%									力学性能			用途举例
			C	Si	Mn	P	S	Cr	W	Mo	其他	HBW（交货状态）/MPa	淬火		
													温度及介质	HRC	
冷作模具钢	Cr12	T21200	2.00 ~ 2.30	≤0.40	≤0.40	≤0.030	≤0.030	11.50 ~ 13.00				269 ~ 217	950 ~ 1000，油	≥60	冷冲模冲头、冷切剪刀（硬薄的金属）、钻套、量规、螺纹滚模、冷金粉模、料模、拉丝模、木工切削工具等
	Cr12MoV	T21201	1.45 ~ 1.70					11.00 ~ 12.50		0.40 ~ 0.60	V: 0.15 ~ 0.30	255 ~ 207		≥58	冷切剪刀、圆锯、切边模、滚边模、缝口模、标准工具与量规、拉丝模、螺纹滚模等
	6Cr W2Si	T40126	0.55 ~ 0.65	0.50 ~ 0.80				1.10 ~ 1.30	2.20 ~ 2.70			285 ~ 229	860 ~ 900，油	≥57	耐冲击钢，在冲击条件下工作的冷作模具
热作模具钢	5CrNiMo	T20103	0.50 ~ 0.60		0.50 ~ 0.80			0.50 ~ 0.80		0.15 ~ 0.30	Ni: 1.40 ~ 1.80	241 ~ 197	830 ~ 860，油	≥60	中型锻模等
	5CrMnMo	T20102	0.50 ~ 0.60	0.35 ~ 0.60	1.20 ~ 1.60			0.60 ~ 0.90		0.15 ~ 0.30			820 ~ 850，油	≥60	中小型锻模等
	3Cr2W8V	T20280	0.30 ~ 0.40	≤0.40	≤0.40			2.20 ~ 2.70	7.50 ~ 6.70	4.70 ~ 9.00	V: 0.20 ~ 0.50	≤255	1075 ~ 1125，油	≥60	高应力压模、螺钉或铆钉热压模、热切刀、压铸模等

D 热作模具的制造工艺路线

用 5CrMnMo 钢制造热作模具的工艺路线为：

下料→锻造→退火→粗切削加工→淬火＋回火→精切削加工（修形或抛光）

E 常用热作模具钢

常用热作模具钢的牌号、化学成分、热处理、力学性能及用途见表 6－15。

6.7.3 合金量具钢

6.7.3.1 成分、性能及应用

量具钢为高碳钢，以保证其工作部分具有高的硬度和耐磨性，在长期使用过程中不因磨损而失去原有的精度。量具钢可用于制造各种测量工具，如卡尺、千分尺、块规、塞规等，图 6－11 所示为千分尺量具的形状。

图 6－11　千分尺量具的形状

6.7.3.2 热处理方法及组织

量具钢的预先热处理为球化退火，最终热处理为淬火＋低温回火。为保证其硬度及尺寸稳定性，量具淬火后应进行 －70～－80℃ 的冷处理，使残余奥氏体尽可能地转变为马氏体，然后进行低温回火。精度要求高的量具，淬火回火后还应在 120～130℃ 下进行几小时至几十小时的时效处理，以进一步提高其尺寸稳定性。量具钢的最终组织为回火马氏体及粒状碳化物。

6.7.3.3 合金量具的制造工艺路线

用 CrWMn 钢制造块规的工艺路线为：

下料→锻造→球化退火→粗切削加工→淬火→冷处理→低温回火→粗磨→低温人工时效处理→精磨→去应力回火→研磨

6.8 特殊性能钢

特殊性能钢是指具有特殊物理化学性能的钢，如不锈钢、耐热钢和耐磨钢等。

6.8.1 不锈钢

不锈钢是指在大气、酸、碱或盐的水溶液等腐蚀介质中具有高度稳定性的钢。

金属的腐蚀通常可分为化学腐蚀和电化学腐蚀两类。金属直接与周围介质发生化学反

应而产生的腐蚀称为化学腐蚀，而金属在电解质溶液中由于原电池作用产生电流而引起的腐蚀称为电化学腐蚀。大部分金属的腐蚀都属于电化学腐蚀，当两种电极电位不同的金属互相接触且有电解质溶液存在时，将形成原电池，使电极电位较低的金属成为阳极并不断被腐蚀。在同一合金中也有可能形成微电池而产生电化学腐蚀，例如，钢中渗碳体的电极电位比铁素体高，当存在电解质溶液时，铁素体成为阳极而被腐蚀。

要提高钢的抗腐蚀能力，可采取以下措施：

（1）加入合金元素，使钢在室温下为单相的铁素体、单相的奥氏体或单相的马氏体组织，这样可减少构成微电池的条件，从而提高钢的耐蚀性。

（2）加入合金元素，提高钢中基本相的电极电位。

（3）加入合金元素，在钢的表面形成一层致密、牢固的氧化膜，使钢与周围介质隔绝，提高其抗腐蚀能力。

不锈钢按正火状态下的组织，可分为铁素体不锈钢、马氏体不锈钢、奥氏体不锈钢等。

6.8.1.1　铁素体不锈钢

常用铁素体不锈钢的碳含量低于 0.12%，铬含量为 12% ~ 18%，典型牌号有10Cr17 等。

这类钢为单相铁素体组织，耐蚀性、焊接性、塑性好，强度低。其主要用于制造耐蚀而强度要求较低的化工设备的容器、管道等，广泛用于硝酸和氮肥工业中。

6.8.1.2　马氏体不锈钢

常用马氏体不锈钢的碳含量为 0.1% ~ 0.4%，铬含量为 12% ~ 14%，典型牌号有12Cr13、20Cr13、30Cr13、40Cr13 等。随碳含量增加，钢的强度增加；但由于碳与铬化合使基体中铬含量降低，造成其耐蚀性下降。

这类钢在氧化性介质（如大气、水蒸气、海水、氧化性酸等）中具有较好的耐蚀性，一般用来制造既能承受载荷又需要具有耐蚀性的零件。10Cr13、20Cr13 钢在锻造空冷后的组织中出现马氏体，硬度较高，锻后应退火软化，最终热处理为调质，组织为回火索氏体，其用于汽轮机叶片、水压机阀门、螺栓、螺母等。而 30Cr13、40Cr13 钢的最终热处理为淬火及低温回火，组织为回火马氏体，其用于要求硬度和耐磨性高的手术钳、医用镊子、手术剪刀等。

6.8.1.3　奥氏体不锈钢

奥氏体不锈钢是目前应用最多的不锈钢，典型的钢种是 18 - 8 型镍铬不锈钢，铬含量为 18% 左右，镍含量为 8% 左右，如 12Cr18Ni9。此类钢的耐腐蚀性很好，冷、热加工性和焊接性也很好，还具有一定的耐热性，广泛用于化工生产中的某些设备及管道等。

奥氏体不锈钢常用的热处理工艺是固溶处理，即把钢加热到 1100℃，使碳化物充分溶解，然后水冷，使单相奥氏体保持到室温，从而提高其耐蚀性。对于含钛或铌的 18 - 8 型不锈钢，经固溶处理后再进行一次稳定化处理，可消除晶间腐蚀倾向。稳定化处理温度为850 ~ 880℃，保温 6h 左右，随后缓慢冷却，使碳几乎全部稳定于碳化钛或碳化铌中，防止碳与铬形成 $(Cr, Fe)_{23}C_6$，提高基体中铬含量，从而提高基体的电极电位，提高钢的耐蚀性。

常用不锈钢的牌号、化学成分及用途见表 6-16。

表 6-16 常用不锈钢的牌号、化学成分及用途（GB/T 20878—2007）

类别	数字代号	新牌号（GB/T 221—2008）	旧牌号（GB/T 221—1979）	旧牌号（GB/T 221—2000）	化学成分（质量分数）/%						用途举例
					C	Si	Mn	Ni	Cr	其他	
奥氏体不锈钢	S30210	12Cr18Ni9	1Cr18Ni9	1Cr18Ni9	0.15	1.00	2.00	8.00~10.00	17.00~19.00		耐酸、碱、盐腐蚀的设备零件以及建筑装饰
	S30403	022Cr19Ni10	00Cr19Ni10	03Cr19Ni10	0.030	1.00	2.00	8.00~12.00	18.00~20.00		野外露天机器、建材、耐热零件
	S31668	06Cr17Ni12Mo2Ti	0Cr18Ni12Mo2Ti	0Cr18Ni12Mo2Ti	0.08	1.00	2.00	10.00~14.00	16.00~18.00	Mo: 2.00~3.00, Ti: ≥5w(C)	抗硫酸、磷酸、甲酸、乙酸腐蚀的设备
	S32168	06Cr18Ni11Ti	0Cr18Ni10Ti	0Cr18Ni10Ti	0.08	1.00	2.00	9.00~12.00	17.00~19.00	Ti: 5w(C)~0.70	耐晶间腐蚀
铁素体不锈钢	S11348	06Cr13Al	0Cr13Al	0Cr13Al	0.08	1.00	1.00		11.50~14.50	Al: 0.10~0.30	汽轮部件、淬火材料、复合钢材
	S11710	10Cr17	1Cr17	1Cr17	0.12	1.00	1.00		16.00~18.00		通用钢种、建筑装饰、家庭用具
	S11163	022Cr11Ti	0Cr18Ni10Ti		0.030	1.00	1.00	(0.60)	10.50~11.70	Ti: 0.15~0.50	汽车消音器、装饰
马氏体不锈钢	S41010	12Cr13	1Cr13	1Cr13	0.15	1.00	1.00		11.50~13.50		石油精炼装置、螺栓、螺帽、餐具等
	S42020	20Cr13	2Cr13	2Cr13	0.16~0.25	1.00	1.00		12.00~14.00	P: 0.04, S: 0.03	汽轮机叶片、水压机阀门
	S12030	30Cr13	3Cr13	3Cr13	0.26~0.35	1.00	1.00		12.00~14.00	P: 0.04, S: 0.03	阀门零件、轴承

6.8.2　耐热钢

钢的耐热性包括抗高温氧化性和高温强度两方面。

在钢中加入足够的铬、硅、铝等元素，使钢在高温下与氧接触时其表面能形成致密的高熔点氧化膜，严密覆盖在钢的表面，这样可以保护钢免受高温气体的继续腐蚀，提高钢的抗氧化能力。

高温强度通常用蠕变极限和持久强度来评定。高温工作的金属材料在恒定应力作用下，即使应力小于屈服强度也会缓慢产生塑性变形的现象称为蠕变。蠕变极限通常是指在给定温度下和规定的试验时间内，使试样产生一定蠕变变形量的应力值。

为了提高钢的高温强度，通常采用以下几种措施：

（1）加入铬、钼、钨等合金元素，造成固溶强化，并且增大原子间的结合力，提高钢的再结晶温度，使其热强性提高。

（2）加入铌、钒、钛等，形成 NbC、VC、TiC 等碳化物，其在晶内弥散析出，可提高钢的热强性。

（3）加入钼、锆、硼等元素，可净化晶界和提高晶界强度，从而提高钢的热强性。

耐热钢按正火状态下组织的不同，可分为奥氏体耐热钢、铁素体耐热钢和马氏体耐热钢三类。

6.8.2.1　奥氏体耐热钢

18 - 8 型镍铬不锈钢也常用作耐热钢。钢中加入的铬可提高其抗氧化性和高温强度；镍使钢形成稳定的奥氏体，并与铬相配合，可提高钢的高温强度；钛、钨、钼等是通过形成弥散的碳化物来提高钢的高温强度。这类钢的耐热性能优于珠光体、马氏体两种耐热钢，其冷成型性能和焊接性能均很好，工作温度在 600 ~ 700℃之间。

6.8.2.2　铁素体耐热钢

铁素体耐热钢是高合金耐热钢，合金元素总量可达 16% ~ 18%。加入铬主要是为了提高钢的抗氧化性，加入铝和钒是为了提高其高温强度。铁素体耐热钢的常用牌号有 10Cr17，最高使用温度可达 1082℃。

6.8.2.3　马氏体耐热钢

马氏体不锈钢也常用作耐热钢。通常在 10Cr13 钢的基础上加入钼、钨、钒以提高其再结晶温度和高温强度。其工作温度不超过 600 ~ 650℃。这类钢主要用于制造汽轮机叶片和内燃机气阀等。

常用耐热钢的牌号、化学成分及用途见表 6 - 17。

6.8.3　耐磨钢

耐磨钢是指在承受严重磨损和强烈冲击时具有很高抗磨损能力的钢。目前应用最多的耐磨钢是高锰钢。

表 6 – 17　常用耐热钢的牌号、化学成分及用途（GB/T 3077—1999、GB/T 20878—2007）

类别	牌号 GB/T 221—2008	数字代号	化学成分（质量分数）/%						用途举例
			C	Si	Mn	Ni	Cr	其　他	
铁素体耐热钢	10Cr17	S11710	0.12	1.00	1.00	0.60	16.00 ~ 18.00	P：0.04，S：0.03	900℃ 以下耐氧化部件、散热器、喷油嘴
马氏体耐热钢	14Cr11MoV	S46010	0.11 ~ 0.18	0.50	0.60	0.60	10.00 ~ 11.50	Mo：0.50 ~ 0.70，V：0.25 ~ 0.40	轮机叶片及导向叶片等
	15Cr12WMoV	S47010	0.12 ~ 0.18	0.50	0.50 ~ 0.90		11.00 ~ 13.00	W：0.70 ~ 0.10，V：0.15 ~ 0.30，Mo：0.50 ~ 0.70	轮机叶片、紧固件、转子及轮盘等
	40Cr10Si2Mo	S48140	0.35 ~ 0.45	1.90 ~ 2.60	0.70	0.60	9.00 ~ 10.50	Mo：0.70 ~ 0.90	内燃机进气阀、轻负荷发动机的排汽阀等
	42Cr9Si2	S48040	0.35 ~ 0.50	2.00 ~ 3.00	0.70	0.60	8.00 ~ 10.00		
奥氏体耐热钢	07Cr19Ni11Ti	S32169	0.04 ~ 0.10	0.75	2.00	9.00 ~ 13.00	17.00 ~ 20.00	Ti：4w(C) ~ 0.60	锅炉、汽轮机过热汽管道等
	45Cr14Ni14W2Mo	S32590	0.40 ~ 0.50	0.80	0.70	13.00 ~ 15.00	13.00 ~ 15.00	W：2.00 ~ 2.75，Mo：0.25 ~ 0.40	内燃机重负荷排汽阀等

高锰钢的主要成分为：碳含量 0.9% ~ 1.5%，锰含量 11% ~ 14%。由于机械加工困难，高锰钢主要用于制造铸件，其牌号为 ZGMn13 – 1 等，“ – ”后数字表示序号。

高锰钢的热处理为“水韧处理”，即把钢加热到 1060 ~ 1100℃，使碳化物全部溶解，然后迅速水淬，在室温下获得均匀单一的奥氏体组织。此时钢的硬度很低（180 ~ 220HBS），而韧性很高。

高锰钢在工作中受到强烈冲击或强大压力而变形时，其表面层产生强烈的加工硬化，并且发生马氏体转变，使硬度显著提高（500 ~ 550HBW），获得高的耐磨性；而其心部仍为具有高韧性的奥氏体组织，能承受冲击。当表面磨损后，新露出的表面又可在冲击和磨损条件下获得新的硬化层，故高锰钢具有很高的耐磨性和抗冲击能力。其广泛用于制造耐磨性要求特别高且在高冲击与高压力下工作的零件，如球磨机的衬板、挖掘机铲斗、拖拉机和坦克的履带板、铁路的道岔等耐磨零件。

习　题

6 – 1　普通碳素结构钢、优质碳素结构钢和碳素工具钢的牌号如何表示，有何特点？

6 – 2　合金元素在钢中的作用有哪些，它们是如何影响的？

6 – 3　常见的合金元素如何影响晶粒度的大小？至少举例 3 个。

6 – 4　优质碳素结构钢和合金结构钢都可以用来制作齿轮，一般如何选择？

6 – 5　指出下列牌号的钢种、碳含量、合金元素含量，并分析如何辨别它们？

　　　　Q235　　　AF　　　45　　　T8　　　9SiCr　　　W6Mo5Cr4V2　　　ZGMn13

　　　　GCr15　　Cr12　　12Cr13　65Mn　　CrWMn　　　12Cr18Ni9　　　20CrMnTi

第2篇

冶金物理化学

7 冶金原理

7.1 冶金行业概况

冶金的原材料主要是精矿或者原矿石，产品为金属。金属材料是人类生活、生产不可或缺的材料。

早在远古时代人类就开始使用金、银、铜，但当时的金属是自然存在的单质态金属。随着人类文明的不断发展，逐渐地才可以从矿石中提取金属。矿石中提取的第一种金属是铜及其合金，我国早在商周时代就开始盛行青铜器。伊朗是世界上最早掌握铜冶炼技术的国家，考古发现的小铜针、铜锥等有近9000年的历史。随后是铁冶炼技术的使用与发展，世界最早的铁器距今有3000年的历史，我国的铁器使用至今有2500年的历史。而现在生活中最常用的金属铝，其电解厂是1938年在我国正式投产并大规模生产的，早在汉朝时期，铝的价格高于黄金。随着科学技术日新月异的发展，其他金属如稀土、铜、锌等也都实现了大规模的生产。

7.2 金属的分类

金属通常都具有高的强度和优良的延展性、导电性和导热性。除了金属汞以外，其他金属在常温下均呈固态。现在已知的化学元素为116种，其中金属元素为94种。在金属元素中，存在于自然界中的金属元素有72种，人造金属元素有22种。

在工业上，金属通常分为黑色金属（铁、铬、锰）和有色金属（铁、铬、锰以外的金属）。

有色金属按照密度不同，又可划分为有色重金属、有色轻金属、贵金属、稀有金属。

（1）有色重金属，包括铜、铅、锌、锡、镍、钴等，密度为 $7 \sim 11 g/cm^3$。

（2）有色轻金属，包括铝、镁、钙、钾、钠、钡等，密度均小于 $4.5 g/cm^3$。

（3）贵金属，包括金、银及铂族元素，这些金属在空气中不能被氧化，其价值也比其他金属高。

（4）稀有金属，是指发现较迟、使用较晚、在自然界中分布较分散、提取过程较复杂的金属，有50种左右。

7.3　金属冶炼技术

金属冶炼技术一般有火法冶金、湿法冶金和电冶金三种方法。

（1）火法冶金。火法冶金又称为干法冶金，是将矿石和必要的添加物一起在炉中加热至高温，使其熔化为液体，生成所需的化学反应，从而分离出粗金属，然后再将粗金属精炼。

（2）湿法冶金。湿法冶金是用酸、碱、盐类的水溶液，借助化学反应（包括氧化、还原、中和、水解及络合等）从矿石中提取所需的金属组分，然后用水溶液电解等各种方法制取金属。此法主要应用于低品位、难熔化或微粉状的矿石。现在世界上 75% 的锌和镉是采用焙烧－浸取－水溶液电解工艺制成的，这种方法已大部分取代了过去的火法炼锌。其他难以分离的金属如镍－钴、锆－铪、钽－铌及稀土金属，都采用湿法冶金技术（如溶剂萃取或离子交换等方法）进行分离，取得了显著的效果。

湿法冶金包括四个主要步骤：

1）用溶剂将原料中有价成分转入溶液，即浸取。

2）将浸取溶液与残渣分离，同时将夹带于残渣中的冶金溶剂和金属离子回收。

3）浸取溶液的净化和富集，常采用离子交换和溶剂萃取技术或其他化学沉淀方法。

4）从净化液中提取金属或化合物。

湿法冶金在锌、铝、铜、铀等冶炼工业中占有重要地位，世界上全部的氧化铝、氧化铀，大部分锌和部分铜都是用湿法生产的。湿法冶金的优点是：适用于品位非常低的矿石（金、铀）以及相似金属（如铪与锆）难分离的情况；其与火法冶金相比，材料的周转比较简单，原料中有价金属综合回收程度高，有利于环境保护，并且生产过程较易实现连续化和自动化。

（3）电冶金。电冶金是利用电能来提取、精炼金属的方法。按电能转换形式的不同，其可分为电热冶金和电化冶金两类。

1）电热冶金。电热冶金是利用电能转变为热能，在高温下提炼金属。电热冶金与火法冶金类似，不同之处在于电热冶金的热能是由电能转化而来的，火法冶金的热能是由燃料燃烧产生的。但两者的物理化学反应过程相似，所以电热冶金也可归属于火法冶金。

2）电化冶金。电化冶金是利用电化学反应，使金属从含金属盐类的溶液或熔体中析出。电化冶金又分为水溶液电化冶金和熔盐电化冶金两类。

① 水溶液电化冶金。水溶液电化冶金是在低温水溶液中进行电化作用，如铅的电解精炼和锌电解。它的物理化学现象属于典型的湿法冶金，因此也可归属于湿法冶金。

② 熔盐电化冶金。熔盐电化冶金也称熔盐电解，是在高温的熔融体中进行电化作用，如铝电解。其物理化学现象属于火法冶金，因此也可归为火法冶金。

综上，冶金方法可粗略地分为火法冶金和湿法冶金。

火法冶金常见的生产过程有原料准备（破碎、磨制、筛分、配料等）、原料炼前处理（干燥、煅烧、焙烧、烧结、造球或制球团）、熔炼（氧化、还原、造锍、卤化等）、吹炼、蒸馏、熔盐电解、火法精炼等。

湿法冶金常见的生产过程有原料准备（破碎、磨制、筛分、配料等）、原料预处理（干燥、煅烧、焙烧）、浸出或溶出、净化、沉降、浓缩、过滤、洗涤、水溶液电解沉积等。

下面将对钢、铁、铝、锌、锡、铜的冶炼原理及工艺做简单介绍。

7.3.1 钢铁冶炼

钢和铁的区别主要在于合金中碳、硅、锰、硫、磷的含量不同，钢中这些元素的含量低于铁，因此钢的强度和塑性也强于铁。典型的钢铁冶炼工艺流程如图7－1所示。

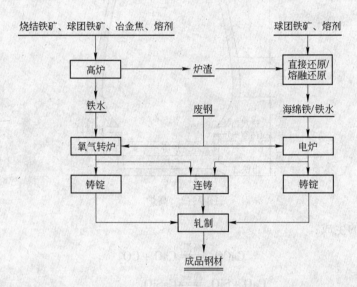

图 7－1 典型的钢铁冶炼工艺流程

在冶炼过程中，铁的冶炼过程是还原过程，钢的冶炼过程是在经冶炼得到铁水（或海绵铁）的基础上进行氧化反应。

7.3.1.1 炼铁生产

炼铁生产工艺可分为两种：一种是高炉炼铁，另一种是非高炉炼铁。

高炉炼铁是以烧结铁矿、球团铁矿、冶金焦和熔剂（用于造渣）作为原料，在高炉中进行还原。高炉的结构如图7－2所示，分为炉喉、炉身、炉腰、炉腹、炉缸。

炼铁原理可用下式简单表示：

$$Fe^{3+} + 3e =\!=\!= Fe$$

即利用氧化还原反应，在高温下用还原剂把铁矿石中的铁还原出来。常用的还原剂为 CO、C。

高炉内的主要化学反应（以赤铁矿为原料）如下：

（1）还原剂的生成：

$$C + O_2 \xrightarrow{\text{高温}} CO_2$$

$$CO_2 + C \xrightarrow{\text{高温}} 2CO$$

（2）Fe^{3+} 被还原：

$$Fe_2O_3 + 3CO \xrightarrow{\text{高温}} 2Fe + 3CO_2$$

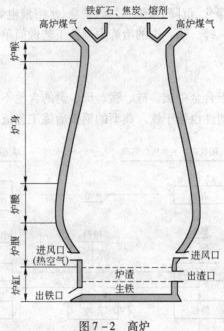

图 7 - 2　高炉

（3）炉渣的生成：

$$CaCO_3 \xrightarrow{\text{高温}} CaO + CO_2$$

$$CaO + SiO_2 \xrightarrow{\text{高温}} CaSiO_3$$

目前高炉炼铁仍占据主导地位，直接还原炼铁法、熔融还原炼铁法和电炉炼铁法也在不断地发展。高炉炼铁是将铁矿石在高炉中还原，熔炼成生铁。此法操作简单，能耗低，成本低廉，可大规模生产。生铁除小部分用于铸件外，大部分用作炼钢原料。由于适应高炉冶炼的优质焦煤日益短缺，相继出现了各种不用焦炭而用其他能源的非高炉炼铁法。直接还原炼铁法是将铁矿石在固态下用气体或固体还原剂还原，在低于铁矿石熔化温度的条件下，将其冶炼成含有少量杂质元素的固态或半熔融状态的海绵铁、金属化球团或粒铁，作为炼钢原料（也可作为高炉炼铁或铸造的原料）。电炉炼铁法多采用无炉身的还原电炉，可用强度较差的焦炭（或煤、木炭）作还原剂。电炉炼铁以电加热代替部分焦炭，并可用低级焦炭；但耗电量大，只能在电力充足、电价低廉的条件下使用。

7.3.1.2　炼钢生产

炼钢原料包括金属料，如高炉炼成的生铁（含 C、Si、Mn、P、S）或直接还原炼铁法炼成的海绵铁、废钢、铁合金；非金属料，如熔剂（石灰、白云石）、氧化剂（氧气、氧化铁皮、铁矿石）、冷却剂（石灰石）、脱氧剂、还原剂和增碳剂。炼钢生产的主要原理可简单表示为：

$$\text{生铁} \xrightarrow{\text{降碳，调硅、锰，去磷、硫}} \text{钢}$$

炼钢过程主要发生以下反应：

（1）氧化剂转化：

$$2Fe + O_2 = 2FeO$$

（2）降碳及调硅、锰：

$$2FeO + C \Longrightarrow 2Fe + CO_2$$

$$2FeO + Si \Longrightarrow 2Fe + SiO_2$$

$$FeO + Mn \Longrightarrow Fe + MnO$$

（3）去磷、硫，方法是加生石灰：

$$FeS + CaO \Longrightarrow CaS + FeO$$

$$2P + 5FeO + 3CaO \Longrightarrow Ca_3(PO_4)_2 + 5Fe$$

（4）造渣：

$$CaO + SiO_2 \Longrightarrow CaSiO_3$$

$$SiO_2 + MnO \Longrightarrow MnSiO_3$$

（5）脱氧。脱氧的目的是去 FeO，防止钢产生热脆性。常用脱氧剂为 Al、Si、Mn，反应为：

$$2FeO + Si \Longrightarrow 2Fe + SiO_2$$

$$FeO + Mn \Longrightarrow Fe + MnO$$

炼钢的主要方法有转炉炼钢法、电弧炉炼钢法、炉外精炼法、特殊炼钢法。

前两种炼钢工艺可满足一般用户对钢质量的要求。

炉外精炼法可以生产更高质量和更多品种的高级钢。如采用吹氩处理、真空脱气、炉外脱硫等炉外精炼法对转炉、电弧炉冶炼出的钢水进行附加处理之后，都可以生产高级钢种。

特殊炼钢法可以冶炼特高质量、特殊用途的钢。例如电渣重熔，是把转炉、电弧炉等冶炼的钢铸造或锻压成电极，通过熔渣电阻热进行二次重熔的精炼工艺；真空冶金，是在低于 1atm（101325Pa）甚至超高真空条件下进行的冶金过程，包括金属及合金的冶炼、提纯、精炼、成型和处理。

钢液在炼钢炉中冶炼完成之后，必须经钢包注入铸模，凝固成一定形状的钢锭或钢坯，才能进行再加工。钢锭浇注可分为上铸法和下铸法。上铸钢锭一般内部结构较好，夹杂物较少，操作费用低；下铸钢锭表面质量良好，但因通过中注管和汤道，使钢中夹杂物增多。近年来在铸锭方面出现了连续铸钢、压力浇注和真空浇注等新技术。

7.3.1.3 轧钢技术

在旋转的轧辊间改变钢锭、钢坯形状的压力加工过程称为轧钢。轧钢的目的与其他压力加工一样，一方面是为了得到需要的形状，例如钢板、带钢、线材以及各种型钢等；另一方面是为了改善钢的内部质量，常见的汽车板、桥梁钢、锅炉钢、管线钢、螺纹钢、钢筋、电工硅钢、镀锌板、镀锡板，包括火车轮，都是通过轧钢工艺加工出来的。

轧钢方法按照轧制温度不同，可分为热轧与冷轧；按照轧制时轧件与轧辊的相对运动关系不同，可分为纵轧、横轧和斜轧；按照轧制产品的成型特点不同，还可分为一般轧制和特殊轧制，周期轧制、旋压轧制、弯曲成型等都属于特殊轧制方法。由于轧制产品种类繁多、规格不一，有些产品是经过多次轧制才生产出来的，所以轧钢生产通常分为半成品生产和成品生产两类。

7.3.2 铝冶炼

铝的生产过程由四个环节构成一个完整的产业链，即铝矿石开采→氧化铝制取→电解铝冶炼→铝加工生产。

7.3.2.1 氧化铝生产

氧化铝生产为湿法冶金过程，分为酸法、碱法和酸碱联合法。现在较为常用的碱法为拜耳法、烧结法和拜耳－烧结联合法。

碱法由以下工序完成：

矿石破碎→配碱（氢氧化钠或者碳酸钠）→（烧结法需要熟料烧结）→溶出→铝酸钠→铝酸钠溶液→分解（种分分解或者碳分分解）→氢氧化铝焙烧→氧化铝

现在比较成熟的粉煤灰提取氧化铝生产方法为：预脱硅－碱石灰烧结法，其工艺流程如图 7－3 所示。

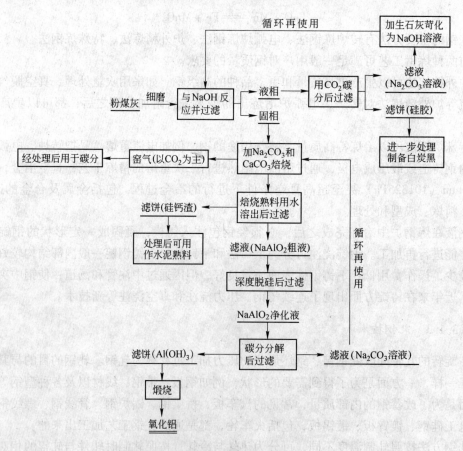

图 7－3 预脱硅－碱石灰烧结法工艺流程

铝土矿（高铝粉煤灰）中所含的化学成分除氧化铝外，主要杂质是氧化硅、氧化铁和氧化钛。衡量铝土矿质量优劣的主要指标之一是其中氧化铝含量与氧化硅含量的比值，俗称铝硅比。铝硅比越高，铝土矿的品质越好，粉煤灰越具有可提取性。

7.3.2.2 电解铝生产

工业上冶炼铝多采用电解法，以纯净的氧化铝为原料一般情况下，生产 1t 电解铝需要消耗 2t 氧化铝、炭素材料 500kg，消耗电能 13000kW·h。

电解铝生产原理为：以氧化铝为原料、冰晶石为熔剂组成电解质，以炭素材料为两极，在 950~970℃条件下，通过电解的方法使电解质熔体中的氧化铝分解为铝和氧。电流由阳极导入，经电解质由阴极导出。铝在碳阴极以液相形式析出，氧在碳阳极上以 CO_2 气体的形式逸出。其工艺流程如图 7-4 所示。

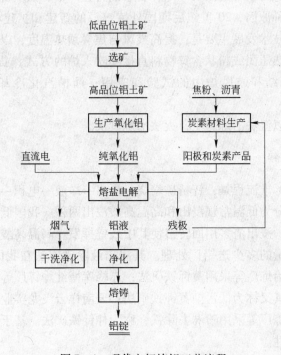

图 7-4　现代电解炼铝工艺流程

氧化铝电解发生如下电化学反应：

阴极
$$2Al^{3+} + 6e = 2Al$$

阳极
$$3O^{2+} + \frac{3}{2}C - 6e = \frac{3}{2}CO_2$$

总反应
$$Al_2O_3 + \frac{3}{2}C = 2Al + \frac{3}{2}CO_2$$

7.3.3　锌冶炼

7.3.3.1　焙烧-浸出-电积常规湿法炼锌的现状

近年来，焙烧-浸出-电积常规湿法炼锌设备趋向于大型化、连续化、机械化，工艺过程实现计算机控制和管理。

自 20 世纪 70 年代以来，焙烧-浸出-电积常规湿法炼锌厂相继采用热酸浸出黄钾铁矾法、低污染黄钾铁矾法、针铁矿法和赤铁矿法来处理浸出渣。除赤铁矿法在高压釜中进行，由于设备和操作费用较高而未被广泛推广外，其他的热酸浸出和渣处理方法均已广泛运用。但无论是铁矾渣还是针铁矿渣，均存在如何经济、无害化治理和再利用的问题。

7.3.3.2 密闭鼓风炉火法炼锌（铅）的现状

密闭鼓风炉火法炼锌（铅）是 20 世纪 50 年代发展起来的技术，在 60～70 年代发展迅速，后来由于湿法炼锌技术的发展、环保要求的日益严格、焦炭价格的上涨以及铅锌矿分选技术的提高等多种原因，20 世纪后期国外炼锌厂的新建和扩建不再采用该法。原有密闭鼓风炉炼锌厂的技术发展主要是：提高鼓风与焦炭预热温度，以增加产量；处理低品位的复杂原料；采用热压团或粉状含锌物料直接喷吹入炉的方式，提高二次物料的处理量；低浓度富氧在烧结和鼓风炉中的试验和应用；溜槽汽化冷却以及喷淋冷却炉壳的运用等。

我国锌冶炼技术以湿法冶炼为主，火法冶炼其次。

7.3.3.3 湿法炼锌

湿法冶炼工艺的标准流程是：锌精矿焙烧→浸出→净液→电积→电锌产品。其因浸出作业条件的不同，又分为低温常规浸出和高温高酸浸出两种。我国低温常规浸出工艺以株洲冶炼厂的较为典型，浸出渣多用回转窑使其中残锌挥发。高温高酸浸出渣则直接送渣场堆存，或视铅、银含量的多少送铅厂处理。其浸出液除铁方法在我国又有四种不同的工艺，如白银西北铅锌冶炼厂等采用黄钾铁矾法；赤峰库博红烨锌厂等采用氨矾铁渣法，由于铁渣中锌含量低，其又称为低污染黄钾铁矾法；云南祥云飞龙实业有限公司等采用针铁矿法；温州和池州冶炼厂等采用喷淋去除铁，称为仲针铁矿法。基于这些区别，湿法炼锌工艺流程呈现出多样性。

20 世纪 90 年代，随着单系列 10 万吨/年电锌冶炼厂的建设，采用和研制了 $109m^2$ 的大型沸腾焙烧炉、大型单通道模式壁余热锅炉、溢流密封螺旋排灰装置、焙砂沸腾冷却器、高效冷却筒、$150m^3$ 高效节能搅拌槽、高效浓密机、自动板框压滤机、$1.6m^2$ 极板、全塑大型电解槽、机械化剥锌机、40t 大型低频熔锌感应电炉、自动浇铸－码垛－打包机等先进设备和锑盐三段深度净液等技术，分别在白银、株洲、曲靖、济源、巴彦淖尔等地建成投产。这五个锌厂的装备和自控水平已进入世界先进行列，但在工艺操作方面，劳动生产率及电解液净液深度与发达国家相比仍有一定差距。

7.3.3.4 锌冶炼技术进展

（1）高硅氧化锌矿的处理有突破性进展。云南祥云飞龙实业有限公司将高硅氧化锌矿与硫化矿焙砂的中温中酸浸出渣，按适当配比混合，再经高温高酸浸出，采用针铁矿法沉铁、脱硅、净液、电解生产电锌，已取得国家专利。该厂采用上述工艺已生产多年，锌的总回收率约达 94%。2005 年该厂电锌产量已突破 5 万吨/年，证明该工艺成熟可靠。该厂同时用硫酸浸出处理含 Zn 7%～8% 的低品位氧化矿，浸出率达 70%～80%，并用酸洗萃取、电积工艺回收过去堆存的锌浸出渣，电锌产能已达 1 万吨/年。这些技术为我国难处理高硅氧化锌矿的经济有效利用开创了新途径。

（2）密闭鼓风炉（ISP）工艺中，将烧结机点火炉改进成高效节能炉型，带状火焰燃烧直接点火，可节能 25%。密闭鼓风炉增大了炉身和风口区面积，改进了锌雨冷凝和电热前床结构，优化了工艺条件，送风时率达 93.3%。鼓风炉炉瘤通过多种技术措施清除，冷凝器清理周期延长至 11 天，炉子大修周期延长至 3 年，单炉铅锌产量达到 13 万吨/年。

7.3.4 锡冶炼

锡的冶炼方法主要取决于精矿（或矿石）的物质成分及其含量，一般以火法为主，湿法为辅。

现代锡的生产一般包括四个主要过程，即炼前处理、还原熔炼、炼渣和粗锡精炼。

（1）炼前处理。炼前处理是为了除去对冶炼有害的硫、砷、锑、铅、铋、铁、钨、铌、钽等杂质，同时达到综合回收各种有价金属的目的。炼前处理方法包括精矿焙烧和浸出等作业，根据所含杂质的种类不同，可采用一个或几个作业组成的联合流程。我国某些单纯含铅、铋、铁高的锡精矿也可不经炼前处理。

（2）还原熔炼还原熔炼主要是将氧化锡还原成粗锡，同时将铁的氧化物还原成 FeO 并与脉石成分造渣。为此，故需控制较弱的还原气氛和适当的温度，以保证不生成金属铁，这必然会限制锡氧化物的完全还原。因此，当炉渣锡含量较高（这种渣称为富渣）时，必须进一步处理。

（3）炼渣。炼渣采用烟化炉挥发方法，这样产出的废渣锡含量低，金属回收率高，同时大量减少了铁的循环。

（4）粗锡精炼。粗锡精炼的目的主要是除去铁、铜、砷、锑、铅、铋和银等杂质，同时综合回收有价金属。其一般分为火法精炼和电解精炼。

锡冶炼所产生的尾气主要含有二氧化硫、三氧化二砷、烟尘等。

7.3.5 铜冶炼

7.3.5.1 火法炼铜

火法炼铜是当今生产铜的主要方法，其产量占铜总产量的 80% ~ 90%，主要用于处理硫化矿。铜的火法冶炼工艺流程见图 7 - 5。

火法炼铜工艺过程主要包括四个主要步骤，即造锍熔炼、铜锍吹炼、粗铜火法精炼和阳极铜电解精炼。造锍熔炼传统设备有反射炉、电炉和密闭鼓风炉等，强化熔炼设备有闪速炉、诺兰达炉、艾萨炉、白银炉等。

火法炼铜的优点是：适应性强，能耗低，生产效率高，金属回收率高。

7.3.5.2 湿法炼铜

湿法炼铜的产量铜总产量的 10% ~ 20%，主要用于处理氧化矿。其工艺过程主要包括四个步骤，即浸出、萃取、反萃取、金属制备（电积或置换），如图 7 - 6 所示。氧化

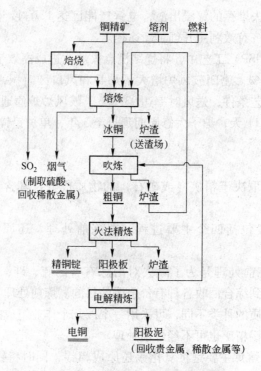

图 7－5　铜的火法冶炼工艺流程

矿可以直接进行浸出，低品位氧化矿采用堆浸，富矿采用槽浸。硫化矿在一般情况下需要先焙烧、再浸出，也可在高压下直接浸出。

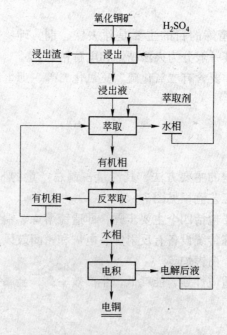

图 7－6　铜的湿法冶炼工艺流程

习　题

7－1　简述金属的分类。

7－2　简述金属冶炼的主要方法。

7－3　简述炼钢、炼铁的简单原理。

7－4　绘制氧化铝生产的生产流程图。

7－5　绘制电解铝生产的生产流程图。

冶金过程的热现象

冶金物理化学是全部冶金过程的理论基础，可以分为冶金热力学和冶金动力学。本章介绍冶金热力学基础知识，内容主要包括热力学基本概念（如系统与环境、性质、状态、过程与途径、状态函数、功和热）、热力学第一定律、冶金过程的热计算三大部分。

8.1　热力学基本概念

8.1.1　系统与环境

在研究具体事物时，为了方便起见，把所研究的物质称为系统。系统可以由一种或几种物质组成。系统以外与系统密切相关的物质称为环境。系统与环境之间存在物质和能量的交换。

按照系统与环境之间的物质和能量交换情况，将系统分为如下三种类型：

（1）敞开系统。敞开系统是指系统与环境之间既有物质的交换，又有能量的交换，也称为开放系统。钢铁冶炼过程中炉内的物质、敞开瓶塞的暖壶、铝电解槽都可看做敞开系统进行研究。

（2）封闭系统。封闭系统是指系统与环境之间只有物质的交换，而无能量的交换。没有打开瓶盖的矿泉水、非使用过程中的热水器都属于封闭系统。

（3）孤立系统。孤立系统是指系统与环境之间既无物质的交换，也无能量的交换，又称为隔离系统。隔离系统是不存在的，自然界中能量在任何物质之间都时刻传递着。隔离系统是一种科学的抽象，可以将一些实际事物无限地接近它，使所研究的问题简单化。

一般不特别标明时，所谓的系统均指封闭系统。

8.1.2　性质

系统的性质包括物理性质和化学性质。

（1）物理性质：有压力、温度、体积、密度、黏度、浓度等。

（2）化学性质：有酸性、碱性、氧化性、还原性等。

系统的性质还可以根据加和性，分为广延性质和强度性质。

（1）广延性质：具有加和性，在相同的环境下与物质的量 n 成正比，如体积、内能、焓、熵、吉布斯自由能等。

（2）强度性质：不具有加和性，与物质的量 n 无关，如温度、压力、密度、黏度、表面张力等。

8.1.3　状态

系统在一定的状态下具有一定的热力学性质，用所有的热力学性质表示状态。系统的任何性质发生改变，系统的状态都会发生改变。当系统的各种热力学性质都具有某一定的数值时，称系统处于某一状态；当其中某一热力学性质发生改变时，即称系统的状态发生了改变。

　　例如，电解铝过程中的电解质，其电解温度应为920℃，生产过程中由于阳极效应的熄灭时间过长，导致电解温度升高至930℃，此时称电解质的各种性质为状态1。为了保证正常生产，在电解质中加入固体冰晶石，电解质的物质的量、温度、压力、密度、黏度、表面张力均随之改变，称此时电解质的状态为状态2。

　　再如，用水壶烧水，将水温在25℃时的状态称为状态1。当温度升至40℃时，只有温度发生改变，将此时系统的状态称为状态2。

　　系统的所有性质一经确定，状态就有确定值；反之系统的状态一旦确定，系统的性质就有确定值，与系统到达该状态前的经历无关。

8.1.4　过程与途径

　　系统由始态变化至终态称为过程，过程的具体步骤称为途径。根据过程的条件不同，其可以分为如下五种：

　　(1) 等容过程。系统在体积不变的条件下发生状态变化的过程称为等容过程，如刚性的封闭系统（没有开盖的矿泉水）。

　　(2) 等压过程。等压过程是指在变化过程中，系统初始状态的压力等于终了状态的压力，并等于环境的压力，即 $p_{始} = p_{终} = p_{环}$，例如钢铁冶炼过程和铝冶金过程。

　　(3) 等温过程。等温过程是指在变化过程中，系统初始状态的温度等于终了状态的温度，并等于环境的温度，即 $T_{始} = T_{终} = T_{环}$，例如常温下发生的水挥发过程、铁生锈过程。

　　(4) 绝热过程。绝热过程是指自始态至终态，系统与环境之间不发生能量的传递。这种过程是不存在的。

　　(5) 循环过程。循环过程是指系统自始态出发，经过一系列的过程又回到始态。

　　有时，有的系统会同时出现两种或者两种以上的过程，例如等温等压过程、等温等容过程等。

8.1.5　状态函数

　　在一定条件下系统的性质都有一定的数值，当状态发生变化时，系统的性质也相应地变化。把这种随状态变化而改变的系统性质称为状态函数。例如在一定的状态下，温度、压力、密度等就具有一定的数值；反过来，当系统的这些性质有了确定的数值时，该系统的状态也就确定了。

　　可见，系统的状态发生改变，其热力学性质也就改变了；随着热力学性质的改变，系统的状态也发生改变。因此可以说，系统的热力学性质是系统状态的函数。即系统的温度、压力、体积、密度、内能都是系统的状态函数。

　　状态函数具有以下特点：

　　(1) 某系统的状态一经确定，系统的状态函数便有确定的单一的数值。

　　(2) 系统的性质取决于系统的状态，系统的性质随系统状态的改变而改变。系统的状态发生变化时，状态函数的改变值只与系统的始末状态有关，而与具体途径无关。

　　有些性质与系统的状态函数不同，随着系统状态的改变，其变化值与始末状态无关，而与具体的途径有关，称为过程函数，如功和热。

8.1.6　内能

当物质作为一个整体运动时，通常讨论它的位能和动能。例如，雨点从空中掉下来，每个雨点在不同的高度具有不同的位能和功能。在热力学中一般不考虑这种能量，而是讨论物质内部分子运动的动能、分子间的位能、分子内的能量、原子核内的能量，把由这些能量组成的物质内部的总能量作为一个整体来研究，称为内能或热力学能，用符号 U 表示，其变化值用 ΔU 表示。

综上，内能即为系统内所有粒子除整体位能和整体动能外所有能量的总和，其包含三部分能量：

(1) 分子的动能；

(2) 分子间相互作用的位能；

(3) 分子内部能量，即分子内部各种微粒运动的能量与粒子间相互作用能量之和。

内能不包括系统在力场中做整体运动时的动能和位能，所以系统内能的大小只与分子运动的状态有关。例如，系统的温度升高使分子运动速率加快，分子的动能就会增加；如果体积改变、分子间的距离就会发生变化，使分子的位能改变；如果发生化学反应、物质组成和结构的变化，那么分子内部的能量就会改变，即系统的内能发生变化。

当状态函数发生改变时，系统的状态发生改变，这时内能也发生了变化，这说明内能也是系统的一种性质，也属于状态函数，具有状态函数的特点。但是内能是不能测量的，只能通过计算得到内能的变化值。例如，一定量的废钢升温，吸收了一定的热能，这部分能量传递至钢的内部而成为钢的内能，也就是说，钢的内能的变化值可以通过热能的值进行计算。

8.1.7　热和功

物质运动时常伴有能量的转换或传递。例如，机械运动可使机械功转变为热（通过摩擦）；汽车发动机的汽油燃烧可使气体的内能增加、体积膨胀，其对外做功，转变为动力。热和功是能量传递最常见的形式，它们是传递中的能量，是过程函数，与具体的途径有关。

物质升高温度进行一个过程时要从环境吸收热量，即热是由于系统和环境之间存在温差发生变化过程而交换的能量。热量常用符号 Q 表示。

系统与环境之间除热以外交换的能量通称为功。在热力学中，由于系统体积膨胀反抗外压所做的功具有特殊的意义，常把这种功称为膨胀功或体积功。除膨胀功以外的其他功统称为有用功或有效功，如电功、磁功、表面功等。功常用符号 W 表示。

如图 8 - 1 所示，设有一个带理想活塞（活塞本身的质量及其与气缸之间的摩擦力忽略不计）的气缸，活塞的截面积为 A，活塞上所受的外力为 $p_外$，气缸内气体的压力为 p。当 $p > p_外$ 时，活塞由 h_1 变化到 h_2。

将气缸内的气体作为研究对象，称之为系统，其他物质称为环境。

活塞所受的总力 f 为：

$$f = p_外 A \tag{8-1}$$

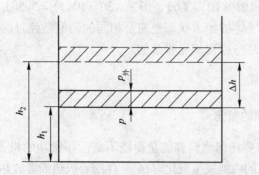

图 8 - 1　气体在气缸中膨胀做功示意图

活塞在外力作用下所移动的距离为:

$$\Delta h = h_2 - h_1$$

活塞内体积的变化值为:

$$\Delta V = V_2 - V_1 = A\Delta h$$

气体对活塞所做的功为:

$$W = f\Delta h = p_外 A\Delta h = p_外 \Delta V \tag{8-2}$$

可见, 气体在恒外压作用下所做的膨胀功与体积变化值有关。

【例 8 - 1】某一气体的初始状态为 $V_1 = 20 \mathrm{dm}^3$, $p_1 = 303 \mathrm{kPa}$, 在温度不变的情况下, 经过两种不同的途径进行膨胀, 其终态为 $V_2 = 60 \mathrm{dm}^3$, $p_2 = 101 \mathrm{kPa}$, 试计算两种情况下气体所做的功。

途径 1: 外压从 303kPa 突然降到 101kPa。

途径 2: 外压从 303kPa 突然降到 202kPa, 气体体积膨胀至 $30 \mathrm{dm}^3$, 待气体内压也降低到 202kPa 后, 再将外压突然降到 101kPa。

解: 气体所做功的计算示意图见图 8 - 2。

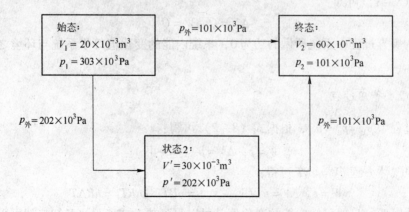

图 8 - 2　气体所做功的计算示意图

途径 1: $W = p_外 \Delta V = 101 \times 10^3 \times (60 \times 10^{-3} - 20 \times 10^{-3}) = 4040 \mathrm{J}$

途径 2: $W = p_外 \Delta V = 202 \times 10^3 \times (30 \times 10^{-3} - 20 \times 10^{-3}) +$

$$101 \times 10^3 \times (60 \times 10^{-3} - 30 \times 10^{-3}) = 5050J$$

由此题可知，虽然气体的始末状态是完全相同的，但是经过的途径不一样，所做的功也不相同。可见，做功是与过程相互联系的。

8.2　热力学第一定律

8.2.1　热力学第一定律的概念

第一类永动机(不需要任何燃料和能量而能不断循环做功的机器)不可能制造出来。在任何一个过程中，当系统的内能发生变化时，必然伴随着吸热或者放热以及系统对外做功或者得到功。其变化规律为：系统内能的变化等于系统从环境吸收的热量减去它对环境所做的功。

热力学第一定律的表达式为：

$$\Delta U = Q - W \tag{8-3}$$

式中　ΔU——系统内能的变化量，$\Delta U > 0$ 时内能增加，$\Delta U < 0$ 时内能减小；

　　　Q——系统与环境之间交换的热量，$Q > 0$ 时系统从环境吸收热量，$Q < 0$ 时环境向系统释放热量；

　　　W——系统与环境之间交换的功，$W > 0$ 时系统对环境做功，$W < 0$ 时环境对系统做功。

【例 8-2】某一干电池做电功 100J，同时放热 20J，试求其内能的变化。

解：　　　　　　　　$\Delta U = Q - W = -20 - 100 = -120J$

8.2.2　热力学第一定律的应用

下面以理想气体为例，说明热力学第一定律在其三种特殊过程中的应用。

8.2.2.1　等容过程

等容过程中系统在体积不变的情况下发生变化即 $\Delta V = 0$，所以体积功 $W = p_{外} \Delta V = 0$。

由式 (8-3) 可知：

$$\Delta U = Q - W = Q \tag{8-4}$$

可见，等容过程中系统所做的功为 0，系统内能的变化值等于系统与环境之间热量的传递值。

8.2.2.2　等压过程

等压过程中 $p_1 = p_2 = p_{外}$，根据式 (8-2) 可得：

$$W = p_{外} \Delta V = p_{外}(V_2 - V_1)$$

由理想气体方程 $pV = nRT$ 可得：

$$W = p_{外} \Delta V = p_{外}(V_2 - V_1) = nRT_2 - nRT_1 = nR\Delta T \tag{8-5}$$

得出功以后，只要已知内能的变化值就可以得到热，或者只要已知热就可以得到内能的变化值。

【例 8-3】2mol 水在 373K 和 101325Pa 的条件下汽化，试求该过程的功、热、内能的变化值。已知：水汽化体积 $\Delta V = V_{汽} - V_{水}$，$V_{水} = 0$。

解：
$$W = p_外 \Delta V = p_外(V_汽 - V_水) = p_外 V_汽 = nRT$$
$$= 2 \times 8.3145 \times 373 = 6202.61J$$

水在 273K 下的汽化热为 40.67kJ/mol，则
$$Q = 2 \times 40.67 \times 10^3 = 81340J$$
$$\Delta U = Q - W = 81340 - 6202.61 = 75137.38J$$

【例 8 - 4】 1mol 理想气体在恒压条件下升温 1℃，试求环境与气体交换的功。

解： 等压条件下，$p_1 = p_2 = p_环$，根据式（8 - 5）得：
$$W = p_外 \Delta V = p_外(V_2 - V_1) = p_2 V_2 - p_1 V_1 = nRT_1 - nRT_2 = nR\Delta T$$

由于
$$\Delta T = T_2 - T_1 = [t_2 + 273 - (t_1 + 273)] = t_2 - t_1 = 1K$$
$$W = nR\Delta T = 1 \times 8.3145 \times 1K = 8.3145J$$

【例 8 - 5】 1mol 理性气体由 202.65kPa、10dm³ 状态恒容升温，使压力升高到 2026.5kPa，然后在恒压条件下压缩至体积为 1dm³，试求该过程的功、热、内能的变化值。已知：

状态 1：$n_1 = 1mol$，$p_1 = 202650Pa$，$V_1 = 10dm^3 = 0.01m^3$，T_1；

状态 2：$n_2 = 1mol$，$p_2 = 2026500Pa$，$V_2 = 10dm^3 = 0.01m^3$，T_2；

状态 3：$n_3 = 1mol$，$p_3 = 2026500Pa$，$V_3 = 1dm^3 = 0.001m^3$，T_3。

解： 功、热、内能变化值的计算示意图如图 8 - 3 所示，由 $p_1 V_1 / T_1 = p_2 V_2 / T_2$ 得 $T_1 = T_2$，理想气体在温度不变的条件下 $\Delta U = 0$。

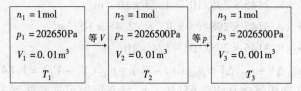

图 8 - 3　功、热、内能变化值的计算示意图

过程 1：等容过程，$\Delta V = 0$，$W_1 = 0$

过程 2：等压过程，$p_1 = p_2 = p_外 = 2026500Pa$
$$W_2 = p_外 \Delta V = 2026500 \times (0.001 - 0.01) = -18238.5J$$
$$W = W_1 + W_2 = -18238.5J$$

由
$$\Delta U = Q - W$$

得：
$$Q = W = -18238.5J$$

8.2.2.3　等温过程

等温过程中 $T_1 = T_2 = T_外$，对于理想气体有：
$$W = nRT\ln(V_2/V_1) \tag{8 - 6}$$
$$W = nRT\ln(p_1/p_2) \tag{8 - 7}$$

当温度不变时，理想气体的 $\Delta U = 0$，$Q = W$。

【例 8 - 6】 4mol O_2 在 298K 时从 101kPa 等温可逆压缩到 505kPa，试求功、热、内能的变化值。已知：

状态 1：$n_1 = 4\text{mol}$，$T_1 = 298\text{K}$，$p_1 = 101 \times 10^3\text{Pa}$；

状态 2：$n_1 = 4\text{mol}$，$T_1 = 298\text{K}$，$p_1 = 505 \times 10^3\text{Pa}$。

解：对于等温过程的理想气体：

$$\Delta U = 0$$
$$\begin{aligned} W &= nRT\ln\left(p_1/p_2\right) \\ &= 4 \times 8.3145 \times 298 \times \ln\left[\left(101 \times 10^3\right)/\left(505 \times 10^3\right)\right] \\ &= -15950.95\text{J} \end{aligned}$$

则：
$$Q = W = -15950.95\text{J}$$

【例 8 - 7】 5mol 某理想气体由 $T = 298\text{K}$、$p = 10\text{MPa}$ 状态，经过两次恒压（$p_{环1} = 5\text{MPa}$、$p_{环2} = 0.1\text{MPa}$）恒温膨胀至最后压力为 0.1MPa，试求全过程的内能变化值、功、热。已知：$n_1 = n_2 = n_3 = 5\text{mol}$，$p_1 = 10\text{MPa} = 10^7\text{Pa}$，$p_{环1} = 5\text{MPa} = 5 \times 10^6\text{Pa}$，$p_{环2} = 0.1\text{MPa} = 10^5\text{Pa}$，$p_3 = 10^5\text{Pa}$，$T_1 = T_2 = T_3 = 298\text{K}$。

解：内能变化值、功、热的计算示意图见图 8 - 4。温度一定时，理想气体的 $\Delta U = 0$。

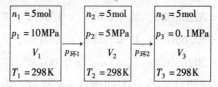

图 8 - 4　内能变化值、功、热的计算示意图

$$V_1 = nRT_1/p_1 = 5 \times 8.3145 \times 298/10^7 = 1.24 \times 10^{-3}\text{m}^3$$
$$V_2 = nRT_2/p_2 = 5 \times 8.3145 \times 298/(5 \times 10^6) = 2.48 \times 10^{-3}\text{m}^3$$
$$V_3 = nRT_3/p_3 = 5 \times 8.3145 \times 298/10^5 = 124 \times 10^{-3}\text{m}^3$$
$$W = W_1 + W_2 = p_{环1}\Delta V + p_{环2}\Delta V = p_{环1}\left(V_2 - V_1\right) + p_{环2}\left(V_3 - V_2\right) = 1.84 \times 10^4\text{J}$$

【例 8 - 8】 2mol 理想气体从 202.65kPa、V_1 状态恒温可逆膨胀到 $V_2 = 10V_1$，对外做功 41.85kJ，试求系统温度和 V_1。

解： $T = W/\left[nR\ln(V_2/V_1)\right] = 41850/\left[2 \times 8.3145 \times \ln10\right] = 1093\text{K}$

$V_1 = nRT/p_1 = 2 \times 8.3145 \times 1093/202650 = 0.0897\text{m}^3$

【例 8 - 9】 某 2mol 理想气体从 298K、200kPa 状态恒温可逆膨胀至 0.1m^3，试求过程的功。

解： $V_1 = nRT/p_1 = 2 \times 8.3145 \times 298/(2 \times 10^5) = 0.0248\text{m}^3$

$W = nRT\ln(V_2/V_1) = 2 \times 8.3145 \times 298 \times \ln(0.1/0.0248) = 6909.50\text{J}$

8.3　冶金过程的热计算

由前文所述，热是过程函数，与系统的具体途径有关。为了计算方便，热可以借助于状态函数的关系，用类似于计算状态函数增量的方法进行计算。

8.3.1　恒压热与恒容热

8.3.1.1　恒压热与焓

钢铁冶炼过程、铝冶金过程等都是等压过程。等压过程的热为：

$$Q_p = \Delta U + W = \Delta U + p_{外} \Delta V$$
$$= U_2 - U_1 + p_{外}(V_2 - V_1)$$
$$= U_2 - U_1 + p_2 V_2 - p_1 V_1$$
$$= (U_2 + p_2 V_2) - (U_1 + p_1 V_1)$$

U、p、V 都是状态函数，所以 $U + pV$ 也是状态函数。为了方便，引出状态函数焓 H，焓并没有实际意义，用来代表 $U + pV$，即：

$$H = U + pV \qquad\qquad (8-8)$$

内能的绝对值是不能测量和计算的，所以焓的绝对值也不能得到，只能通过计算得到其变化值：

$$Q_p = (U_2 + p_2 V_2) - (U_1 + p_1 V_1) = H_2 - H_1 = \Delta H \qquad (8-9)$$

即在等压过程中，系统吸收的热量等于系统中焓的增加量。

由式（8-9）可知，可以把冶金过程的热归结为状态函数 H 增量的计算。在计算 ΔH 时，如果实际过程比较复杂，则可以设想一个较为简单的过程，只要保持设想过程与实际过程的始末状态相同，从设想过程计算出来的 ΔH 就等于实际过程的数值，从而得到实际过程的热。

8.3.1.2　恒容热

根据热力学第一定律：

$$\Delta U = Q - W$$

式中，W 为总功，包括膨胀功 W_e 和非膨胀功 W'。如果过程只做膨胀功，则 $W' = 0$，$\Delta U = Q - W_e$。

对于恒容过程，由于 $\Delta V = 0$，$W_e = 0$，所以：

$$\Delta U = Q_V \qquad\qquad (8-10)$$

式中，Q_V 表示恒容热，表明对于无非膨胀功的恒容过程，体系内能的变化值等于该过程的热。

对于微小的恒容过程，式（8-10）可写成：

$$dU = dQ_V$$

由于恒容热等于体系内能的变化值，可知恒容热也只取决于体系的始末状态，而与途径无关。

8.3.1.3　理想气体的内能与焓

冶金过程中所遇到的气体大多数是处在高温、低压状态下，比较接近于理想气体，一般可以将其看作理想气体。

对于一定质量的气体，其状态可以由 T、p、V 中的任意两个来确定。内能是体系的状态函数，若将一定量气体的内能表示为 T、V 或 T、p 的函数，则得：

$$U = f(T, V) \quad 或 \quad U = f(T, p)$$

对实际气体而言，当温度变化时，其平均分子动能要改变；当体积（或压力）变化时，因分子间距离改变，其平均位能也改变。所以，内能是温度、体积（或压力）的函数。

对理想气体而言，由于分子间没有相互作用力，位能为零，所以理想气体的内能只是

温度的函数,与体积和压力无关,即:

$$U = f(T)$$

可以证明理想气体的焓也只是温度的函数,与压力、体积无关,即:

$$H = f(T)$$

【例 8 - 10】 已经测得 1mol 水在 373.15K 和 101325Pa 条件下完全变成水蒸气时要吸收 40.67kJ 的热量。如果温度发生了变化,例如用,383.15K 的过热水进行蒸发过程,试问吸收的热量应该是多少?

解: 由于过热水蒸发的实验不易进行,可以设计另一个过程,如图 8 - 5 所示。

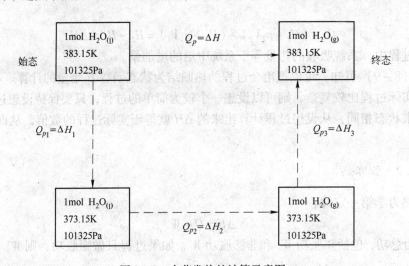

图 8 - 5　水蒸发热的计算示意图

虚线部分为设想过程,分为三个步骤进行。第二个步骤的热已经测得,由已知给出,且因为

$$\Delta H = \Delta H_1 + \Delta H_2 + \Delta H_3$$

$$Q_{p1} = \Delta H_1,\quad Q_{p2} = \Delta H_2,\quad Q_{p3} = \Delta H_3$$

则:　　　　　　　$$Q_p = \Delta H_1 + \Delta H_2 + \Delta H_3 = Q_{p1} + Q_{p2} + Q_{p3} \tag{8 - 11}$$

应注意:

(1) $Q_V = \Delta U$ 和 $Q_p = \Delta H$ 这两个等式,只有在系统不做有效功时才成立。而且只有在等压过程中,$Q_p = \Delta H$ 才成立;只有在等容过程中 $Q_V = \Delta U$ 才成立。

(2) 热和焓变虽然在一定条件下相等,但却不能将两者混为一谈,ΔH 为状态函数,而 Q_p 为过程函数。只有在等压过程中 Q_p 与 ΔH 才相等。

(3) 焓可以适用于一切过程,任何过程都有焓,只是非等压过程中 Q 的数值并不等于 ΔH。

8.3.2　显热与潜热

由图 8 - 5 可知,设想的过程分为三个步骤,其中第一个步骤和第三个步骤的温度发生改变,第二个步骤的温度不变,而三个步骤均有热量的传递。由此,此过程传递的热量分为显热和潜热。显热是指因温度变化而发生传递的热量。潜热是指温度不变而发生传递的热量。潜热均伴随着物质聚集状态的改变。

冶金生产过程中，矿石、生铁和废钢需要由室温（25℃）升至1600℃，要经过熔点，由固态转变为液态，物质的聚集状态发生改变，属于相变的一种。

相变是指物质的组成不发生改变而聚集状态发生改变的过程，如凝固、熔化、汽化、液化、升华、凝华等过程都属于相变。

相变温度是指物质聚集状态变化时的温度，如熔点、凝固点等。

相变热是指一定温度下物质相变所吸收或放出的热，是通过实验测得的，如汽化热、熔化热等。

如图8-6所示，废钢的熔化过程分为三个步骤：废钢由298K（室温）升温至1773K所吸收的热量为 ΔH_1，废钢在1773K下熔化成钢水所吸收的热量为 ΔH_2，钢水由1773K升温至1873K所吸收的热量为 ΔH_3。其中，ΔH_1 和 ΔH_3 为显热，ΔH_2 为潜热。

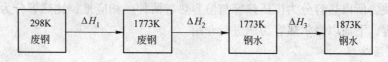

图8-6 废钢熔化过程

8.3.3 热容

显热的计算过程与热容有关。

热容是指在无有用功的条件下，一定量物质在加热或者冷却过程中升高或降低1K所需要吸收或者放出的热量，用符号 C 表示，单位为J/K。

质量热容是指1kg物质的热容，单位为 J/(K·kg)。

摩尔热容是指1mol物质的热容，单位为 J/(K·mol)。通常，比热容 c 是指摩尔热容。

8.3.3.1 平均热容

平均热容是指在 T_1 到 T_2 温度范围内物质热容的平均值，计算式为：

$$\overline{C} = \frac{Q}{T_2 - T_1} \tag{8-12}$$

式中 $\overline{C}$——物质的平均热容；

T_1，T_2——温度；

Q——物质在 T_1 到 T_2 温度范围内吸收的热量。

【例8-11】 在某电炉炼钢熔化期，欲将10t废钢从25℃加热到1600℃，试问需要吸收多少热？已知废钢的熔化温度为1500℃，钢水的平均质量热容为0.84J/(K·kg)，废钢的熔化热为271.96kJ/kg，固体废钢的平均质量热容为0.7J/(K·kg)。

解： 废钢吸收热的计算示意图见图8-7。

显热：$\Delta H_1 = mc_{废钢}(T_熔 - T_1) = 10^4 \times 0.7 \times (1773 - 298) = 1.0325 \times 10^6 kJ$

潜热：$\Delta H_2 = m\Delta H_熔 = 10^4 \times 271.96 = 2.7196 \times 10^6 kJ$

显热：$\Delta H_3 = mc_{钢水}(T_2 - T_熔) = 10^4 \times 0.84 \times (1873 - 1773) = 0.084 \times 10^6 kJ$

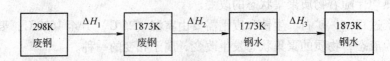

图 8 - 7　废钢吸收热的计算示意图

则：
$$\Delta H = \Delta H_1 + \Delta H_2 + \Delta H_3 = 3.8361 \times 10^6 \text{kJ}$$

8.3.3.2　比定压热容与比定容热容

实际上，热容是随温度变化而改变的，同一物质在不同温度下升高 1K 所吸收的热量是不同的。例如，1mol 水从 287.5K 升温到 288.5K 时，吸热 75.3J；从 363.0K 升温到 364.0K 时，吸热 75.6J。所以在精确计算热时不能采用平均热容，应该采用真热容。因为热与过程有关，所以热容分为恒压热容与恒容热容两种。相应地，比热容分为比定压热容和比定容热容，下面以摩尔热容为例进行介绍。

A　比定压热容

1mol 物质在恒压时温度升高 1K 所吸收的热量称为比定压热容，用符号 $c_{p,\text{m}}$ 表示，即：

$$c_{p,\text{m}} = \lim_{\Delta T \to 0} \frac{Q_p}{\Delta T} \tag{8 - 13}$$

所以
$$Q_p = n \int_{T_1}^{T_2} c_{p,\text{m}} \text{d}T \tag{8 - 14}$$

B　比定容热容

1mol 物质在恒容时温度升高 1K 所吸收的热量称为比定容热容，用符号 $c_{V,\text{m}}$ 表示，即：

$$c_{V,\text{m}} = \lim_{\Delta T \to 0} \frac{Q_V}{\Delta T} \tag{8 - 15}$$

所以
$$Q_V = n \int_{T_1}^{T_2} c_{V,\text{m}} \text{d}T \tag{8 - 16}$$

C　比热容与温度的关系

如上所述，c_V、c_p 都是温度的函数，要计算恒容热和恒压热，必须知道 c_V、c_p 与 T 的关系。目前还不能从理论上推导出这种关系式，但是已经由实验积累了许多比定压热容的经验公式。常用的经验公式有以下两种：

$$c_{p,\text{m}} = a + bT + cT^2$$
$$c_{p,\text{m}} = a + bT + c'T^{-2}$$

式中，a、b、c 是经验常数，这些常数可以从热力学手册中查到。

比定容热容与比定压热容存在如下关系：

理想气体
$$c_{V,\text{m}} + R = c_{p,\text{m}}$$

固体、液体
$$c_{V,\text{m}} = c_{p,\text{m}}$$

则恒压热与恒容热计算如下：

等压低温过程：

$$Q_p = n\int c_{p,m}\mathrm{d}T = n\left[a(T_2 - T_1) + \frac{b}{2}(T_2^2 - T_1^2) + \frac{c}{3}(T_2^3 - T_1^3)\right] \quad (8-17)$$

等压高温过程：

$$Q_p = n\int c_{p,m}\mathrm{d}T = n\left[a(T_2 - T_1) + \frac{b}{2}(T_2^2 - T_1^2) - c'(T_2^{-1} - T_1^{-1})\right] \quad (8-18)$$

等容低温过程：

$$Q_V = n\int c_{p,m}\mathrm{d}T = n\left[(a - R)(T_2 - T_1) + \frac{b}{2}(T_2^2 - T_1^2) + \frac{c}{3}(T_2^3 - T_1^3)\right] \quad (8-19)$$

等容高温过程：

$$Q_V = n\int c_{p,m}\mathrm{d}T = n\left[(a - R)(T_2 - T_1) + \frac{b}{2}(T_2^2 - T_1^2) - c'(T_2^{-1} - T_1^{-1})\right] \quad (8-20)$$

应用经验公式时，应注意适用的温度范围。因为每个经验公式都有其测定温度范围，如果计算的温度超出此范围，就会产生误差。

【例 8-12】将 100kg 石灰（设石灰中 CaO 含量为 100%）从 25℃ 升温到 1600℃，试求恒压热。

解：对于 $n$mol 石灰，单纯升温过程的恒压热为：

$$Q_p = \Delta H = n\int_{T_1}^{T_2} c_{p,m}\mathrm{d}T$$

由表查得：$c_{p,m} = 49.62 + 4.52 \times 10^{-3}T - 6.95 \times 10^5 T^{-2}$

$$n = \frac{100 \times 1000}{56} = 1785\mathrm{mol}$$

则：$\Delta H = 1785 \times \int_{298}^{1873}(49.62 + 4.52 \times 10^{-3}T - 6.95 \times 10^5 T^{-2})\mathrm{d}T = 1.498 \times 10^8 \mathrm{kJ}$

【例 8-13】在铝液浇注成铝锭的过程中，温度从 1000℃ 降到 25℃，试问每吨铝放出多少热？已知铝液的比热容 $c_{p,m} = 31.80\mathrm{J/(K \cdot mol)}$。

解：查表得到固态铝的比热容为：

$$c_{p,m} = 20.67 + 12.38 \times 10^{-3}T$$

铝的熔点为 660.1℃，熔化热 $\Delta H_m = 10.47\mathrm{kJ/mol}$。

在上述温度范围内，铝液降温时有相变（凝固）发生，所以必须考虑相变热及相变前后物质比热容的不同。在这种情况下应分段计算，如图 8-8 所示。

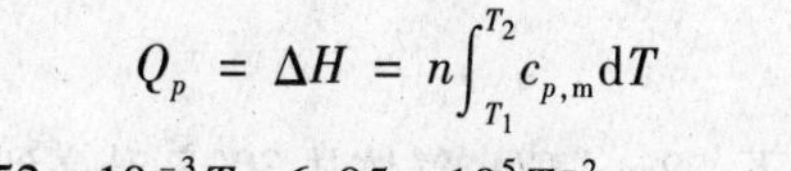

$$\boxed{\begin{array}{c}1273\mathrm{K}\\ \mathrm{Al}_{(1)}\end{array}} \xrightarrow{\Delta H_1} \boxed{\begin{array}{c}933.1\mathrm{K}\\ \mathrm{Al}_{(1)}\end{array}} \xrightarrow{\Delta H_2} \boxed{\begin{array}{c}933.1\mathrm{K}\\ \mathrm{Al}_{(s)}\end{array}} \xrightarrow{\Delta H_3} \boxed{\begin{array}{c}298\mathrm{K}\\ \mathrm{Al}_{(s)}\end{array}}$$

图 8-8 每吨铝放热的计算示意图

$$n = \frac{1000 \times 1000}{27} = 3.7 \times 10^4 \mathrm{mol}$$

I：$\Delta H_1 = n\int_{T_1}^{T_2} c_{p,m}\mathrm{d}T = 3.7 \times 10^4 \times \int_{1273}^{933.1} 31.80\mathrm{d}T = -3.999 \times 10^5 \mathrm{kJ}$

II：凝固过程，凝固热与熔化热同值异号，即：

$$\Delta H_2 = -n\Delta H_m = -3.7 \times 10^4 \times 10.47 = -3.874 \times 10^5 \text{kJ}$$

Ⅲ：$\Delta H_3 = n\int_{933.1}^{298} c_{p,m}\mathrm{d}T = 3.7 \times 10^4 \times \int_{933.1}^{298} (20.67 + 12.38 \times 10^{-3}T)\mathrm{d}T = -6.649 \times 10^5 \text{kJ}$

则：$\Delta H = \Delta H_1 + \Delta H_2 + \Delta H_3 = -3.999 \times 10^5 - 3.874 \times 10^5 - 6.649 \times 10^5 = -1.45 \times 10^6 \text{kJ}$

即每吨铝放热 $1.45 \times 10^6 \text{kJ}$。

【例 8 - 14】 氧气（理想气体）的摩尔等压热容 $c_{p,m} = 128.17 + 6.297 \times 10^{-3}T - 0.7494 \times 10^5 T^2$，试计算 10mol 氧气在一刚性容器中由 298K 恒容加热到 573K 所吸收的热。

解： 对于理想气体有：$c_{V,m} + R = c_{p,m}$，则：

$$c_{V,m} = c_{p,m} - R = a - R + bT - cT^2$$

其中，$a - R = 128.17 - 8.3145$，$b = 6.297 \times 10^{-3}$，$c = -0.7494 \times 10^5$。

则：$Q_V = n\int_{T_1}^{T_2} c_{p,m}\mathrm{d}T = n\left[(a - R)(T_2 - T_1) + \dfrac{b}{2}(T_2^2 - T_1^2) - \dfrac{c}{3}(T_2^3 - T_1^3)\right]$

$= 10 \times \Big[(128.17 - 8.3145) \times (573 - 298) + \dfrac{6.297 \times 10^{-3}}{2} \times$

$(573^2 - 298^2) - \dfrac{0.7494 \times 10^5}{3} \times (573^3 - 298^3) \Big]$

$= 6.18 \times 10^4 \text{J}$

【例 8 - 15】 试计算常压下，2mol CO_2 气体从 300K 升高到 573K 所吸收的热量。已知 CO_2 的比定压热容 $c_{p,m} = 26.8 + 42.7 \times 10^{-3}T - 14.6 \times 10^5 T^2$。

解： $Q_p = n\int_{T_1}^{T_2} c_{p,m}\mathrm{d}T = n\left[(a - R)(T_2 - T_1) + \dfrac{b}{2}(T_2^2 - T_1^2) + \dfrac{c}{3}(T_2^3 - T_1^3)\right]$

$= 2 \times \Big[26.8 \times (573 - 298) + \dfrac{42.7 \times 10^{-3}}{2} \times (573^2 - 298^2) -$

$\dfrac{14.6 \times 10^5}{3} \times (573^3 - 298^3) \Big]$

$= 23241 \text{J}$

【例 8 - 16】 5mol O_2 在 300K、150kPa 条件下先恒容冷却，再恒压加热，终态为 225K、75kPa，已知 O_2 的 $c_{p,m} = 29.1 \text{J/(mol·K)}$，试求整个过程的热。

解： $\qquad\qquad\qquad\qquad Q = Q_V + Q_p$

$$c_{V,m} = c_{p,m} - R = 29.1 - R$$

由 $p_1V_1/T_1 = p_2V_2/T_2$ 得：

$$T_2 = p_2T_1/p_1 = 75 \times 300/150 = 150 \text{K}$$

则：$Q_V = n\int_{T_1}^{T_2} c_{p,m}\mathrm{d}T = n\left[(a - R)(T_2 - T_1) + \dfrac{b}{2}(T_2^2 - T_1^2) + \dfrac{c}{3}(T_2^3 - T_1^3)\right]$

$= 5 \times [(29.1 - 8.3145) \times (150 - 300)] = -15.6 \text{kJ}$

$$Q_p = n\int_{T_2}^{T_3} c_{p,m}\mathrm{d}T = n\left[a(T_3 - T_2) + \frac{b}{2}(T_3^2 - T_2^2) + \frac{c}{3}(T_3^3 - T_2^3)\right]$$

$$= 5 \times \left[29.1 \times (225 - 150)\right] = 10.9\mathrm{kJ}$$

$$Q = Q_V + Q_p = -15.6 + 10.9 = -4.7\mathrm{kJ}$$

【例 8 – 17】1mol 理想气体于 27℃、101.325kPa 状态下，受恒定外压恒温压缩至平衡状态，再由该状态恒容升温到 97℃，则压力升高到 1013.25kPa，试求整个过程的热。已知该气体的 $c_{V,m} = 20.92\mathrm{J/(mol \cdot K)}$。

解：等温过程对于理想气体有：$\Delta U = 0$，则：

$$Q = W = p_{外}\Delta V$$

由于 $p_{外} = p_2$，$V_3 = V_2$，$p_2 V_2/T_2 = p_3 V_3/T_3$，则：

$p_2 = p_3 T_2/T_3 = 1013250 \times 300/370 = 821554.1\mathrm{Pa}$

$V_2 = V_3 = nRT_3/p_3 = 1 \times 8.3145 \times 370/1013250 = 0.00304\mathrm{m}^3$

$V_1 = nRT_1/p_1 = 1 \times 8.3145 \times 300/101325 = 0.02462\mathrm{m}^3$

$Q_T = 821554.1 \times (0.00304 - 0.02462) = -17729.1\mathrm{J}$

$$Q_V = n\left[a(T_2 - T_1) + \frac{b}{2}(T_2^2 - T_1^2) + \frac{c}{3}(T_2^3 - T_1^3)\right] = 20.92 \times (370 - 300)$$

$$= 1464.4\mathrm{J}$$

$$Q = Q_T + Q_V = -17729.1 + 1464.4 = -16265\mathrm{J}$$

【例 8 – 18】已知 CO_2 的 $c_{p,m} = 26.75 + 41.258 \times 10^{-3}T - 14.25 \times 10^5 T^2$，试求 100kg CO_2 由 27℃ 恒压升温至 527℃ 的焓变。

解：对于等压过程有：

$$\Delta H = Q_V = n\left[a(T_2 - T_1) + \frac{b}{2}(T_2^2 - T_1^2) + \frac{c}{3}(T_2^3 - T_1^3)\right]$$

$$= (100/44) \times \left[26.75 \times (800 - 300) + \frac{41.258 \times 10^{-3}}{2} \times\right.$$

$$\left.(800^2 - 300^2) - \frac{14.25 \times 10^5}{3} \times (800^3 - 300^3)\right]$$

$$= 51573.2\mathrm{J}$$

8.3.4 化学反应的热效应

（1）定义。

系统在等温、等压或等温、等容条件下进行化学反应，放出或者吸收的热量称为反应热。

（2）化学反应方程式的书写。

1）注明温度、压力。如果不标明温度，表示温度为 298K；如果不注明压力，表示压力为 101325Pa。

2）注明物质的聚集状态。在物质右下角标明"（g）"、"（l）"、"（s）"分别表示气、液、固三相。对于不同晶型的物质，还应在右下角标明晶型。

3）金属熔体中的物质用 [ ] 括起，熔渣中的物质用 （ ）括起，气相中的物质用 { } 括起。

4）方程式配平。

5）标明放出或吸收的热量。

（3）产生的原因。反应物生成生成物时，物质化学键的性质和数目发生变化，新键生成，旧键破坏，反应物和生成物的总能量不相等，有一部分能量以热的形式传递。

8.3.4.1　生成热

A　生成热的定义

由稳定单质生成 1mol 物质的热效应称为该物质的生成热。

此定义应注意如下三点：

（1）必须从单质开始；

（2）生成热必须是稳定单质生成物质的热效应；

（3）稳定单质的生成热是零。

B　标准生成热

标准生成热的符号为 $\Delta_f H_{m(T)}^{\ominus}$，规定标准状态为：

（1）固体：在 101325Pa、指定温度条件下，固体物质处于稳定状态。

（2）液体：在 101325Pa、指定温度条件下，液体物质处于稳定状态。

（3）气体：压力为 101325Pa，且在指定温度下。

8.3.4.2　溶解热

溶解热是指 1mol 溶质溶于溶剂中所吸收或放出的热。

物质溶解过程通常也伴随着热效应，如硫酸、苛性钠等物质溶解于水中时发生放热现象，而硝酸铵溶于水中时则发生吸热现象。这是由于形成溶液时粒子间相互作用力与纯物质不同，发生能量变化，并以热的形式与环境交换。

物质溶解过程所吸收或放出热量的多少与温度、压力等条件有关，如果不加以注明，常常是指 25℃ 及 1atm（101325Pa）的条件。1mol 溶质溶解于一定量的溶剂中，形成某一浓度的溶液时，所产生的热效应称为该浓度溶液的积分溶解热。由于溶解过程中溶液浓度不断变化，积分溶解热也称为变浓溶解热。积分溶解热的单位是 J/mol，其中"mol"是对溶质而言。

1mol 溶质溶解于一定浓度的无限量溶液中，所产生的热效应称为该溶质在该浓度下的微分溶解热。强调无限量溶液的目的是，使加入 1mol 溶质时溶液的浓度维持不变，所以微分溶解热也称为定浓溶解热。表 8–1 列出一些常见元素在 1600℃、浓度（质量分数）为 1% 的大量铁液中溶解 1mol 时的热效应（即微分溶解热）。

表 8–1　元素在铁液中的溶解热

溶解过程	$Al_{(l)} = [Al]$	$C_{(石墨)} = [C]$	$Cr_{(s)} = [Cr]$	$Mn_{(l)} = [Mn]$
溶解热/J·mol^{-1}	-43.09	21.34	20.92	0
溶解过程	$Si_{(l)} = [Si]$	$V_{(s)} = [V]$	$Ti_{(s)} = [Ti]$	$\frac{1}{2}O_2 = [O]$
溶解热/J·mol^{-1}	-119.20	-15.48	-54.81	-117.1

表 8–1 中，方括号代表溶解状态，如［Al］表示溶于铁液中的铝；溶解热为零表明

溶解过程没有热效应，即形成溶液前后粒子间相互作用力没有变化。冶金过程中经常遇到溶液组元参加的化学反应，如金属熔体（高温条件下的溶液）内部的化学反应、熔体与炉渣及炉气之间的化学反应等。计算这类反应热效应时，需要知道溶解热的数据。

8.3.4.3 盖斯定律

A 盖斯定律的内容

盖斯定律的内容是：化学反应的热效应只取决于反应的始末状态，与过程的途径无关。

盖斯定律所指的热效应实际上就是恒压热和恒容热。根据热力学第一定律可知，恒压热 Q_p 与恒容热 Q_V 分别等于过程的 ΔH 与 ΔU。由于焓和内能都是状态函数，其变化值只取决于始末状态，而与过程的途径无关，所以热效应（Q_p 和 Q_V）也只取决于始末状态。盖斯定律实质上是热力学第一定律的推论。

氧化铁分解生成铁和氧可以通过两条不同的途径实现，如图 8-9 所示。

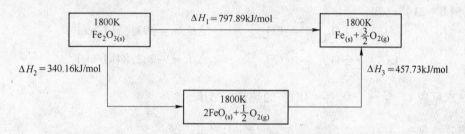

图 8-9 氧化铁分解生成铁和氧的途径

途径 1：氧化铁直接分解生成铁和氧气，热效应为 ΔH_1。

途径 2：氧化铁先分解生成氧化亚铁和氧气，氧化亚铁再分解生成铁和氧气，热效应分别为 ΔH_2 和 ΔH_3。

根据盖斯定律：$\Delta H_1 = \Delta H_2 + \Delta H_3$，知道其中任何两个反应的热效应，就可以确定第三个反应的热效应。由此看来，根据盖斯定律就可以由部分反应热效应的实验数据计算出一系列反应的热效应。这种间接计算的方法，对于确定那些由实验很难测定或无法测定的反应热效应来说尤其重要。

B 盖斯定律的应用

化学反应方程式进行数学运算的条件是：

（1）反应条件必须相等（温度、压力），聚集状态相同。

（2）方程式同乘以（或除以）某一数时，热效应必须乘以（或除以）此数。

【例 8-19】 已知 25℃时下列反应的热效应：

$$C + CO_2 = 2CO \qquad \Delta H_1 = 172.52 \text{kJ/mol} \qquad (1)$$

$$C + O_2 = CO_2 \qquad \Delta H_2 = -393.52 \text{kJ/mol} \qquad (2)$$

试求反应 $C + \dfrac{1}{2}O_2 = CO$ 在 25℃时的热效应 ΔH_3。

解： 由 $\dfrac{1}{2} \times ((1) + (2))$ 可得：

$$C + \frac{1}{2}O_2 =\!\!=\!\!= CO$$

$$\Delta H_3 = \frac{1}{2}(\Delta H_1 + \Delta H_2) = \frac{1}{2} \times (172.52 - 393.52) = -110.50 \text{kJ/mol}$$

【例 8 – 20】 已知 25℃时下列反应的热效应：

$$ZnS + 2O_2 =\!\!=\!\!= ZnSO_4 \qquad\qquad \Delta H_1 = -777.13 \text{kJ/mol} \qquad (1)$$

$$2ZnS + 3O_2 =\!\!=\!\!= 2ZnO + 2SO_2 \qquad \Delta H_2 = -886.68 \text{kJ/mol} \qquad (2)$$

$$2SO_2 + O_2 =\!\!=\!\!= 2SO_3 \qquad\qquad \Delta H_3 = -197.72 \text{kJ/mol} \qquad (3)$$

试求反应 $ZnO + SO_3 =\!\!=\!\!= ZnSO_4$ 在 25℃时的热效应 ΔH_4。

解： 由 $\frac{1}{2} \times [2 \times (1) - ((2) + (3))]$ 可得：

$$ZnO + SO_3 =\!\!=\!\!= ZnSO_4$$

$$\Delta H_4 = \frac{1}{2}[2 \times \Delta H_1 - (\Delta H_2 + \Delta H_3)] = -234.93 \text{kJ/mol}$$

【例 8 – 21】 已知：

$$C_{(石墨)} + O_{2(g)} =\!\!=\!\!= CO_{2(g)} \qquad\qquad \Delta H_1 = -393.35 \text{kJ/mol} \qquad (1)$$

$$CO_{(g)} + \frac{1}{2}O_{2(g)} =\!\!=\!\!= CO_{2(g)} \qquad\qquad \Delta H_2 = -282.84 \text{kJ/mol} \qquad (2)$$

试求反应 $C_{(石墨)} + \frac{1}{2}O_{2(g)} =\!\!=\!\!= CO_{(g)}$ 的热效应 ΔH_3。

解：

如图 8 – 10 所示，运用盖斯定律

$$\Delta H_1 = \Delta H_2 + \Delta H_3$$

得：$\Delta H_3 = \Delta H_1 - \Delta H_2 = -393.35 - (-282.84) = -110.46 \text{kJ/mol}$

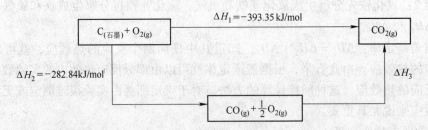

图 8 – 10　反应 $C_{(石墨)} + \frac{1}{2}O_{2(g)} =\!\!=\!\!= CO_{(g)}$ 热效应的计算示意图

【例 8 – 22】 已知 Fe_3O_4、CO、CO_2 的标准生成热，试求 Fe_3O_4 还原反应的热效应。

解： 　　　　$Fe_3O_{4(s)}$　　　 $+$　　 $4CO_{(g)}$　 $=\!\!=\!\!=$ $3Fe_{(s)}$ $+$　 $4CO_{2(g)}$

$\nu_i \Delta_f H_m^\ominus$ 　　　$1 \times (-1117.1)$　 $4 \times (-1117.1)$　　 3×0　 $4 \times (-1117.1)$

$$\Delta H_{298K}^\ominus = \sum (\nu_i \Delta_f H_{m(i,298K)}^\ominus 生成物) - \sum (\nu_i \Delta_f H_{m(i,298K)}^\ominus 反应物)$$

$$= 4 \times (-1117.1) + 3 \times 0 - 1 \times (-1117.1) - 1 \times (-1117.1) = -14.844 \text{kJ/mol}$$

【例 8 – 23】 在氧气顶吹转炉中，硅的氧化和成渣反应如下：

$$[Si] + O_{2(g)} + 2CaO_{(s)} =\!\!=\!\!= 2CaO \cdot SiO_{2(s)} \qquad (4)$$

试求 1600℃时的反应热效应。已知：

$$Si_{(1)} + O_{2(g)} \rule[0.5ex]{1.5em}{0.4pt} SiO_{2(s)} \qquad \Delta H_1 = -915.46\text{kJ/mol} \qquad (1)$$

$$Si_{(1)} \rule[0.5ex]{1.5em}{0.4pt} [\,Si\,] \qquad \Delta H_2 = -119.24\text{kJ/mol} \qquad (2)$$

$$SiO_{2(s)} + 2CaO_{(s)} \rule[0.5ex]{1.5em}{0.4pt} 2CaO \cdot SiO_{2(s)} \quad \Delta H_3 = -97.03\text{kJ/mol} \qquad (3)$$

解： 由(4) = (1) - (2) + (3)得：

$$\Delta H_{1873K} = \Delta H_1 - \Delta H_2 + \Delta H_3$$
$$= -915.46 - (-119.24) + (-97.03)$$
$$= -893.25\text{kJ/mol}$$

8.3.4.4　冶金过程热的计算

A　物质升降温过程热量的计算

a　温度由 T_1 变到 T_2，物质无相变

高温下比定压热容按前文所示公式计算：

$$c_{p,m} = a + bT + c'T^{-2}$$

则可推导出物质在等压升降温过程中吸收或放出的热量为：

$$\Delta H = Q_p = n\left[\, a(T_2 - T_1) + \frac{b}{2}(T_2^{\,2} - T_1^{\,2}) - c'(T_2^{\,-1} - T_1^{\,-1})\,\right]$$

【例 8-24】 试计算 1mol 石墨碳从 298K 升温至 1800K 所需的热量。

解： $\quad c_{p,m} = 17.15 + T - 879000\ T^{-2}$

$$Q_p = n\left[\, a(T_2 - T_1) + \frac{b}{2}(T_2^{\,2} - T_1^{\,2}) - c'(T_2^{\,-1} - T_1^{\,-1})\,\right]$$

$$= 1 \times \left[\, 17.15 \times (1800 - 298) + \frac{1}{2} \times 0.00427 \times (1800^2 - 298^2) - \right.$$

$$\left. (-879000) \times \left(\frac{1}{1800} - \frac{1}{298}\right)\,\right]$$

$$= 30025.8\text{J}$$

b　温度由 T_1 变到 T_2，物质有相变

如果 $n$mol 某固体物质温度由 T_1 变到 T_2 的过程中有相变，可采用分段计算。假设此过程中经过熔点 $T_{熔}$ 和沸点 $T_{沸}$，即：

$$T_1 \rightarrow T_{熔} \rightarrow T_{沸} \rightarrow T_2$$

则可按图 8-11 所示计算此过程的热量。

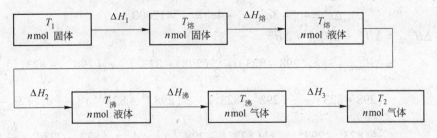

图 8-11　热量计算示意图

固体的比定压热容：$\qquad c_{p,m} = a_1 + b_1 T + c'_1 T^{-2}$

液体的比定压热容：
$$c_{p,m} = a_2 + b_2 T + c_2' T^{-2}$$
气体的比定压热容：
$$c_{p,m} = a_3 + b_3 T + c_3' T^{-2}$$

$$\Delta H = \Delta H_1 + \Delta H_{熔} + \Delta H_2 + \Delta H_{沸} + \Delta H_3$$

$$= n \left\{ \left[a_1 (T_{熔} - T_1) + \frac{b_1}{2} (T_{熔}^2 - T_1^2) - c_1' (T_{熔}^{-1} - T_1^{-1}) \right] + \Delta H_{熔} + \right.$$

$$\left[a_2 (T_{沸} - T_{熔}) + \frac{b_2}{2} (T_{沸}^2 - T_{熔}^2) - c_2' (T_{沸}^{-1} - T_{熔}^{-1}) \right] + \Delta H_{沸} +$$

$$\left. \left[a_3 (T_2 - T_{沸}) + \frac{b_3}{2} (T_2^2 - T_{沸}^2) - c_3' (T_2^{-1} - T_{沸}^{-1}) \right] \right\}$$

B　化学反应热效应与温度的关系

以高炉上部区域(823K)氧化铁的还原反应为例,计算其热效应,如图 8 – 12 所示。

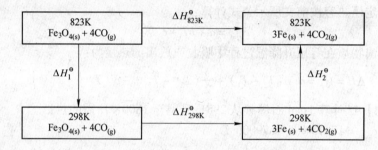

图 8 – 12　化学反应热效应计算示意图

查表得:

Fe$_3$O$_{4(s)}$　　　　$c_{p,m} = 91.54 + 0.2017 T$

CO$_{(g)}$　　　　　$c_{p,m} = 27.6 + 0.00502 T$

Fe$_{(s)}$　　　　　$c_{p,m} = 17.28 + 0.02699 T$

CO$_{2(g)}$　　　　$c_{p,m} = 44.14 + 0.00904 T - 853000 T^{-1}$

令:　　　　　　$a_1 = 91.54, \quad b_1 = 0.2017, \quad c_1' = 0$

　　　　　　　$a_2 = 27.6, \quad b_2 = 0.00502, \quad c_2' = 0$

　　　　　　　$a_3 = 17.28, \quad b_3 = 0.02699, \quad c_3' = 0$

　　　　　　　$a_4 = 44.14, \quad b_4 = 0.00904, \quad c_4' = -853000$

　　　　　　　$\Delta a = 4a_4 + 3a_3 - a_1 - 4a_2 = 26.46$

　　　　　　　$\Delta b = 4b_4 + 3b_3 - b_1 - 4b_2 = 0.10465$

　　　　　　　$\Delta c' = 4c_4' + 3c_3' - c_1' - 4c_2' = -3412000$

则:　$\Delta H_{823K}^{\ominus} = \Delta H_1^{\ominus} + \Delta H_{298K}^{\ominus} + \Delta H_2^{\ominus}$

$$= \Delta H_{298K}^{\ominus} + 3 \left[a_3 (298 - 823) + \frac{b_3}{2} (298^2 - 823^2) - c_3' (298^{-1} - 823^{-1}) \right] + 4 \left[a_4 \right.$$

$$(298 - 823) + \frac{b_4}{2} (298^2 - 823^2) - c_4' (298^{-1} - 823^{-1}) \right] - \left[a_1 (823 - 298) + \right.$$

$$\frac{b_1}{2} (823^2 - 298^2) - c_1' (823^{-1} - 298^{-1}) \right] - 4 \left[a_2 (823 - 298) + \frac{b_2}{2} (823^2 - \right.$$

$$\left. 298^2) - c_2' (823^{-1} - 298^{-1}) \right]$$

$$= \Delta H_{298K}^{\ominus} + \left[\Delta a (823 - 298) + \frac{\Delta b}{2} (823^2 - 298^2) - \Delta c' (823^{-1} - 298^{-1}) \right]$$

$$= -22538.21J/mol$$

根据状态函数的特点，反应物自 823K 可以直接还原成为 823K 的生成物；也可以先降温至 298K，在室温下进行化学反应得到产物，最后再升温至 823K。这两条途径虽然不相同，但是始态（823K 的反应物）与终态（823K 的生成物）一致，且焓是状态函数，则其变化量由始、终状态确定而与途径无关。

可总结为公式：

$$\Delta H_{TK}^{\ominus} = \Delta H_{298K}^{\ominus} + \left[\Delta a(T - 298) + \frac{\Delta b}{2}(T^2 - 298^2) - \Delta c'(T^{-1} - 298^{-1}) \right] \quad (8 - 21)$$

注意：利用式（8 - 21）计算时，参加反应的各物质在 298 ~ T K 间均不发生相变。在升温过程中，若存在某种物质（反应物或生成物）发生相变的情况，就要求在计算反应热效应时将相变热计入。

习　题

8 - 1　某一干电池做电功 120J，同时放热 30J，试求其热力学能的变化。

8 - 2　1mol 水在 373K 和 101325Pa 的压力下汽化，试求该过程功、热、内能的变化值。

8 - 3　1mol 理想气体在恒压下升温 5℃，试求环境与气体交换的功。

8 - 4　2mol O_2 在 298K 时从 101kPa 等温可逆压缩到 505kPa，试求功、热、内能的变化值。

8 - 5　某电炉炼钢在熔化期欲将 10t 的废钢从 25℃ 加热到 1600℃，需要吸收多少热？已知：废钢的熔化温度为 1500℃，钢水的平均比热容为 0.84J/(K·kg)，废钢的熔化热为 271.96kJ/kg，固体废钢的平均比热容为 0.7J/(K·kg)。

8 - 6　已知 25℃ 时下列反应的热效应：

$$C + CO_2 \stackrel{}{=\!=\!=} 2CO \qquad \Delta H_1 = 172.52kJ/mol$$
$$C + O_2 \stackrel{}{=\!=\!=} CO_2 \qquad \Delta H_2 = -393.52kJ/mol$$

试求反应 $C + \frac{1}{2}O_2 \stackrel{}{=\!=\!=} CO$ 在 25℃ 时的热效应。

8 - 7　已知 25℃ 时下列反应的热效应：

$$ZnS + 2O_2 \stackrel{}{=\!=\!=} ZnSO_4 \qquad \Delta H_1 = -777.13kJ/mol$$
$$2ZnS + 3O_2 \stackrel{}{=\!=\!=} 2ZnO + 2SO_2 \qquad \Delta H_2 = -886.68kJ/mol$$
$$2SO_2 + O_2 \stackrel{}{=\!=\!=} 2SO_3 \qquad \Delta H_3 = -197.72kJ/mol$$

试求反应 $ZnO + SO_3 \stackrel{}{=\!=\!=} ZnSO_4$ 在 25℃ 时的热效应 ΔH_4。

8 - 8　已知：

$$C_{(石墨)} + O_{2(g)} \stackrel{}{=\!=\!=} CO_{2(g)} \qquad \Delta H_1 = -393.35kJ/mol \qquad (1)$$
$$CO_{(g)} + \frac{1}{2}O_{2(g)} \stackrel{}{=\!=\!=} CO_{2(g)} \qquad \Delta H_2 = -282.84kJ/mol \qquad (2)$$

试求：
$$C_{(石墨)} + \frac{1}{2}O_{2(g)} \stackrel{}{=\!=\!=} CO_{(g)} \qquad \Delta H_3 = ? \qquad (3)$$

8 - 9　已知：$Fe_3O_{4(s)} + 4CO_{(g)} \stackrel{}{=\!=\!=} 3Fe_{(s)} + 4CO_{2(g)}$ 　　$\Delta H_{298K}^{\ominus} = -14.844kJ/mol$

$$Fe_3O_{4(s)} \qquad c_{p,m} = 91.54 + 0.2017T$$
$$CO_{(g)} \qquad c_{p,m} = 27.6 + 0.00502T$$
$$Fe_{(s)} \qquad c_{p,m} = 17.28 + 0.02699T$$
$$CO_{2(g)} \qquad c_{p,m} = 44.14 + 0.00904T - 853000T^{-1}$$

试求：1600℃ 时的反应热效应。

9　冶金过程的方向和限度

9.1　自发过程的方向与限度

　　自然界发生的一切过程都遵守热力学第一定律，但是，许多过程虽然不违背热力学第一定律，却不能实现。例如，室内放一杯水，其温度与室温相等。水自动从环境吸热而使水温上升，环境温度下降，这是不可想象的事，是不可能发生的。然而，这个过程如果发生也不违背热力学第一定律，因为体系吸收的热等于环境放出的热，能量仍然守恒。可见，仅有热力学第一定律还不能解决过程能否自动发生的问题。这个问题要由热力学第二定律来解决。在指定的温度、压力和浓度等条件下，在所讨论的体系中过程能否自动发生，最后达到什么限度，这是热力学第二定律要解决的中心问题。

　　通过下面几个例子可以看出自发过程的方向以及它们达到的限度：

　　（1）两块温度不同的铁块相接触，热必然自动地从高温铁块向低温铁块传递，直至两铁块的温度相等为止。

　　（2）将装有某种气体的两容器连通，气体必然自动地从压力较大的容器向压力较小的容器扩散，直至两容器的气体压力相等为止。

　　（3）在 1173K、1atm（101325Pa）条件下，若使 CO_2 气体与固体碳接触，则必然自动发生化学反应：$C + CO_2 = 2CO$。如果碳量足够多，则反应能进行到气体中 CO 含量为 97%、CO_2 含量还剩下 3% 为止。

　　以上各例都是在指定条件下能够自动发生的过程。自发过程（能自动发生的过程的简称）是指无需外力作用就能发生的过程。自发过程不但不需要外功，而且在适当的设置下，过程进行时还能对外做功。例如，可以利用热自动从高温物体向低温物体传递这个自发过程制成热机来做功，可以利用自发的化学反应制成电池来产生电能。也就是说，自发过程都有对外做功的能力。

　　从类似上述的大量事实可以看出，在一定条件下，自发过程都有一定的方向和限度。温度相等是热传导的限度，压力相等是气体流动的限度。在 1173K、1atm 条件下，当气体中含 CO 97%、CO_2 3% 时，化学反应 $C + CO_2 = 2CO$ 就达到了限度。过程达到限度，也就是体系达到了平衡状态。平衡状态是指在一定条件下，从宏观来看，浓度、压力等性质均不随时间而改变的热力学状态。体系处于平衡状态时实际过程并没有停止，只是正、逆反应速度相等而已。

　　由上述可以得出这样的结论：自发过程都向建立平衡状态的方向进行，并且都是不会自动逆向的。简单地说，自发过程都是不可逆过程。这是自发过程的共同特性。

　　应当说明的是，虽然自发过程都是不可逆过程，但并不意味它们的逆过程根本不能发生。借助于外力可以使自发过程逆向进行。例如，用冷冻机可以使低温物体进一步冷却，把热传递到高温物体中去；可以用抽气机从低压容器中把气体抽到压力较高的容器中去。这些过程都要有外力帮助才能发生，都不是自发的。

　　在实际生产与科研中，自发过程的方向和限度是一个很重要的问题。用碳还原各种金属氧化物而得到金属是冶炼方法之一。在铁氧化物能开始还原的温度下，氧化铝就不能还原。也就是说，在该温度下，碳还原铁氧化物的反应是自发的，而还原氧化铝的反应则是不自发的，其要在高得多的温度下才能自发进行。在科研中如何控制温度、压力、浓度等条件，使所需要的反应能够自动发生，而使不希望进行的反应不能发生，这显然是很重要的问题。在一定条件下，如果确定了平衡状态，就能求得该条件下最多能有多少反应物变为产物。例如，可以确定在炼钢的不同时期，硫、磷等杂质能去除到什么程度；在一定条件下，一定量的 H_2 和 N_2 混合最多能生成多少 NH_3 等问题。

通过上述例子可知，热传导的方向可由温度差确定，气体流动的方向可由压力差确定。在确定化学反应和相变过程的方向以及判断这些过程自发进行的方向和限度方面，人们做了大量工作，也提出了一些判据。例如，19 世纪曾一度认为可以用焓变 ΔH 作为化学反应方向的判据。该判据的内容是如果焓变 ΔH 为负值，即反应的恒压热效应为负值（放热），则反应能自发进行。后来通过研究可知，单独用 ΔH 作为判据是不全面的，有时结论与事实不相符合。因为在有的条件下，吸热反应也可以自发进行。只有在热力学第二定律确定了熵函数的存在，并确定了熵变与自发过程方向和限度的关系之后，过程自发进行的判据问题才逐步得到解决。

应当指出，已根据热力学第二定律确定为不能自动发生的反应，在该条件下肯定是不能自动发生的。可是，已确定能自发的反应究竟以多大速度进行，进行的具体步骤如何，热力学第二定律则不能解决。这是反应速度、反应机理的问题，将在第 12 章中加以讨论。

9.2 热力学第二定律

自从 19 世纪蒸汽机发明后，为了提高热机的工作效率，曾进行了大量的研究工作。热力学第二定律就是在这些研究工作的基础上发展起来的。与热力学第一定律一样，热力学第二定律也是人类长期经验的总结，其正确性只能由实践来检验。热力学第二定律有许多种表述，各种表述之间存在着密切的内在联系，都是等价的，从一种说法可以推出另一种说法。其中两种经典表述如下：

（1）克劳修斯（Clausius）表述：不可能把热从低温物体传到高温物体，而不引起其他变化。

（2）开尔文（Kelvin）表述：不可能从单一热源吸热，使之完全转变为功，而不引起其他变化。

开尔文表述也可以表达为：第二种永动机是不可能造成的。

所谓第二种永动机，就是指能从单一热源吸热，使之完全转变为功而不产生其他变化的机器。这种机器如能造成，就可以从空气、海洋等大热源中不断吸热做功，获得取之不尽、用之不竭的能量，其效果与第一种永动机（不需要任何能量就能永远运行下去的机器）差不多。为了与第一种永动机相区别，称这种机器为第二种永动机。无数事实证明，这种永动机是不可能制得的。然而这种永动机并不违背热力学第一定律，所以说，热力学第二定律的开尔文表述是从无数次失败的教训中总结出来的。

热力学第二定律这两种表述的等价性可以用反证法来证明。首先证明若克劳修斯表述不成立，则开尔文表述也不能成立。假定克劳修斯表述不成立，则热量 Q_2 能够从温度为 T_2 的低温热源自动传给温度为 T_1 的高温热源。现使一个热机在温度为 T_1 和 T_2 的两个热源之间工作，并使它传给低温热源的热恰好等于 Q_2，然后再使 Q_2 从低温热源传到高温热源。这样在循环过程终了时所产生的总结果是：此热机从单一热源（温度为 T_1）吸取了 $Q_1 - Q_2$ 的热，使之完全转变为功而不引起其他变化。这是违反开尔文表述的。

同样可以证明，若开尔文表述不成立，则克劳修斯表述也不成立。这里证明从略。

可以推证，"自发过程都是不可逆过程"的问题可以归结为"不可能从单一热源吸热，使之完全转变为功而不引起其他变化"的问题。例如，气体向真空膨胀是一个自发过程，过程中 $Q=0$、$W=0$、$\Delta U=0$，如用活塞恒温、恒压压缩，则可以使气体恢复原状。但其结果是环境付出了功，并且储热器（也是环境的一部分）得到了热，即体系恢复原状的代价是环境发生了功转为热的变化。要使环境也恢复原状，则必须能从单一热源（储热器）中取出热，使之完全转变为功，然后利用此功把压缩活塞的重物举到原来的高度，而且还不引起其他变化。倘若这是可能的，则环境和体系就都恢复原状了，真空膨胀过程也就是可逆的了。根据开尔文表述，这是不可能的。由此可见，气体真空膨胀是不可逆过程。通过类似上述的讨论可以得出结论："自发过程都是不可逆过程"。因为自发过程发生后，要使过程逆向进行，使体系恢复原状，则必然会给环境留下功变为热或热从高温物体传到低温物体的变化。根据热力学第二定律的基本说法，留给环境的这些变化所产生的痕迹是无法完全消失的。

既然自发过程具有不可逆性（即方向性）的问题都可归结为热功转变有限度的问题，那么就有可能通过对热功转变限度的研究，找出一定条件下自发过程方向与限度的判据。

9.3　自由能

自由能可分为亥姆霍兹自由能（定容）和吉布斯自由能（定压）。

9.3.1　亥姆霍兹自由能

9.3.1.1　亥姆霍兹自由能及其导出

将热力学第一定律数学式用于可逆过程，得：

$$dU = dQ_R - dW_M \tag{9-1}$$

把 $dQ_R = TdS$ 代入式（9-1）得：

$$dU = TdS - dW_M \tag{9-2}$$

式中　Q_R——体系从环境吸收的热量；

　　　W_M——体系对环境所做膨胀功的最大值。

对于恒温过程，由式（9-1）和式（9-2）整理可得：

$$-d(U - TS) = dW_M$$

等号左侧括号中 U、T 和 S 都是体系的状态函数，在一定状态下具有一定值，所以，$U - TS$ 在一定状态下也必然具有一定值，即 $U - TS$ 也是体系的状态函数。定义这个状态函数为 F，即：

$$F = U - TS \tag{9-3}$$

则：

$$-dF_T = dW_M \quad \text{或} \quad \Delta F_T = -\Delta W_M \tag{9-4}$$

F 即称为亥姆霍兹自由能。亥姆霍兹自由能是体系的状态函数，是体系的一种性质，其单位为 J/mol。由式（9 -4）可以看出，恒温过程中体系亥姆霍兹自由能的减少等于体系所做的最大功。因此，亥姆霍兹自由能可以理解为恒温条件下体系可以用来做功的能量，或者说其代表恒温条件下体系的做功能力。

9.3.1.2　亥姆霍兹自由能变化作为恒温、恒容过程自发进行与平衡的判据

根据热力学第一定律：

$$dQ = dU + pdV + dW' \tag{9-5}$$

对于恒温、恒容、不做非膨胀功的不可逆过程来说，$TdS = d(TS)$，$pdV = 0$，$dW' = 0$，代入上式得：

$$dQ = dU = d(F + TS) = dF + d(TS) = dF + TdS \tag{9-6}$$

由于不可逆过程：$\qquad\qquad TdS > dQ$

整理得：$\qquad\qquad dF_{T,V} < 0 \quad$ 或 $\quad \Delta F_{T,V} < 0$

式中，下角标表示恒温、恒容过程。由上式可知，此不可逆过程不做非膨胀功，也不做膨胀功。环境不对体系做功的不可逆过程只能是自发过程，因此，上式就是恒温、恒容过程能否自发进行的判据。在恒温、恒容条件下，如果不可逆过程的 $\Delta F_{T,V} < 0$，即末态的亥姆霍兹自由能小于初态的亥姆霍兹自由能，则从初态变到末态是自发进行的；或者说，在恒温、恒容条件下，自发过程是向亥姆霍兹自由能减小的方向进行的。亥姆霍兹自由能达到极小值时，过程就达到限度，此时体系处于平衡状态。由数学知识可知，亥姆霍兹自由能具有极小值的条件是 $dF = 0$ 或 $\Delta F = 0$，故得：

$$\Delta F_{T,V} \underset{\text{平衡}}{\overset{\text{自发}}{\lessgtr}} 0 \tag{9-7}$$

9.3.2　吉布斯自由能

9.3.2.1　吉布斯自由能及其导出

对于恒温、恒压过程，由于

$$dU = dQ_R - dW_M - dW'_M \tag{9-8}$$

$$dQ_R = TdS \tag{9-9}$$

则：$\qquad\qquad dU = TdS - pdV - dW'_M$

式中　W'_M——体系对环境所做非膨胀功的最大值。

可写为：

$$-d(U + pV - TS) = dW'_M$$

等号左侧括号中 U、T、S、p、V 都是状态函数，所以，$U + pV - TS$ 也必定是状态函数。定义这个状态函数为 G，即：

$$G = U + pV - TS \tag{9-10}$$

G 称为吉布斯自由能。吉布斯自由能也是体系的状态函数，是体系的一种性质，其单位为 J/mol。

将 $G = U + pV - TS$ 代入上式，得：

$$- dG = dW'_M$$

上式说明，在恒温、恒压过程中，体系吉布斯自由能的减少等于体系所能做的最大非膨胀功。因此，吉布斯自由能可理解为恒温、恒压条件下体系可以用来做非膨胀功的能量，或者说，吉布斯自由能代表恒温、恒压条件下体系做非膨胀功的能力。

9.3.2.2　吉布斯自由能变化作为恒温、恒压过程自发进行与平衡的判据

对于恒温、恒压、不做非膨胀功的不可逆过程来说，因为 $pdV = d(pV)$、$TdS = d(TS)$、$dW' = 0$，所以：

$$TdS > dQ = dU + pdV + dW'_M$$

整理后得：

$$d(U + pV - TS)_{T,p} < 0 \quad 或 \quad \Delta(U + pV - TS)_{T,p} < 0 \tag{9-11}$$

式（9-11）的下角标表示恒温、恒压过程。不可逆过程是无需环境对体系做非膨胀功的不可逆过程。在恒温、恒压下，无需非膨胀功就能够发生的不可逆过程也就是自发过程。因此，式（9-11）也就是恒温、恒压过程能否自发进行的判据，即：

$$\Delta G_{T,p} \underset{平衡}{\overset{自发}{\lessgtr}} 0 \tag{9-12}$$

式（9-12）说明，在恒温、恒压条件下，如果 $\Delta G < 0$，即末态的吉布斯自由能小于初态的吉布斯自由能，则从初态变到末态是自发进行的；或者说，在恒温、恒压的条件下，自发过程是向着吉布斯自由能减小的方向进行的。当吉布斯自由能达到极小值，即 $\Delta G = 0$时，过程就达到限度，或者说体系就达到平衡状态。以上所述称为最小吉布斯自由能原理，在生产、科研中遇到的化学变化及相变过程大多是恒温、恒压过程，因此，最小吉布斯自由能原理应用最广。

9.3.3　吉布斯自由能变化与亥姆霍兹自由能变化的计算

因为焓和内能的绝对值不能求得，所以吉布斯自由能和亥姆霍兹自由能的绝对值也不能求得。然而在进行热力学计算时，实际所需数据是这些函数在过程中的变化，所以只要算出 ΔF 和 ΔG 即可。

从定义式 $G = U + pV - TS = H - TS$ 和 $F = U - TS$ 出发，可得到计算吉布斯自由能变化和亥姆霍兹自由能变化的基本公式：

$$\Delta G = \Delta U + \Delta(pV) - \Delta(TS) = \Delta H - \Delta(TS) \tag{9-13}$$

$$\Delta F = \Delta U - T\Delta S \tag{9-14}$$

9.3.4　吉布斯自由能的计算

9.3.4.1　标准生成吉布斯自由能

在标准状态下，由稳定单质生成 1mol 化合物时的吉布斯自由能变化称为该化合物的标准生成吉布斯自由能，以符号 $\Delta_f G_m^\ominus$ 表示，单位为 J/mol 或 kJ/mol。稳定单质的标准生成吉布斯自由能规定为零。

有气体参与的反应，规定 $p_{气} = 101325Pa$ 时的状态为气体物质的标准状态；只有固体和液体参与的反应，规定在 101325Pa 条件下的纯物质为其标准状态。冶金过程中，钢铁

液中的物质以含量为 1% 时为标准状态，炉渣中的物质以纯物质为标准状态，钢铁液中的铁为纯物质。

因吉布斯自由能是状态函数，故可以用类似于由标准生成热计算反应热的方法来计算反应的标准吉布斯自由能变化，所用公式为：

$$\Delta G_T^{\ominus} = \sum (\nu_i \Delta_f G_{m(i,T)生成物}^{\ominus}) - \sum (\nu_i \Delta_f G_{m(i,T)反应物}^{\ominus}) \qquad (9-15)$$

也就是说，反应的标准吉布斯自由能变化等于生成物的标准生成吉布斯自由能之和减去反应物的标准生成吉布斯自由能之和。计算时应注意单位，特别是化学计量数应与反应式相符合，所用数据中，有关物质的聚集状态（如气态、液态、固态、晶型）也应与反应式相符合。许多化合物的标准生成吉布斯自由能已由实验求出或由其他数据算出，列于表中，可从有关手册查得。

【例 9 - 1】 试分析在 1000K、常压条件下，下列 TiO_2 氯化成 $TiCl_4$ 的两个反应哪个是可行的：

$$TiO_{2(s)} + 2Cl_2 =\!=\!= TiCl_{4(g)} + O_2 \qquad (1)$$

$$TiO_{2(s)} + 2C + 2Cl_2 =\!=\!= TiCl_{4(g)} + 2CO \qquad (2)$$

已知：1000K 时，TiO_2、$TiCl_4$ 和 CO 的 $\Delta_f G_m^{\ominus}$ 分别为 -764400J/mol、-637600J/mol 和 -200200J/mol。

解：对反应（1）：

$$\Delta G_1^{\ominus} = \Delta G_{TiCl_4}^{\ominus} - \Delta G_{TiO_2}^{\ominus} = -637600 - (-764400) = 126800 \text{J/mol}$$

对反应（2）：

$$\Delta G_2^{\ominus} = \Delta G_{TiCl_4}^{\ominus} + 2\Delta G_{CO}^{\ominus} - \Delta G_{TiO_2}^{\ominus}$$

$$= -637600 + 2 \times (-200200) - (-764400) = -273600 \text{J/mol}$$

由计算结果可以看出，对反应（1），因 $\Delta G_1^{\ominus}$ 是一个很大的正数，所以在常压下反应不能自发进行；对反应（2），因 $\Delta G_2^{\ominus} < 0$ 且绝对值很大，所以在常压下反应能自发进行。

【例 9 - 2】 判断 $CaCO_{3(s)}$ 在 298K 标准状态下是否能分解？

解：

$$CaCO_{3(s)} =\!=\!= CaO_{(s)} + CO_{2(g)}$$

$$\Delta_f G_m^{\ominus}(CaCO_3, s) = -1128.75 \text{kJ/mol}$$

$$\Delta_f G_m^{\ominus}(CaO, s) = -604.2 \text{kJ/mol}$$

$$\Delta_f G_m^{\ominus}(CO_2, g) = -394.38 \text{kJ/mol}$$

$$\Delta G^{\ominus} = \Delta_f G_m^{\ominus}(CaO, s) + \Delta_f G_m^{\ominus}(CO_2, g) - \Delta_f G_m^{\ominus}(CaCO_3, s)$$

$$= 1 \times (-604.2 - 394.38) + 1128.75$$

$$= 130.17 \text{kJ/mol}$$

由此可知，$CaCO_{3(s)}$ 在 298K 标准状态下不能分解。

9.3.4.2　近似熵法

根据式（9 - 13）：

$$\Delta G_{(298K)}^{\ominus} = \Delta H_{(298K)}^{\ominus} - T\Delta S_{(298K)}^{\ominus}$$

反应的标准摩尔熵变按下式计算：

$$\Delta S_{(298K)}^{\ominus} = \sum (\nu_i S_{m(i,T)生成物}^{\ominus}) - \sum (\nu_i S_{m(i,T)反应物}^{\ominus})$$

式中　$S_m^\ominus$——标准摩尔绝对熵，$J/(K \cdot mol)$。

【例 9 – 3】试求反应 $CO_{(g)} + H_2O_{(g)} = CO_{2(g)} + H_{2(g)}$ 在 1000K 下的 $\Delta G^\ominus$，并判断标准状态下该反应的方向。

解：
$$\Delta G_T^\ominus = \Delta H_{(298K)}^\ominus - T\Delta S_{(298K)}^\ominus$$

$$\Delta H_{(298K)}^\ominus = \sum(\nu_i \Delta_f H_{m(i,T)生成物}^\ominus) - \sum(\nu_i \Delta_f H_{m(i,T)反应物}^\ominus)$$

	$CO_{(g)}$	+	$H_2O_{(g)}$	=	$CO_{2(g)}$	+	$H_{2(g)}$
$\Delta_f H_m^\ominus/kJ \cdot mol^{-1}$	– 110. 525		– 241. 825		– 393. 511		0
$S_m^\ominus/J \cdot (K \cdot mol)^{-1}$	197. 907		188. 723		213. 65		130. 586

$$\Delta H_{(298K)}^\ominus = [1 \times (-393.511) - 1 \times (-110.525) - 1 \times (-241.825)] = -41161 J/mol$$

$$\Delta S_{(298K)}^\ominus = (1 \times 213.65 + 1 \times 130.586 - 1 \times 197.907 - 1 \times 188.723)$$
$$= -42.394 J/(K \cdot mol)$$

$$\Delta G_{(1600K)}^\ominus = \Delta H_{(298K)}^\ominus - T\Delta S_{(298K)}^\ominus$$
$$= [-41161 - 1000 \times (-42.394)] = 1233 J/mol$$

9.3.4.3　线性方程法

各种反应的 $\Delta G^\ominus$ 与 T 在一定条件下成线性关系，即：
$$\Delta G_T^\ominus = A + BT$$

式中，A、B 可查表获得。

【例 9 – 4】试求反应 $CO_{(g)} + H_2O_{(g)} = CO_{2(g)} + H_{2(g)}$ 在 1600K 下的 $\Delta G^\ominus$。

解：查表可得：

$$C_{(s)} + O_{2(g)} = CO_{2(g)} \qquad \Delta G_1^\ominus = -394100 - 0.84T \qquad (1)$$

$$2C_{(s)} + O_{2(g)} = 2CO_{(g)} \qquad \Delta G_2^\ominus = -223400 - 175.31T \qquad (2)$$

$$2H_{2(s)} + O_{2(g)} = 2H_2O_{(g)} \qquad \Delta G_3^\ominus = -493700 - 109.9T \qquad (3)$$

由 $(1) - \dfrac{1}{2} \times (2) - \dfrac{1}{2} \times (3)$ 得：

$$\Delta G^\ominus = \Delta G_1^\ominus - \frac{1}{2}\Delta G_2^\ominus - \frac{1}{2}\Delta G_3^\ominus$$
$$= -35550 + 31.865T$$
$$= 15522 J/mol$$

【例 9 – 5】试求反应 $[Mn] + [O] = MnO_{(s)}$ 在 1600℃ 下的 $\Delta G^\ominus$。

解：查表可得：

$$Mn_{(1)} = [Mn] \qquad \Delta G_1^\ominus = -38.12T \qquad (1)$$

$$\frac{1}{2}O_{2(g)} = [O] \qquad \Delta G_2^\ominus = -117152 - 2.89T \qquad (2)$$

$$2Mn_{(1)} + O_{2(g)} = 2MnO_{(s)} \qquad \Delta G_3^\ominus = -798360 + 164.2T \qquad (3)$$

由 $-(1) - (2) + \dfrac{1}{2} \times (3)$ 得：

$$\Delta G^\ominus = -\Delta G_1^\ominus - \Delta G_2^\ominus + \frac{1}{2}\Delta G_3^\ominus = -282036.12 - 123.11T = -512621.15 J/mol$$

9.3.5 压力、浓度对吉布斯自由能的影响

9.3.5.1 压力对吉布斯自由能的影响

有气体存在的时候，以气体的分压力为101325Pa为其标准状态。

冶金过程中，CO、CO_2、H_2、O_2等的分压力不为101325Pa。气体分压力与G_i的关系为：

$$G_i = G_{i(T)}^{\ominus} + RT \ln(p_i/p^{\ominus}) \qquad (9-16)$$

式中　G_i——1mol气体i在温度T下，实际分压力为p_i的吉布斯自由能；

$\quad G_{i(T)}^{\ominus}$——1mol气体i在温度T下，实际分压力为$p^{\ominus}$的吉布斯自由能；

$\quad p_i$——气体的实际分压力；

$\quad p^{\ominus}$——标准状态下气体的分压力。

例如：

1mol CO的吉布斯自由能　$G_{CO} = G_{CO(T)}^{\ominus} + RT\ln(p_{CO}/p^{\ominus})$

1mol CO_2的吉布斯自由能　$G_{CO_2} = G_{CO_2(T)}^{\ominus} + RT\ln(p_{CO_2}/p^{\ominus})$

9.3.5.2 浓度对吉布斯自由能的影响

炼铁、炼钢过程中金属液含有［C］、［Si］、［Mn］、［S］、［P］等物质，以其含量为1%时为标准状态。实际炼铁、炼钢过程中这些物质均为非标准状态，按下式计算其吉布斯自由能：

$$G_i = G_{i(T)}^{\ominus} + RT\ln w[i]_\% \qquad (9-17)$$

式中　G_i——铁液、钢液中元素i在温度T下的吉布斯自由能；

$\quad G_{i(T)}^{\ominus}$——铁液、钢液中元素i在温度T下的标准吉布斯自由能；

$\quad w[i]_\%$——铁液、钢液中元素i的质量百分数。

对于［C］、［Si］、［Mn］、［S］、［P］，其吉布斯自由能计算如下：

$$G_C = G_{C(T)}^{\ominus} + RT\ln w[C]_\%$$

$$G_{Si} = G_{Si(T)}^{\ominus} + RT\ln w[Si]_\%$$

$$G_{Mn} = G_{Mn(T)}^{\ominus} + RT\ln w[Mn]_\%$$

$$G_S = G_{S(T)}^{\ominus} + RT\ln w[S]_\%$$

$$G_P = G_{P(T)}^{\ominus} + RT\ln w[P]_\%$$

钢铁溶液中的铁可看作纯物质，即：

$$G_{Fe} = G_{Fe(T)}^{\ominus} \qquad (9-18)$$

炉渣中含有（FeO）、（Fe_2O_3）、（MnO）、（SiO_2）、（P_2O_5）、（MgO）、（CaO）等，其吉布斯自由能计算如下：

$$G_i = G_{i(T)}^{\ominus} + RT\ln x_i \qquad (9-19)$$

式中　G_i——熔渣中组元i在温度T下的吉布斯自由能；

$\quad G_{i(T)}^{\ominus}$——熔渣中组元i在温度T下的标准吉布斯自由能；

$\quad x_i$——熔渣中组元i的摩尔分数，$x_i = n_i/\sum n$。

9.4　多相化学反应的等温方程式

9.4.1　平衡常数

设有一物质间的反应：

$$aA + bB = cC + dD \qquad (9-20)$$

式中，A、B、C、D 均为物质分子；a、b、c、d 分别为分子 A、B、C、D 的化学计量数。

由实验可得平衡时各物质的浓度之间有如下关系：

$$K = \frac{c_D^d c_C^c}{c_A^a c_B^b} \qquad (9-21)$$

式中　　　K——平衡常数；

c_A, c_B, c_C, c_D——反应达平衡时各物质的浓度。

平衡常数为温度的函数，与各物质的分压无关。式（9-21）称为质量作用定律或化学平衡定律。此定律表明化学反应达到平衡时各反应物和生成物浓度之间的关系。

如果参与反应的物质为气体，则用气体的分压力表示，其中：

$$c = \frac{p_i}{p^{\ominus}} \qquad (9-22)$$

如果参与反应的物质为纯固体、纯液体，则 $c=1$。

如果参与反应的物质为钢液、铁液中的物质，则 $c = w[i]_\%$。例如钢液中的碳浓度为 0.45%，则 $c_C = w[C]_\% = 0.45$。

如果参与反应的物质为炉渣中的物质，则 $c = x_i$。例如炉渣中的 FeO 浓度为 0.95，则 $c_{FeO} = x_{FeO} = 0.95$。

9.4.2　化学反应等温方程式的应用

9.4.2.1　化学反应等温方程式

质量作用定律表示反应达平衡时，参加反应的各物质分压之间的关系。本节讨论化学反应在恒温、恒压下自发进行的方向，为此，应当首先求出反应的吉布斯自由能变化。现设理想气体反应为：

$$aA + bB = cC + dD$$

该反应的等温方程式为：

$$\Delta G = (cG_C^{\ominus} + dG_D^{\ominus} - aG_A^{\ominus} - bG_B^{\ominus}) + RT\ln \frac{\left(\dfrac{p_C'}{p^{\ominus}}\right)^c \left(\dfrac{p_D'}{p^{\ominus}}\right)^d}{\left(\dfrac{p_A'}{p^{\ominus}}\right)^a \left(\dfrac{p_B'}{p^{\ominus}}\right)^b} \qquad (9-23)$$

根据下式：

$$\Delta G^{\ominus} = -RT\ln K \qquad (9-24)$$

所以有：

$$\Delta G = -RT\ln K + RT\ln \frac{\left(\dfrac{p_C'}{p^{\ominus}}\right)^c \left(\dfrac{p_D'}{p^{\ominus}}\right)^d}{\left(\dfrac{p_A'}{p^{\ominus}}\right)^a \left(\dfrac{p_B'}{p^{\ominus}}\right)^b} \qquad (9-25)$$

令 $J = \dfrac{\left(\dfrac{p'_C}{p^\ominus}\right)^c \left(\dfrac{p'_D}{p^\ominus}\right)^d}{\left(\dfrac{p'_A}{p^\ominus}\right)^a \left(\dfrac{p'_B}{p^\ominus}\right)^b}$，则：

$$\Delta G = -RT\ln K + RT\ln J \qquad\qquad (9-26)$$

式中，J 称为压力（浓度）商。

压力、浓度对吉布斯自由能变化同时影响，例如：

$$[C] + [O] = CO_{(g)}$$

$$\Delta G = \Delta G^\ominus + RT\ln \dfrac{\dfrac{p_{CO}}{p^\ominus}}{w[C]_\% w[O]_\%}$$

$$[Si] + O_{2(g)} = (SiO_2)$$

$$\Delta G = \Delta G^\ominus + RT\ln \dfrac{x_{SiO_2}}{w[Si]_\% \dfrac{p_{O_2}}{p^\ominus}}$$

由式（9-26）可以看出，化学反应的吉布斯自由能变化在给定温度下取决于平衡常数 K 和压力商 J。在进行化学平衡的计算时，一定要注意 K 和 J 的区别。K 是温度的函数，一定的反应在一定温度下 K 是常数，与体系中其他条件（例如分压）无关；J 则恰恰相反，它所包含的分压就是体系在所指定条件下的实际分压。

在所研究的条件下：

（1）若 $J < K$，则 $\Delta G < 0$，反应向正方向（即自左向右）进行。

（2）若 $J > K$，则 $\Delta G > 0$，反应逆向进行（即自右向左进行）。

（3）若 $J = K$，则 $\Delta G = 0$，反应达到平衡。

当反应在给定条件下 $J > K$ 或 $J = K$，即反应不能自发进行时，根据等温方程式，可以改变条件促使 $J < K$，从而使反应变成能够自发进行。采用的方法是改变 J 或改变 K。降低生成物的分压（例如将生成物排出体系之外）或增大反应物的分压（例如通入更多的反应物）都可使 J 减小；在某些情况下也可以通过改变总压使 J 减小，当反应式中反应物气体的化学计量数之和大于生成物气体的化学计量数之和时，增大总压，J 就会减小。使 K 增大的方法是改变温度，对吸热反应，升高温度可使 K 增大；反之，对放热反应，则要降低温度才能使 K 增大。

等温方程式是判断化学反应在恒温、恒压条件下能否自发进行的依据，因此在化学热力学中它是一个重要的公式。

【例 9-6】 由实验求得水煤气反应 $H_2O + CO = H_2 + CO_2$ 在 1000K 时的平衡常数 $K = 1.36$，试计算含 5% H_2O、50% CO、20% H_2、25% CO_2 的混合气体（总压为 p）在此温度下反应的吉布斯自由能变化，并判断反应自发的方向。

解： $J = \dfrac{p'_{H_2} p'_{CO_2}}{p'_{H_2O} p'_{CO}} = \dfrac{0.2p \times (0.25p)}{0.05p \times (0.5p)} = 2$

$\Delta G = -RT\ln K + RT\ln J = -2.303 \times 8.314 \times 1000 \times \lg 1.36 + 2.303 \times 8.314 \times$
$1000 \times \lg 2 = 3207 \text{J/mol}$

由计算结果可知 $\Delta G > 0$，反应不能自发进行，但其逆方向的反应可自发进行。

9.4.2.2　单相反应与多相反应

前文所举的水煤气反应等例子中,参与反应的各物质都是气体,这类反应称为单相反应或均相反应,溶液中各组元间的反应也属于这一类。如果参加反应的物质(包括生成物)不只一相,例如有固体和气体参加反应,那么这个体系就称为多相体系,其反应称为多相反应。

在冶金过程中常遇到多相反应,例如,高炉冶炼时炉气与矿石之间的反应为固 – 气相反应;炼钢时,钢液与熔渣之间的反应为液 – 液相反应;用适当的溶剂(酸、碱等)浸出矿石中有价成分的反应为固 – 液相反应等。多相反应中,有溶液参加的情况将在第 10 章溶液中讨论。这里只考虑纯固相或纯液相与气相之间的反应。

纯固相和纯液相的吉布斯自由能为温度和压力的函数。由于固体和液体的摩尔体积很小,当压力变化不大时,可以认为吉布斯自由能受压力的影响很小,主要是受温度的影响。

【例 9 – 7】 在钢件热处理过程中,为了防止氧化,常用 H_2 作保护气氛。若所用氢气含有 2% 的水蒸气,实验测出 900℃时反应 $FeO_{(s)} + H_{2(g)} = Fe_{(s)} + H_2O_{(g)}$ 的平衡常数 $K = 0.646$,试问在 900℃进行热处理时钢件能否被氧化?

解: 氢气中含 2% 的水蒸气,则 H_2 含量为 98%。设总压为 p,则根据分压定律:

$$p_{H_2} = p\varphi(H_2)$$

$$p_{H_2O} = p\varphi(H_2O)$$

所以:

$$J = \frac{p_{H_2O}}{p_{H_2}} = \frac{p \times 2\%}{p \times 98\%} = 0.0204$$

$$\Delta G = -RT\ln K + RT\ln J = -33703 J/mol$$

反应吉布斯自由能变化小于零,说明反应自发向生成 Fe 与 H_2O 的方向进行,钢件不能被氧化。也就是说,可以在此条件下进行热处理。

【例 9 – 8】 电弧炉炼钢不吹氧的情况下,主要靠矿石供氧,脱碳反应按下式进行:

$$[C] + (FeO) = Fe_{(l)} + CO_{(g)}$$

已知:$\Delta G^{\ominus}_{1873K} = -73220 J/mol$,炉渣中 FeO 的摩尔分数为 0.2,炉气中 CO 的实际分压力为 101325Pa。在 1600℃的条件下,讨论当钢液含碳 0.3% 及 0.03% 时能否脱碳。

解:

$$\Delta G = \Delta G^{\ominus} + RT\ln \frac{\dfrac{p_{CO}}{p^{\ominus}}}{x_{FeO} w[C]_\%}$$

(1) 当 $w[C]_\% = 0.3$ 时:

$$\Delta G = -73220 + 8.3145 \times 1873 \times \ln \frac{101325/101325}{0.2 \times 0.3} = -29406.6 J/mol < 0$$

(2) 当 $w[C]_\% = 0.03$ 时:

$$\Delta G = -73220 + 8.3145 \times 1873 \times \ln \frac{101325/101325}{0.2 \times 0.3} = 6541.7 J/mol > 0$$

【例 9 – 9】 温度为 1500℃,炼钢熔池内钢液含锰 0.3%,炉渣成分如下:

炉渣中的物质	MgO	P_2O_5	CaO	SiO_2	MnO	FeO	Fe_2O_3
$w(i)/\%$	3.45	1.90	42.60	25.25	6.98	9.70	0.88

试问上述条件下钢液中的锰能否被炉渣中的氧化亚铁所氧化？

锰的氧化反应为：

$$[Mn] + (FeO) = (MnO) + Fe_{(1)} \tag{6}$$

解：

$$\Delta G = \Delta G^{\ominus} + RT\ln\frac{x_{MnO}}{w[Mn]_{\%}x_{FeO}}$$

$$x_{(i)} = n_i / \sum n$$

1kg 的炉渣中：

$$n_{MgO} = 3.45/40 = 0.08625\text{mol}$$

$$n_{P_2O_5} = 1.9/142 = 0.01338\text{mol}$$

$$n_{CaO} = 42.6/56 = 0.76071\text{mol}$$

$$n_{SiO_2} = 25.25/60 = 0.42083\text{mol}$$

$$n_{MnO} = 6.98/71 = 0.09831\text{mol}$$

$$n_{FeO} = 9.7/72 = 0.13472\text{mol}$$

$$n_{Fe_2O_3} = 0.88/160 = 0.0055\text{mol}$$

$$\sum n = 1.51971\text{mol}$$

$$x_{MnO} = 0.06469$$

$$x_{FeO} = 0.08865$$

查表得：

$$Mn_{(1)} = [Mn] \qquad \Delta G_1^{\ominus} = -38.12T \tag{1}$$

$$FeO_{(s)} = (FeO) \qquad \Delta G_2^{\ominus} = 0 \tag{2}$$

$$MnO_{(s)} = (MnO) \qquad \Delta G_3^{\ominus} = 0 \tag{3}$$

$$2Mn_{(1)} + O_{2(g)} = 2MnO_{(s)} \qquad \Delta G_4^{\ominus} = -798360 + 164.2T \tag{4}$$

$$2Fe_{(1)} + O_{2(g)} = 2FeO_{(s)} \qquad \Delta G_5^{\ominus} = -494100 + 107.6T \tag{5}$$

由 (6) = -(1) - (2) + (3) + $\frac{1}{2}$ × (4) - $\frac{1}{2}$ × (5) 得：

$$\Delta G^{\ominus} = -\Delta G_1^{\ominus} - \Delta G_2^{\ominus} + \Delta G_3^{\ominus} + \frac{1}{2}\Delta G_4^{\ominus} - \frac{1}{2}\Delta G_5^{\ominus}$$

$$= -152130 + 66.42T = -34367.34\text{J/mol}$$

$$\Delta G = \Delta G^{\ominus} + RT\ln\frac{x_{MnO}}{w[Mn]_{\%}x_{FeO}}$$

$$= -34367.34 + 8.3145 \times 1773 \times \ln\frac{0.06469}{0.3 \times 0.08865}$$

$$= -21263.77\text{J/mol}$$

9.4.3　影响平衡的因素

平衡常数 K 对一定的反应来说只是温度的函数，与其他因素无关。浓度、压力、惰性气体等虽然不影响 K，但会破坏平衡（使平衡移动）并影响平衡组成，现分别讨论如下。

9.4.3.1　温度的影响

对于吸热反应，根据范特霍夫等压方程式，温度升高时平衡常数 K 增大，平衡向正方向（吸热方向）移动，重新达到平衡后，生成物的浓度增大，反应物的浓度减小；对于放热反应，则温度的影响与此相反。

9.4.3.2　浓度（或分压力）的影响

浓度（或分压力）的影响可以从等温方程式中看出：

$$\Delta G = -RT\ln K + RT\ln J$$

反应物浓度增大，则 J 减小，在温度不变时 K 不变，因此 ΔG 变负，平衡向正反应方向移动；反之，如生成物浓度增大，则可得到相反结果。

9.4.3.3　惰性气体的影响

这里所说的惰性气体是指不参加化学反应的气体。例如，在一般冶炼过程以及热处理的保护气氛中由于通入空气而带来的 N_2，它通常不参加反应，即称为惰性气体。惰性气体对化学平衡的影响与总压类似。反应体系中，在总压一定的条件下，如引入惰性气体，则每个反应气体的分压以及分压之和均降低，这就与总压降低一样对化学平衡产生影响。

浓度、压力、温度等条件对化学平衡的影响，早在 1888 年就由吕·查德里（Le Chatelier）总结出来了。当影响化学平衡的条件改变时，处于化学平衡的体系要发生反应，其方向是力图抵消这一改变的影响，这就是吕·查德里原理。

9.5　氧化物的标准生成吉布斯自由能与分解压

9.5.1　氧化物的标准生成吉布斯自由能

钢液中的碳、硅、锰、硫、磷等被氧化，而铬、钼、钒、钛等则被保留在钢液中。金属氧化物的生成反应可用下列通式表示：

$$2Me_{(s)} + O_{2(g)} = 2MeO_{(s)}$$

$$\Delta G = \Delta G^{\ominus} + RT\ln J$$

平衡时 $\Delta G = 0$，则：

$$\Delta G^{\ominus} = -RT\ln K = -RT\ln\frac{p^{\ominus}}{p_{O_2}} \tag{9-27}$$

标准状态下，$\Delta G^{\ominus}$ 越负，化学反应向右进行的趋势就越大，生成的氧化物也越多；$\Delta G^{\ominus}$ 越正，化学反应向左进行的趋势就越大，氧化物分解也越多。

图 9-1 为金属氧化物标准生成吉布斯自由能 $\Delta G^{\ominus}$ 与温度 T 的关系图，由图可以看出：

（1）金属元素 Cu、Ni、Co、Fe、Cr、Mn、V、Si、Ti、Al、Mg、Ca，从左到右，其与氧的亲和力增大。

（2）除 C 以外，绝大部分金属氧化物的标准生成吉布斯自由能 $\Delta G^{\ominus}$ 与温度 T 成正比。

钢铁冶金中，铁不易被氧化，而铜、镍、钴等更不易被氧化，以与氧的亲和力小于铁的元素作为脱氧剂（如锰、硅、铝）。

9.5.2　氧化物的分解压

氧化物的分解反应通式如下：

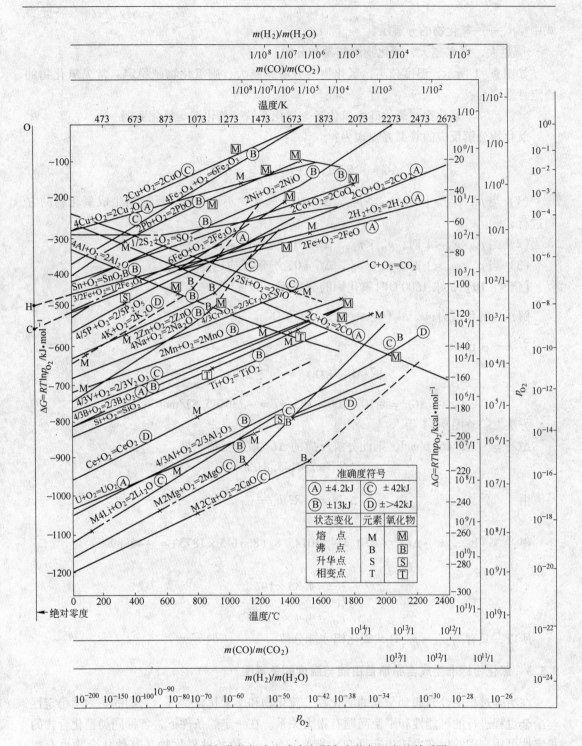

图 9-1 金属氧化物标准生成吉布斯自由能与温度的关系图

$$2MeO_{(s)} \Longrightarrow 2Me_{(s)} + O_{2(g)}$$

$$K = \frac{p_{O_2}}{p^\ominus}$$

式中　p_{O_2}——氧化物的分解压。

p_{O_2}越大，则 K 越大，氧化物就越易被分解。

如图 9 – 1 所示，温度越高，氧化物的分解压越大，则氧化物越稳定。常见氧化物的稳定性顺序为：

氧化铝 > 氧化硅 > 氧化锰 > 氧化亚铁 > 氧化镍 > 氧化亚铜

氧化物分解反应的等温方程式为：

$$\Delta G = -RT\ln\frac{p_{O_2}}{p^{\ominus}} + RT\ln\frac{p'_{O_2}}{p^{\ominus}} = RT\ln\frac{p'_{O_2}}{p^{\ominus}}$$

（1）当 $p'_{O_2}/p_{O_2} > 1$ 时，$p'_{O_2} > p_{O_2}$，$\Delta G > 0$，氧化物不能分解，反应向生成氧化物的方向进行；

（2）当 $p'_{O_2}/p_{O_2} < 1$ 时，$p'_{O_2} < p_{O_2}$，$\Delta G < 0$，分解反应自发进行；

（3）当 $p'_{O_2}/p_{O_2} = 1$ 时，$p'_{O_2} = p_{O_2}$，$\Delta G = 0$，分解反应达到平衡。

【例 9 – 10】试求 1600℃时氧化铝的分解压。

解： 分解反应为：$\frac{2}{3}Al_2O_{3(s)} \Longrightarrow \frac{4}{3}Al_{(s)} + O_{2(g)}$

方法一：已知

$$\frac{4}{3}Al_{(s)} + O_{2(g)} \Longrightarrow \frac{2}{3}Al_2O_{3(s)}$$

$$\Delta G^{\ominus} = -1077400 + 185.4T = -730145.8\text{J/mol}$$

方法二：查图 9 – 1 得

$\Delta G^{\ominus} = -715.46\text{kJ/mol}$，则此分解反应的 $\Delta G^{\ominus}$ 取相反值，即：

$$\Delta G^{\ominus} = 730145.8\text{J/mol}$$

由

$$\Delta G^{\ominus} = -RT\ln\frac{p_{O_2}}{p^{\ominus}}$$

得：

$$\ln\frac{p_{O_2}}{p^{\ominus}} = -\Delta G^{\ominus}/(RT) = -730145.8/(8.3145 \times 1873) = -46.89$$

$$\frac{p_{O_2}}{p^{\ominus}} = 4.35 \times 10^{-21}$$

$$p_{O_2} = 4.4 \times 10^{-16}\text{Pa}$$

所以，只有当 $p'_{O_2} < p_{O_2}$ 时，氧化铝才能分解。

9.5.3　氧化物标准生成吉布斯自由能与温度的关系图

在冶金过程中经常遇到金属的氧化物、硫化物和卤素化合物等。它们的热力学稳定性与冶金过程进行的可能性和平衡问题有很大关系。在一定的条件下，各种同类型化合物的稳定性可用它们的标准生成吉布斯自由能来比较。比较各种氧化物（其他化合物也有类似情况）的稳定性时，由于每一氧化物分子所含的氧原子数各不相同，如 Cu_2O 含 1 个氧原子、Al_2O_3 含 3 个氧原子，所以以其标准生成吉布斯自由能不应以 1mol 氧化物为单位，而应以 1mol 氧为单位。也就是说，要以 $2\text{mol}Cu_2O$ 与 $2/3\text{mol}Al_2O_3$ 的标准生成吉布斯自由能来比较。氧化物的稳定性随温度而改变，$\Delta G^{\ominus}$ 与 T 的关系接近直线，即：$\Delta G^{\ominus} = A + BT$。

为了比较各种氧化物在各种温度下的相对稳定性,将 $\Delta G^{\ominus}$ 对温度作图,称为标准生成吉布斯自由能与温度的关系图,也称为氧势图或艾灵哈姆图,如图 9－1 所示。

图 9－1 中纵坐标为 $\Delta G^{\ominus}$,单位是 kJ/mol;横坐标为温度,单位为℃。各条直线所代表的反应已在线上注明,这些反应一般都是金属与氧反应生成金属氧化物。对于有几种价态的金属,由于有几种氧化物,所以有些直线是代表低价氧化物与氧反应生成高价氧化物,如 $4Fe_3O_4 + O_2 = 6Fe_2O_3$ 等。

气体的熵比液体和固体大得多,通常 MeO 不是气体,因而计算结果为 $\Delta S^{\ominus} < 0$,直线斜率为正。但是有两个重要的氧化物 CO_2 和 CO 则例外,由于它们在室温下就是气体,其熵值大,所以计算结果是 CO_2 的直线斜率几乎为零,CO 的直线斜率为负,后者随着温度的升高,直线向下倾斜。这一点对碳的热力学特性有很大的影响。

随着温度的升高,MeO 和 Me 会发生熔化、沸腾、升华和晶型转变等相变过程。由于相变时熵变发生变化,直线在相变温度处会发生明显的转折。

$\Delta G^{\ominus} - T$ 图主要有下列三个用途:

(1) 判断氧化物的稳定性。对于反应 $2Me + O_2 = 2MeO$,$\Delta G^{\ominus} = RT\ln p_{O_2}$ 可以作为氧化物 MeO 稳定性的量度,也就是金属与氧亲和力的量度。$\Delta G^{\ominus}$ 越负,则金属与氧的亲和力越大,氧化物的稳定性也越大。不同元素与氧的亲和力,在高温下大致按 Ag、Cu、Ni、Co、P、Fe、W、Mo、Cr、Mn、V、Si、Ti、Al、Mg、Ca 的次序依次增大。

Ca、Mg、Al 等金属与氧的亲和力很大,即 $\Delta G^{\ominus}$ 的负值很大,其直线在图 9－1 的最下方。它们的氧化物很稳定,再加上具有熔点高等性质,故在冶金中常用作耐火材料。Fe、Mn 等元素能生成多价氧化物,如 FeO、Fe_3O_4、Fe_2O_3、MnO、MnO_2 等,一般规律是低价氧化物在高温下较为稳定,高价氧化物在低温下较为稳定,如高温下 FeO、MnO、Cu_2O、CO 就比相应的高价氧化物 Fe_2O_3、MnO_2、CuO、CO_2 稳定。

(2) 确定元素的氧化还原次序。在粗金属氧化精炼时,其中杂质元素的氧化次序与其氧化物的 $\Delta G^{\ominus}$ 有密切关系。图 9－1 下部的金属杂质与氧亲和力大,首先氧化。由于各直线的斜率不同,温度的改变也会使氧化次序发生变化。例如炼钢时,开始钢水温度较低(低于 1400℃),杂质氧化的顺序是 Si、Mn、C,即首先是 Si 氧化,接着是 Mn 氧化,氧化过程放出的热使钢液的温度上升;当钢液温度超过 1530℃时,氧化顺序就发生改变,变成 C、Si、Mn,此时 C 即大量氧化。由于钢中主要金属是铁,直线在铁以上的杂质元素在炼钢时是不会被氧化的。例如,铁水中如含有铜,则铜始终不能被氧化除去。

在氧化物的还原过程中,图 9－1 上部金属的氧化物稳定性较小,所以首先还原。原则上,凡是图 9－1 下部的金属都有可能作为还原剂,以还原图上部的金属氧化物。例如,Al 可以还原 Cr_2O_3:

$$2Al + Cr_2O_3 = Al_2O_3 + 2Cr$$

(3) 求出用碳还原氧化物的最低还原温度。前文已经指出,碳氧化为 CO 的直线斜率是负的,与金属氧化为金属氧化物不同,这就决定了碳在氧化还原过程中具有与众不同的特性。随着温度的升高,碳的直线与其下面的直线逐渐接近,碳对该氧化物的还原能力逐渐增强,达到交点以后,碳就能将此氧化物还原。此交点温度称为用碳还原此氧化物的最低还原温度(也称开始还原温度)。由此看来,从原则上来讲,只要温度足够高,各种氧化物都可以被碳还原;但实际上由于金属与碳作用会生成碳化物,用碳还原时不一定能得到金属。最低还原温度可以直接由图 9 – 1 中的交点读出，也可以通过计算求得。

应当指出，艾灵哈姆图中的直线都是对标准状态而言的，直接由此图得到的上述结论只对标准状态适用。对于形成溶液、处于真空状态以及存在副反应等情况，应再做具体分析。例如，上述关于炼钢时杂质氧化的顺序问题，由于 Si 的氧化产物 SiO_2 与 Mn 的氧化产物 MnO 等相互作用（造渣作用），Si 与 Mn 实际是同时氧化的。碳的氧化在 1530℃ 以下已经开始，这是由于 Si 和 Mn 经氧化后浓度已大大下降。一般来说，由于多种因素的影响，氧化和还原的顺序不是截然分开的。

【例 9 – 11】 试求用碳还原 MnO 的最低还原温度。设：（1）$p_{CO} = 1atm$；（2）$p_{CO} = 0.1atm$。

解：先求出反应 $C + MnO = Mn_{(l)} + CO$ 的 $\Delta G^{\ominus} - T$ 关系式。查表得：

$$C + \frac{1}{2}O_2 = CO \qquad \Delta G_1^{\ominus} = -116300 - 83.9T$$

$$-) \quad Mn_{(l)} + \frac{1}{2}O_2 = MnO_{(s)} \qquad \Delta G_2^{\ominus} = -399150 + 82.11T$$

$$C + MnO_{(s)} = Mn_{(l)} + CO \qquad \Delta G_3^{\ominus} = 282830 - 166.01T$$

（1） 当 $p_{CO} = 1atm$ 时，要使反应能够进行，应有：

$$\Delta G_3 < 0$$

解得：
$$T \geqslant 1704K \; (1431℃)$$

（2） 当 $p_{CO} = 0.1atm$ 时，要使反应能够进行，应有：

$$\Delta G_3 = \Delta G_3^{\ominus} + RT\ln\frac{p_{CO}}{p^{\ominus}} \leqslant 0$$

$$282850 - 166.01T + 8.314T\ln 0.1 \leqslant 0$$

解得：
$$T \geqslant 1528K \; (1255℃)$$

【例 9 – 12】 用硅热法炼镁的工艺是用 Si 还原 MgO 而得到 Mg。已知：

$$2Mg_{(g)} + O_2 = 2MgO_{(s)} \qquad \Delta G_1^{\ominus} = -1428800 + 387.4T \qquad (1)$$

$$Si_{(s)} + O_2 = SiO_{2(s)} \qquad \Delta G_2^{\ominus} = -905800 + 175.7T \qquad (2)$$

$$Si_{(l)} + O_2 = SiO_{2(s)} \qquad \Delta G_3^{\ominus} = -866500 + 152.3T \qquad (3)$$

$$2CaO_{(s)} + SiO_{2(s)} = Ca_2SiO_{4(s)} \qquad \Delta G_4^{\ominus} = -137650 - 4.98T \qquad (4)$$

试求：（1）总压为 0.01atm 时，用 Si 还原 MgO 的最低温度；（2）总压为 0.01atm 时，在加入 CaO 与 SiO_2 形成 Ca_2SiO_4 的条件下，还原的最低温度。

解：（1）用 Si 还原 MgO 的反应温度较高，Si 呈液态，反应为：

$$2MgO_{(s)} + Si_{(l)} = 2Mg_{(g)} + SiO_{2(s)} \qquad (5)$$

$$\Delta G_5^{\ominus} = \Delta G_3^{\ominus} - \Delta G_1^{\ominus} = 562300 - 235.1T$$

当总压为 0.01atm 时：

$$\Delta G_5 = \Delta G_5^{\ominus} + RT\ln\left(\frac{p_{Mg}}{p^{\ominus}}\right)^2 = 562300 - 235.1T + 8.314T\ln 0.01^2$$

解得：
$$T > 1804K \; (1531℃)$$

（2） 生成的 SiO_2 与 CaO 作用时，还原温度降低，Si 呈固态，反应为：

$$2CaO_{(s)} + Si_{(s)} + 2MgO_{(s)} = Ca_2SiO_{4(s)} + 2Mg_{(g)} \qquad (6)$$

$$\Delta G_6^\ominus = \Delta G_2^\ominus - \Delta G_1^\ominus + \Delta G_4^\ominus = 385350 - 216.7T$$

当 $p_{Mg} = 0.01\,\text{atm}$ 时：

$$\Delta G_6 = \Delta G_6^\ominus + RT\ln\left(\frac{p_{Mg}}{p^\ominus}\right)^2 = 385350 - 216.7T + 8.314T\ln 0.01^2$$

解得：

$$T > 1314\text{K}\ (1041\text{℃})$$

由计算可知，由于加入 CaO，还原最低温度大大降低。

习　题

9-1　判断反应在恒温、恒压下能否进行是根据 ΔG 还是 $\Delta G^\ominus$?

9-2　在 1000℃ 时加热钢材，用 H_2 作保护气氛时，$\varphi(H_2)/\varphi(H_2O)$ 不得低于 1.34，否则 Fe 会氧化成 FeO。如在同样条件下改用 CO 作保护气氛，则 $\varphi(CO)/\varphi(CO_2)$ 应超过多少才能起到保护作用？已知此温度下反应：

$$CO + H_2O_{(g)} == CO_2 + H_2 \qquad K = 0.647$$

9-3　求 1000K 时 Fe_3O_4 分解成 FeO 的分解压。已知：此温度下反应 $Fe_3O_4 + H_2 == 3FeO + H_2O$ 的平衡气相中含 H_2O 60.3%，反应 $H_2 + \frac{1}{2}O_2 == H_2O_{(g)}$ 的 $K = 7.95 \times 10^9$（$p_{O_2} = 3.65 \times 10^{-20}\text{atm}$）。

9-4　影响平衡常数的因素和影响平衡的因素是否相同？

10　溶　　液

10.1　溶液的定义

由两个或两个以上组元所形成的均匀体系称为溶液。广义地说，按聚集状态的不同，溶液有气态（如空气）、固态（如 Au – Ag 合金）和液态（如食盐水）等几种。但通常所谓的溶液多指液态溶液。

组成溶液的物质常分成溶剂和溶质。对于浓度较小的溶液，即稀溶液，习惯上把含量较多的组元称为溶剂，而把含量较少的组元称为溶质。例如，对少量酒精和大量水所组成的溶液，水是溶剂，酒精是溶质；反之，对少量水和大量酒精所组成的溶液，则酒精是溶剂，水是溶质。对固体或气体在液体中形成的溶液，如食盐、空气等溶于水，则无论液体多少，一般都称为溶剂，而其中的气体和固体则称为溶质。

在冶炼过程中常遇到各种各样的溶液。例如，湿法冶金中的电解液就是各种电解质的水溶液，萃取过程中的有机相就是化合物溶于有机溶剂中的溶液。火法冶金中，反应在高温下进行，高温下的液体或溶液常称为熔体。例如，均匀熔渣是各种金属氧化物和非金属氧化物（SiO_2、CaO、FeO、Al_2O_3、Fe_3O_4、MgO）的熔体，熔盐是各种盐类（如金属氯化物和氟化物）的熔体，钢液和粗金属是各种合金成分或杂质溶于金属中的熔体等。

溶液可分为电解质溶液和非电解质溶液两类。溶液理论主要研究溶液或溶液中各组元的性质与组成之间的关系。从热力学方面来看，溶液的性质主要有化学势、蒸气压和活度等。

10.2　拉乌尔定律和亨利定律

在溶液的热力学理论中，以稀溶液（即溶质浓度很低的溶液）研究得最为详细。早在 19 世纪 80 年代，就已对稀溶液创立了一些定量方面的理论，这些理论可以将溶液的性质与组成联系起来。稀溶液的基本理论是拉乌尔（Raoult）定律和亨利（Henry）定律。

10.2.1　拉乌尔定律

在一定温度下，当液体与其蒸气达到平衡时，蒸气有一定的压力，称为此液体的饱和蒸气压（简称蒸气压）。

纯液体 i 的饱和蒸气压为：

$$\lg p_i^* = \frac{A}{T} + B \tag{10 – 1}$$

式中　p_i^*——纯液体 i 的饱和蒸气压；

　　　T——热力学温度；

　　　A，B——常数，可以通过实验测定。

当溶液与其蒸气平衡时，在一定温度和浓度下，各组元也有一定的蒸气分压，称为溶液中组元的蒸气压。

实验指出，在一定温度下，稀溶液中溶剂的蒸气压等于纯溶剂的蒸气压与其摩尔分数的乘积：

$$p_i = p_i^* x_i \qquad (10-2)$$

式中 p_i——溶剂 i 的蒸气压；

p_i^*——纯溶剂 i 的蒸气压；

x_i——溶剂 i 的摩尔分数。

式（10-2）即为拉乌尔定律的数学表达式。

如溶质是不挥发的，即其蒸气压极小，与溶剂相比可以忽略，则溶剂的蒸气压就等于溶液的蒸气压。在此条件下，拉乌尔定律也可以表述为：在一定温度下，当溶质不挥发时，稀溶液的蒸气压等于纯溶剂的蒸气压与其摩尔分数的乘积。因为 $x_i < 1$，故 $p_i < p_i^*$。也就是说，如溶质不挥发，则溶液的蒸气压小于纯溶剂的蒸气压，这个原理称为溶液的蒸气压下降，是稀溶液的重要性质。

用分子运动论可以解释拉乌尔定律。当溶剂中溶解有溶质时，因溶剂分子的摩尔分数降低，单位时间内由液相转向气相的分子数目减少，结果在较小的溶剂蒸气分压下，溶液就能与溶剂蒸气达到平衡。溶液中溶质浓度越大，则蒸气压下降得越多。

【例10-1】 已知锰铁的成分为：Mn 80%，C 1.0%，Si 2.0%，Fe 17%，试求在1600℃时锰铁中锰的蒸气压为多少？已知：$A = -12280$，$B = 5.321$。

解：
$$p_{Mn} = p_{Mn}^* x_{Mn}$$

先求 p_{Mn}^*：

$$\lg p_{Mn}^* = \frac{A}{T} + B = -\frac{12280}{T} + 5.321$$

$$p_{Mn}^* = 0.05817 \text{atm} = 0.05817 \times 101325 = 5893.7 \text{Pa}$$

再求 x_{Mn}：

$$x_{Mn} = \frac{n_{Mn}}{\sum n}$$

$$n_{Mn} = 80/55 = 1.455 \text{mol}$$

$$n_C = 1/12 = 0.083 \text{mol}$$

$$n_{Si} = 2/28 = 0.0714 \text{mol}$$

$$n_{Fe} = 17/56 = 0.305 \text{mol}$$

$$\sum n = 1.913 \text{mol}$$

则：
$$x_{Mn} = 0.76$$

$$p_{Mn} = p_{Mn}^* x_{Mn} = 5893.7 \times 0.76 = 4479.21 \text{Pa}$$

10.2.2 亨利定律

亨利定律也是稀溶液的一个重要定律。这个定律是1803年由亨利对气体在液体中的溶解度进行实验研究而得出的。

气体可以溶解于液体之中，例如空气中的氧气和氮气均可溶于水。有些气体在液体中的溶解度很小，可以当做稀溶液。例如，氢气在20℃和1atm（101325Pa）条件下，在1000g水中的溶解度只有0.0016g。

亨利定律指出，在一定温度下，气体在液体中的溶解度与该气体的平衡分压成正比：

$$p_i = kx_i \tag{10 - 3}$$

式中　p_i——气体 i 的平衡分压；

　　　x_i——气体溶质 p 在溶液中的摩尔分数；

　　　k——常数。

式（10 - 3）即为亨利定律的数学表达式。

亨利定律中的浓度除可用摩尔分数表示外，也可用其他浓度单位表示，因为在稀溶液中，各种浓度单位都是互成比例的。用其他单位，例如质量百分数、物质的量浓度等也可得到类似结果。但用不同的浓度单位时，常数 k 不同。亨利定律不仅可用于稀溶液的气体溶质，对于固体和液体溶质也是适用的。

【例 10 - 2】 如果铜在钢液中的含量为 0.3%，实验测得在 1540℃ 时铜溶于铁液中的 $k = 53.3\text{Pa}$，若外界压力为 1.33Pa，试问钢液中的铜能否蒸发？

解： 根据式（10 - 3），浓度采用质量百分数，则有：

$$p_{\text{Cu}} = kw[\text{Cu}]_\% = 53.3 \times 0.3 = 15.99 > p_{外}$$

结果说明铜可挥发。

由于真空冶炼时体系的压力低于此值，铁中的铜在真空冶炼时是可以部分挥发除去的。

拉乌尔定律和亨利定律是溶液中两个最基本的经验定律，它们都表示组元分压与浓度之间存在的比例关系。这两个定律在形式上有些相似，为了避免混淆，现把两者的区别归纳如下：

（1）拉乌尔定律适用于稀溶液的溶剂，而亨利定律则适用于溶质。

（2）拉乌尔定律中的比例常数 p_i^* 是纯溶剂的蒸气压，与溶质本性无关；而亨利定律的比例常数 k 则由实验确定，与溶剂、溶质的本性均有关。

（3）亨利定律中的浓度可采用各种单位，只要 k 值与此单位相适应即可；但拉乌尔定律中的浓度必须采用摩尔分数 x。

应当指出，只有当溶质在液相和气相中都以同样的质点存在时，亨利定律才能应用。有些气体溶解后要发生变化而成为另一种质点，例如 HCl 在气相中是 HCl 分子，而溶于水后变成 H^+ 和 Cl^- 离子，这种情况下亨利定律就不再适用。

气体在液态金属中的溶解也往往不服从亨利定律。以双原子分子气体（H_2、N_2、O_2 等）溶于 Fe、Cu 等液态金属为例，气体是以原子状态溶于金属中的，因此溶解过程（以 H_2 为例）可表示如下：

$$H_{2(g)} = 2[H]$$

在此情况下，氢在气相和液相中的质点不同，亨利定律不适用。

实验得知，此时溶解度与分压的关系为：

$$w[i]_\% = k^\ominus \sqrt{\frac{p_i}{p^\ominus}} \tag{10 - 4}$$

式中，$k^\ominus$ 表示 $\dfrac{p_i}{p^\ominus} = 1$ 时气体的溶解度。式（10 - 4）称为西华特（Sievert）定律或平方根定律。

【例 10 −3】 已知 1540℃下，当 N_2 的分压力为 101.325kPa 时，液态铁中溶解的[N]含量为 0.039%。试求在该温度下，与含[N]0.01% 的液态铁平衡时气相中 N_2 的分压力。

解： 根据

$$w[N]_{\%} = k^{\ominus} \sqrt{\frac{p_{N_2}}{p^{\ominus}}}$$

则：

$$w[N]_{\%(1)} = k^{\ominus} \sqrt{\frac{p_{N_2(1)}}{p^{\ominus}}} = k^{\ominus} \sqrt{\frac{101325}{101325}}$$

$$k^{\ominus} = w[N]_{\%(1)} = 0.039$$

$$w[N]_{\%(2)} = k^{\ominus} \sqrt{\frac{p_{N_2(2)}}{p^{\ominus}}}$$

$$0.01 = 0.039 \sqrt{\frac{p_{N_2(2)}}{101325}}$$

$$p_{N_2(2)} = \left(\frac{0.01}{0.039}\right)^2 \times 101325 = 6661.74 \text{Pa}$$

10.2.3　稀溶液的依数性

稀溶液的蒸气压下降、沸点上升、凝固点下降以及渗透压等性质称为稀溶液的依数性。这是因为这些稀溶液的性质主要由溶剂的性质和所含溶质的分子数目来决定，与溶质的本性无关。

10.2.3.1　沸点上升

沸点是溶液蒸气压等于外压时的温度。如果在溶剂中加入不挥发性溶质，则根据拉乌尔定律，溶液的蒸气压要降低。因此在同样的外压下，只有加热到更高的温度，溶液才能沸腾，所以溶液的沸点总是比纯溶剂的沸点要高。一般来说，溶液的浓度越大，沸点升高得越多。

设溶剂为 1000g，溶质为 $m$mol，根据克劳修斯−克拉贝龙公式推导可得：

$$\Delta T_{沸} = \frac{RT_{沸}^2}{\Delta_v H_m} \cdot \frac{mM_1}{1000} = \frac{RT_{沸}^2 M_1}{1000\Delta_v H_m}m = K_{沸}m \qquad (10-5)$$

式中　$\Delta T_{沸}$——溶液沸点的上升值；

　　　$T_{沸}$——溶液的沸点；

　　　$\Delta_v H_m$——蒸发焓；

　　　M_1——溶质的相对分子质量；

　　　$K_{沸}$——溶液沸点上升常数。

$K_{沸}$ 只取决于溶剂的本性，与溶质的本性无关。对于水溶液，计算 $K_{沸} = 0.518$K/(mol·kg)。式（10−5）称为稀溶液的沸点上升公式。此式表明，含有不挥发性溶质的稀溶液，其沸点上升值与溶质的浓度 m 成正比。

10.2.3.2　凝固点下降

溶液冷却时开始析出晶体的温度称为它的凝固点。对水溶液来说，凝固点也称为冰点。这个温度也就是析出晶体与该组成溶液平衡时的温度。根据相平衡的条件，在凝固点时，固体的蒸气压应等于溶液中溶剂的蒸气压。根据克劳修斯 - 克拉贝龙公式推导可得：

$$\Delta T_{凝} = \frac{RT_{凝}^2 M_1}{1000\Delta_{fus}H_m} m = K_{凝} m \tag{10-6}$$

式中　$\Delta T_{凝}$——溶液凝固点下降值；

　　　$\Delta_{fus}H_m$——熔化焓；

　　　$K_{凝}$——溶液凝固点下降常数，其值只取决于溶剂的本性，而与溶质的本性无关，对于水溶液，$K_{凝} = 1.86 \text{K}/(\text{mol} \cdot \text{kg})$。

式（10-6）称为稀溶液的凝固点下降公式。此式表明，稀溶液的凝固点下降值与溶质的浓度 m 成正比。

式（10-6）是在固相为纯溶剂的条件下推导出来的。但在冶金中所遇到的体系，熔体在凝固时往往析出固态溶液（即固溶体）。例如铁液中溶解有碳时，冷却后析出的固相是铁碳固溶体。

在此情况下，式（10-6）应变成：

$$\Delta T_{凝} = \frac{RT_{凝}^2 M_1}{1000\Delta_{fus}H_m}(x_2 - x_2') = K_{凝}(x_2 - x_2') \tag{10-7}$$

式中　x_2，x_2'——分别为溶质在液态和固态溶液中的摩尔分数；

　　　$T_{凝}$——溶液的凝固温度。

【例 10-4】将 0.567g 尿素溶于 500g 水中，测得冰点为 -0.0351℃，试求尿素的相对分子质量。

解：　　　$m = \frac{\Delta T_{凝}}{K_{凝}} = \frac{0.0351}{1.86} = 0.0189 = \frac{G/M}{G_水} \times 1000 = \frac{0.567}{500M} \times 1000$

解之得 $M = 60$，所以尿素的相对分子质量为 60。

铁液凝固时，其凝固点下降值采用下式计算：

$$\Delta t_{凝} = \frac{1020}{M_i}(w[i]_{液} - w[i]_{固}) \tag{10-8}$$

式中　$\Delta t_{凝}$——铁液凝固点下降值，℃；

　　　M_i——溶于铁中溶质 i 的相对分子质量；

　　　$w[i]_{液}$——溶质 i 在液态铁中的质量分数，%；

　　　$w[i]_{固}$——溶质 i 在开始凝固时溶于固态铁中的质量分数，%。

10.2.3.3　渗透压

有许多天然或人造的薄膜对于物质的透过有选择性。例如，细胞膜允许 Na^+ 离子通过而不允许 K^+ 离子通过，铁氰化铜膜允许水通过而不允许水中溶解的糖透过。这种对透过物质具有选择性的薄膜称为半透膜。

设有一种半透膜允许溶剂通过而不允许溶质通过。如用这种半透膜将溶液与纯溶剂隔开，那么溶剂就会流入溶液，这种现象称为渗透。实验指出，渗透的结果使溶液的液面上升，直至管内液柱达到一定高度 h 时才能达到平衡。这是由于开始时纯溶剂通过半透膜流入溶液的速度大于溶液中溶剂流入纯溶剂中的速度，而当溶液受到液柱 h 的压力后，溶液中溶剂流出的速度加快而达到平衡。管内液柱 h 的压力称为溶液的渗透压，以 π 表示。

渗透压也可以理解为能阻止渗透进行所需的最小压力。用热力学方法可以推导出稀溶液渗透压与温度（T）、溶液体积（V）和溶质物质的量（n）之间的关系为：

$$\pi V = nRT \qquad (10-9)$$

式（10-9）称为范特霍夫渗透压公式，其在形式上与理想气体状态方程相似。

从式（10-9）可以看出，稀溶液的渗透压只取决于温度和溶质的摩尔浓度，与溶质和溶剂的种类无关。

10.3 分配定律与萃取

10.3.1 分配定律

两种液体由于互不溶解或溶解度有限而分成两层的现象，在实验和生产中是常见的。例如，萃取过程中的有机相和水相、火法冶金中的钢液和熔渣、冰铜和熔渣、熔盐和金属等都属于这种情况。此时如有第三种物质 i 溶解于这两个液相中，实验证明，稀溶液中物质 i 在两相中的浓度之比是一定值。设互不溶解的两相为 α 和 β，则在一定温度下存在下列关系：

$$\frac{c_i^{\alpha}}{c_i^{\beta}} = K \qquad (10-10)$$

式（10-10）称为分配定律，K 称为分配系数或分配常数。分配定律用文字说明就是：在一定温度下，如果一种物质溶解在两个互不相溶的液相中成为稀溶液，则平衡时该物质在此两相中的浓度之比为一常数。

利用热力学理论可以推导出分配定律。应用分配定律时应当注意，它只适用于稀溶液，而且溶质在两相中要具有相同的化学式。所谓化学式不同，一般是指溶质分子在其中一个相内要离解或缔合，在这种情况下就不能直接引用式（10-10）。

分配定律也应用于冶金中，例如杂质在铁液和熔渣之间的分配，可以用分配定律来做理论分析。实验求得 1600℃时，铁液与纯 FeO 熔渣两相间硫的分配服从下式：

$$K_S = \frac{w(S)}{w[S]} \approx 4 \qquad (10-11)$$

式中　[　]——金属相；

　　　　（　）——渣相。

实际的炼铁炉渣比较复杂，除含铁的氧化物外，还含有 CaO、SiO_2 等，硫的分配系数与炉渣组成有关。任何增大 K_S、降低渣中硫含量或增加渣量的措施，都会导致铁液中有害杂质硫含量的降低。

10.3.2 萃取

萃取是利用物质在两液相中的分配而使该物质在某一相中的浓度增大，从而得到富集的过程。这种过程也称为液-液萃取，近年来在分离和提纯金属方面得到日益广泛的应用，例如，应用于稀有金属冶炼的稀土元素分离、锆-铪分离、放射性元素的提取和提纯等；在有色重金属冶炼的镍-钴分离、镍电解液和钴电解液的净化等方面，也较成功地采用了萃取分离方法。此外，液-液萃取法在分析化学中也有广泛的应用。

一般被萃取的相是水溶液，其中含有被萃取的溶质；另一相是萃取剂，往往是有机物。两相经混合澄清分层后，有机相富集了被萃取的溶质，从而达到了使溶质分离的目的。实际萃取过程一般是分为多级进行的。如果被萃取的物质在两相中均没有缔合、离解和其他化学变化，就可利用分配定律计算出经多级萃取操作后溶质被萃取的量。

设每级萃取剂的量为 v_2 mL，水相为 v_1 mL，其中含有 g_0 g 被萃取的溶质，分配系数为 $K = c_水 / c_{有机}$。又设第 1 级萃取后，水相内剩下的溶质量为 g_1 g，则：

$$c_水 = \frac{g_1}{v_1}, \quad c_{有机} = \frac{g_0 - g_1}{v_2}, \quad K = \frac{\dfrac{g_1}{v_1}}{\dfrac{g_0 - g_1}{v_2}}, \quad g_1 = g_0 \frac{Kv_1}{Kv_1 + v_2} \tag{10-12}$$

第 2 级萃取后，水相内剩下的溶质量为 g_2 g，则：

$$g_2 = g_1 \frac{Kv_1}{Kv_1 + v_2} = g_0 \left(\frac{Kv_1}{Kv_1 + v_2} \right)^2$$

同理，经 n 级萃取后，水相中剩下的溶质量 g_n 可通过下式计算：

$$g_n = g_0 \left(\frac{Kv_1}{Kv_1 + v_2} \right)^n \tag{10-13}$$

则经 n 级萃取后，被萃取的溶质量 g_e 等于：

$$g_e = g_0 \left[1 - \left(\frac{Kv_1}{Kv_1 + v_2} \right)^n \right] \tag{10-14}$$

由式（10-14）可以算出有效萃取所必需的最少级数，并且可以看出，一定量的有机相如分多级萃取，就能萃取出更多的溶质。

10.4　理想溶液

10.4.1　理想溶液的定义

溶液中任一组元在全部浓度范围内都服从拉乌尔定律的溶液，称为理想溶液（也称完全溶液）。设 i 为理想溶液中任一组元，则：

$$p_i = p_i^* x_i$$

因理想溶液中各组元都服从同一规律，故在热力学上已没有区分溶剂、溶质的必要。

严格来说，真正的理想溶液是很少的。只有由物理化学性质都十分相似的物质所组成的溶液才能看做理想溶液。同位素化合物的混合物（$H_2O - D_2O$）、异构体的混合物和紧邻同系物的混合物（$CH_3OH - C_2H_5OH$）等，可以作为理想溶液的例子。有些溶液，如钢铁冶金遇到的 $Fe - Mn$、$FeO - MnO$ 等熔体，也可近似地当做理想溶液来处理。虽然大多数溶液都不能严格符合理想溶液的定义，但因为理想溶液所服从的规律比较简单，故可以作为比较的标准；而且利用活度理论，对理想溶液公式做一些修正，就可以用于实际溶液，所以理想溶液的概念在理论上和实际上都是有用的。

从微观角度来看，要满足理想溶液的定义，则各组元的分子体积应当非常接近，不同组元分子（异名质点）间的相互作用力与同一组元分子（同名质点）间的相互作用力基本相等，形成溶液时也没有离解、缔合、溶剂化等作用发生。

例如，对 $A - B$ 二元理想溶液，$A - A$、$B - B$、$A - B$ 分子之间的相互作用力基本相同。某一 A 分子，无论它的周围是 A 分子还是 B 分子，它所受到的作用力都是相同的，因此它挥发逸出溶液的机会也是相同的。不过由于溶液中 A 分子的浓度（x_A）低于纯液体 A（$x_A = 1$），故同一时期内溶液中 A 分子的逸出数应少于纯液体 A，而且在一定温度下应与 x_A 成正比。又知 A 的蒸气压与 A 分子逸出的速度成正比，因此 p_A 与 x_A 成正比。同样的讨论也适用于 B 分子。也就是说，A 和 B 在任何浓度下都服从拉乌尔定律，对 A - B 二元溶液：

$$p_A = p_A^* x_A$$
$$p_B = p_B^* x_B$$

设总压为 p，则：

$$p = p_A + p_B = p_A^* x_A + p_B^* x_B$$

将上列三式作图（见图 10 - 1），可见，理想溶液各组元的蒸气压和蒸气总压均与组成 x 成直线关系。

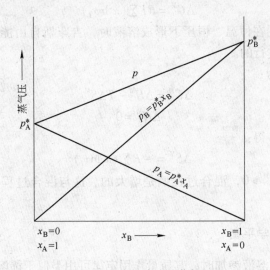

图 10 - 1　理想溶液的蒸气压

10.4.2　理想溶液的热力学函数

由于理想溶液各组元均服从拉乌尔定律，可仿照稀溶液中溶剂的推导法得到类似公式：

$$\mu_i = \mu_{i(T,p)}^\ominus + RT \ln x_i \qquad (10 - 15)$$

式（10 - 15）对理想溶液，浓度不受限制，x_i 可为 0 ~ 1 的任意值。由各组元混合成理想溶液的过程中，各热力学函数的变化如下：

（1）体积变化。由于理想溶液各组元的摩尔体积相差不大，而且混合时相互作用力没有变化，所以混合前后体积不变，即：

$$\Delta V^M = 0$$

式中　ΔV^M——由各组元混合成 1mol 溶液时的体积变化。

（2）焓变化。由于形成理想溶液时各组元分子间的相互作用力不变，故混合时没有热效应，即：

$$\Delta H^{\mathrm{M}} = 0$$

式中　ΔH^{M}——由各组元混合成 1mol 溶液时的混合热。

（3）吉布斯自由能变化。设溶液由两组元组成，总物质的量为 1mol，则混合前体系的吉布斯自由能为：

$$G_{混合前} = x_1 \mu_1^{\ominus} + x_2 \mu_2^{\ominus}$$

混合后的吉布斯自由能为：

$$G_{混合后} = x_1 \mu_1 + x_2 \mu_2$$

则：

$$\Delta G = G_{混合后} - G_{混合前} = x_1(\mu_1 - \mu_1^{\ominus}) + x_2(\mu_2 - \mu_2^{\ominus})$$

但对理想溶液：

$$\mu_i - \mu_i^{\ominus} = RT\ln x_i$$

所以：

$$\Delta G^{\mathrm{M}} = RT(x_1\ln x_1 + x_2\ln x_2) \tag{10-16}$$

一般来说，对多元理想溶液：

$$\Delta G^{\mathrm{M}} = RT\sum(x_i\ln x_i) \tag{10-17}$$

式（10-17）表明在恒温、恒压下形成溶液时，吉布斯自由能的变化小于零（因 x_i <1），故过程是自发进行的。

（4）熵变化。因为：

$$\Delta G^{\mathrm{M}} = \Delta H^{\mathrm{M}} - T\Delta S^{\mathrm{M}}$$

$$\Delta H^{\mathrm{M}} = 0$$

所以结合式（10-17）得：

$$\Delta S^{\mathrm{M}} = -R\sum(x_i\ln x_i) \tag{10-18}$$

由于 x_i <1，故 ΔS^{M} >0，混合过程熵是增大的。这与混合过程混乱度增大的原理相符合。

10.4.3　理想溶液的化学平衡

化学反应在有理想溶液参加时，其质量作用定律可用类似于稀溶液的推导方法得到。

例如，Fe-Mn 熔体与 FeO-MnO 熔渣间存在下列平衡：

$$[\mathrm{Mn}] + (\mathrm{FeO}) \Longleftrightarrow (\mathrm{MnO}) + [\mathrm{Fe}]$$

根据理想溶液中各组元化学势与其摩尔分数的关系，近似地设此两溶液为理想溶液，可得到质量作用定律为：

$$K = \frac{x_{\mathrm{MnO}} x_{\mathrm{Fe}}}{x_{\mathrm{Mn}} x_{\mathrm{FeO}}}$$

由此可以看出，当有理想溶液的组元参加反应时，在质量作用定律中其浓度应以摩尔分数表示。

10.5　实际溶液、活度及其标准状态

10.5.1　实际溶液对理想溶液的偏差

前文已经指出，理想溶液各组元在任何浓度下都服从拉乌尔定律。但这种溶液是很少的，实际溶液大多数都对拉乌尔定律呈现或大或小的偏差。也就是说，实际溶液的蒸气压往往大于拉乌尔定律的计算值或小于拉乌尔定律的计算值，前者称为正偏差，后者称为负

偏差。

10.5.1.1 负偏差

图 10-2 所示为负偏差的典型蒸气压-组成关系曲线。图中，p_A^* 和 p_B^* 分别为纯 A 和纯 B 的蒸气压，虚线为拉乌尔定律的理论蒸气压线，实线为实测线。可见，实线低于虚线，即实测值低于计算值，说明此体系对拉乌尔定律有负偏差，即：

$$p_A < p_A^* x_A, \; p_B < p_B^* x_B$$

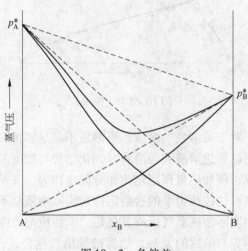

图 10-2 负偏差

实际蒸气压低于理论值，就表明两类分子（异名质点）间的相互作用力大，阻碍液体分子的蒸发。两组元有生成化合物的倾向时，也属于这种情况。对于二元金属体系，负偏差的例子有 Mg-Pb、Fe-Al、Fe-Ti 系等。形成这种溶液时，体积收缩，并有放热现象，即：$\Delta V^M < 0$，$\Delta H^M < 0$。

10.5.1.2 正偏差

图 10-3 所示为正偏差的典型蒸气压-组成关系曲线。同样，图中虚线为拉乌尔定律的理论蒸气压线，实线为实测线。可见，实线高于虚线，即实测值高于计算值，说明此体系对拉乌尔定律有正偏差，即：

$$p_A > p_A^* x_A, \; p_B > p_B^* x_B$$

实际蒸气压高于理论值，就表明两类分子间的相互作用力小，溶液中的分子容易蒸发。如某组元形成溶液时其缔合分子分解，也属于这种情况。由于同名质点的相互作用力大于异名质点，而相互作用力大的有聚集倾向，因此正偏差的极端情况是液相分层（例如 Pb-Zn、Fe-Pb 系）。正偏差金属二元系的例子还有 Al-Zn、Al-Sn 系等。形成这种溶液时，体积增大，并有吸热现象，即：$\Delta V^M > 0$，$\Delta H^M > 0$。

10.5.2 活度

由前文对实际溶液的讨论可知，实际溶液对拉乌尔定律往往有正偏差或负偏差。

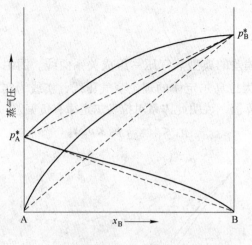

图 10 - 3　正偏差

　　另外，实验还指出，对于稀溶液的溶质，当溶液不是足够稀时，其实测的蒸气压也往往与亨利定律有偏差。讨论理想溶液和稀溶液时，化学势与浓度的关系均以此两定律为基础；而热力学的其他定律，例如质量作用定律和分配定律等，又是从化学势与浓度的关系式推导出来的。这样一来，往往热力学的这些定律对实际溶液就不适用了。这个问题有两种解决办法：其一是找出实际溶液蒸气压或其他热力学性质与浓度的关系的新规律，在此新规律的基础上求出化学势与浓度的关系，然后推导出其他公式，但由于溶液的复杂性，目前还没有找到这样的普遍规律；其二是仍然保留拉乌尔定律和亨利定律的形式，但对公式中的浓度加以校正，使其适用于实际溶液。活度理论就是采用后一种办法来解决问题的。

　　在冶金中，由于金属、熔渣、熔融硫化物、熔盐等熔体一般都不是理想溶液，因此做热力学处理时，活度理论及有关活度的数据就显得很重要。

　　对组元 i，拉乌尔定律为：$p_i = p_i^* x_i$。对实际溶液，由于存在偏差，应乘以校正系数 γ_i，使拉乌尔定律在形式上仍然成立，即：

$$p_i = p_i^* \gamma_i x_i$$

式中　γ_i——组元 i 的活度系数，其值一般由实验求出。

　　现又令：

$$\gamma_i x_i = a_i \qquad\qquad\qquad (10-19)$$

式中　a_i——组元 i 的活度。

则得：
$$p_i = p_i^* a_i \qquad\qquad\qquad (10-20)$$

　　从式（10-19）和式（10-20）可以看出，活度实际上是经过校正的浓度，因此可以把它看成"有效浓度"。所谓"有效"，是对拉乌尔定律（或亨利定律，见后）以及由此定律推导出的各种公式而言。也就是说，在这些公式中浓度都要用活度来代替。显然，当溶液为理想溶液时：

$$\gamma_i = 1, \ x_i = a_i, \ p_i = p_i^* x_i$$

　　当溶液对拉乌尔定律有正偏差时：

$$\gamma_i > 1, \ x_i > a_i, \ p_i > p_i^* x_i$$

当溶液对拉乌尔定律有负偏差时:

$$\gamma_i < 1, \ x_i < a_i, \ p_i < p_i^* x_i$$

实际溶液中,各组元化学势与浓度的关系也要经过校正,即浓度要用活度代替:

$$\mu_i = \mu_{i(T,p)}^{\ominus} + RT\ln a_i \tag{10-21}$$

$$\mu_i = \mu_{i(T,p)}^{\ominus} + RT\ln(\gamma_i x_i) \tag{10-22}$$

另外,对于稀溶液,如浓度不是十分稀时,溶质的蒸气压对亨利定律也有偏差。采用同样的处理方法,乘以校正系数或以活度代替浓度,可得:

$$p_i = kf_i c_i$$

$$p_i = ka_i \tag{10-23}$$

$$a_i = f_i c_i \tag{10-24}$$

$$\mu_i = \mu_{i(T,p)}^{\ominus} + RT\ln a_i = \mu_{i(T,p)}^{\ominus} + RT\ln(f_i c_i) \tag{10-25}$$

式中 f_i——组元 i 的活度系数,由于这里的活度系数是按亨利定律校正的,与式(10-19)不同,因此采用符号 f_i 以示区别。

显然,对理想稀溶液,由于溶质服从亨利定律,其浓度没有必要进行校正,所以 $a_i = c_i$, $f_i = 1$。

如气体不理想时,其分压也要校正,校正后的分压称为逸度。由于冶金上遇到的气体都处于常温或高温条件下,压力不大,故一般不需校正。对有实际溶液参加的化学反应,质量作用定律中的浓度也要以活度来代替。

10.5.3 活度的标准状态

某组元的标准状态即指规定该组元的活度等于 1 时的状态。由于校正时依据的定律不同(拉乌尔定律或亨利定律)以及所用浓度的单位不同等原因,标准状态在原则上可以有不同的选择。但在选择时应当考虑到,对于理想溶液或理想稀溶液,活度应等于浓度,否则有效浓度的概念就不明确,应用起来也不方便。常用的标准状态有下列两类。

10.5.3.1 以拉乌尔定律为基础,以纯物质为标准状态

对于理想溶液:

$$x_i = p_i / p_i^*$$

对于实际溶液,以 a_i 代替 x_i 得:

$$a_i = p_i / p_i^*$$

对于纯物质,因 $p_i = p_i^*$,活度 $a_i = 1$,所以纯物质 i 就是其标准状态。即对于纯物质 i,$x_i = 1$,$a_i = 1$,因此 $\gamma_i = 1$,$a_i = x_i$。

γ_i 的大小反映了实际溶液对理想溶液的偏差,也就是对拉乌尔定律的偏差。这类标准状态主要适用于稀溶液的溶剂和浓溶液。

10.5.3.2 以亨利定律为基础

对于稀溶液的溶质,在选择标准状态时一般以亨利定律为基础。也就是说,要将溶质的蒸气压与亨利定律对比来确定活度的数值,这样可使溶液无限稀释时活度等于浓度。这

一类的活度仍以符号 a 表示。根据浓度单位不同，以亨利定律为基础的标准状态又可分为几种。在火法冶金中，溶质常用的浓度有摩尔分数和质量百分数两种，其对应的标准状态如下：

（1）以纯物质而又服从亨利定律的假想状态（简称假想纯物质）作为标准状态。对无限稀释溶液中的溶质 B，亨利定律为：

$$p_B = kx_B$$

既然这种标准状态是以亨利定律为基础的，故以活度代替摩尔分数后应有如下关系：

$$p_B = ka_B$$

由上式可知，当 $p_B = k$ 时，$a_B = 1$。可以看出，在 B 的蒸气压曲线（图 10-2 上实线）上，A 点的切线就是符合亨利定律的直线，它的斜率是 k。此切线只在很稀的溶液中才与实线相重合。现将此线延长至表示纯 B（$x_B = 1$）的纵坐标，则交点的状态即为标准状态，因为在此状态下，B 的蒸气压等于 k，活度等于 1。这个标准状态可以认为是纯 B 而又服从亨利定律的假想状态。之所以称为"假想"，是因为真实纯 B 的蒸气压是 p 而不是 k。

当 $x_B \rightarrow 0$ 时，即对于理想稀溶液，因符合亨利定律，所以 $a_B = x_B$，$f_B = 1$。B 的浓度越大，a_B 与 x_B 的偏差越大。

（2）以 1% 而又服从亨利定律的假想状态（简称 1%）为标准状态。这种标准状态也是以亨利定律为基础的，但浓度不用摩尔分数而用质量百分数。在此情况下，亨利定律为：

$$p_i = k'w[i]_\%$$

对于比较浓的溶液，应以活度代替浓度，因此有下列关系：

$$a_i = \frac{p_i}{k'} = f_i w[i]_\%$$

与上述类似，当 $p_i = k'$ 时，$a_i = 1$，此时的状态为标准状态。

当溶液很稀，成为理想稀溶液时，$a_i = w[i]_\%$，$f_i = 1$。

习　题

10-1　拉乌尔定律与亨利定律有什么区别？对于理想溶液，它们之间有什么关系？

10-2　为使汞的蒸气压从 $p_{Hg} = 709.9$mmHg 降到 700mmHg，需在 50gHg 中溶解多少克锡？假设此合金遵守拉乌尔定律，而且锡的蒸气压可忽略。

10-3　为什么要提出活度的概念，活度与浓度的关系是什么？

10-4　什么是标准状态，主要的标准状态有几种，为什么溶质和溶剂要采用不同类型的标准状态？

10-5　钢液中碳氧平衡的反应式为：[C] + [O] == CO。令 [C] 和 [O] 的浓度用质量百分数表示，已知 $\Delta G^\ominus = -35600 - 31.45T$，试求 1600℃时：（1）平衡常数；（2）含碳 0.02% 的钢液中氧的平衡含量。

11 表 面 性 质

11.1 表面张力和表面能

自然界中，荷叶上的水珠和玻璃上的水银呈圆球形、防毒面具的活性炭可吸收大量气体、脱脂棉易于吸水、小液滴易挥发等，都是由表面分子的特殊性所引起的界面现象，都是由界面张力引起的。

对于界面张力的研究，此处以某液体为例，其表面某个分子 M 的受力分析如图 11 – 1 所示。

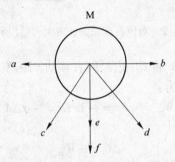

图 11 – 1　分子 M 的受力分析

力 $a \sim d$ 是 M 受到周围分子的引力，a 和 b 大小相等、方向相反，相互抵消；c 和 d 的合成力为 f，在 f 的作用下，分子 M 受到指向液体内部的拉力 f。而液体内部分子所受的力都是两两相应，大小相等、方向相反，可以彼此抵消。

但表面分子受到体相分子的拉力大，受到气相分子的拉力小（因为气相密度低），所以表面分子受到被拉入体相的作用力。对于图 11 – 1 所示的表面分子 M 来说，其受到一个垂直于液体表面、指向液体内部的合吸力，通常称为表面张力。

当球形液滴在外力的作用下被拉成扁平状后（假设体积 V 不变），液滴表面积 A 增大，这就意味着液体内部的某些分子被拉到液体表面并铺于表面上，因而使其表面积增大。当液体内部分子被拉到表面上时，同样要受到向下的表面张力，这表明，在把液体内部分子拉到液体表面时，需要克服内部分子的吸引力而消耗功。因此，表面张力可定义为增加单位表面积所消耗的功（是一种非膨胀功），即：

$$\sigma = -\frac{\mathrm{d}W'_\mathrm{m}}{\mathrm{d}A}$$

式中　σ——表面张力，N/m；

　　　W'_m——增大表面积所做的功，称为表面功；

　　　A——表面积。

相同体积的形状中，球体的表面积最小，液体向表面积减小的方向运动属于自发的过程。所以，要增大液体表面积，则需要做功。例如，利用喷雾器将水以雾状的液滴形式喷出，使水的表面积增大，就是对水做功的过程。

图 11 – 2 所示的金属框中，CD 边可以自由移动（边长为 L），$ABCD$ 内布满一层液体膜。由于液体膜有两个表面，边沿总长为 $2L$，若表面张力为 σ，则作用在 CD 边沿的表面收缩力为 $2\sigma L$。要维持 CD 位置，则必须施加一外力 F，由平衡可知：

$$F = 2\sigma L$$

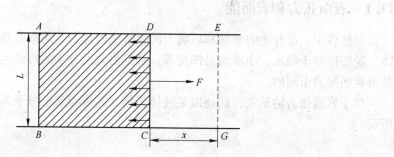

图 11 – 2　对抗表面张力、增大表面积示意图

在等温等压可逆的条件下，将 CD 边沿向右移动 x 距离（至 EG 位置），此时需克服表面收缩力，即环境对体系做功为：

$$W'_{\mathrm{m}} = -Fx = -2\sigma Lx = -\sigma \Delta A$$

根据热力学第二定律得：

$$\Delta G = -W'_{\mathrm{m}}$$

（1）若 $\Delta A > 0$，即表面积增加，则 $\Delta G < 0$，属于非自发过程；

（2）若 $\Delta A < 0$，即表面积减小，则 $\Delta G > 0$，属于自发过程。

由上式可以得出表面张力为：

$$\sigma = \Delta G / \Delta A \tag{11 – 1}$$

测定液体表面张力的方法有毛细管上升法、拉环法、气泡最大压力法。

【例 11 – 1】298K 时，把半径为 1mm 的水滴分散成半径为 1×10^{-3} mm 的小水滴，试问：（1）表面积增加了多少？（2）表面吉布斯自由能增加了多少？（3）环境做了多少功？（已知 $\sigma = 7.28 \times 10^{-2}$ J/m^2）

解：（1）$V_1 = \dfrac{4}{3}\pi r_1^3 = \dfrac{4}{3}\pi$ mm^3

$$V_2 = \frac{4}{3}\pi r_2^3 = \frac{4}{3}\pi \times 10^{-9} \text{mm}^3$$

体积比　$n = V_1/V_2 = 10^9$

$$A_1 = 4\pi r_1^2 = 4\pi \text{ mm}^2$$

$$A_2 = 4\pi r_2^2 = 4\pi \times 10^{-6} \text{ mm}^2$$

$$\Delta A = nA_2 - A_1 = 3996\pi \text{ mm}^2$$

（2）$\Delta G = \sigma \Delta A = 7.28 \times 10^{-2} \times 3996 \times 3.14 \times 10^{-6} = 9.14 \times 10^{-4}$ J

（3）$W'_{\mathrm{m}} = -\Delta G = -9.14 \times 10^{-4}$ J。

11.2　影响表面张力的因素

影响表面张力的因素有：

（1）物质的本性。表面张力源于净吸力，而净吸力取决于分子间的引力和分子结构，因此，表面张力与物质本性有关。常压下，20℃时水的表面张力高达72.75mN/m；而非极性分子的正己烷在同温下的表面张力只有18.4mN/m；水银有极大的内聚力，故在室温下是所有液体中表面张力最高的物质（$\sigma_{Hg}=485mN/m$）。

（2）相界面性质。通常所说的某种液体的表面张力，是指该液体与含有其本身蒸气的空气相接触时的测量值。而两个液相之间的界面张力，等于两液体已相互饱和（尽管互溶度可能很小）时其表面张力之差，即：

$$\sigma_{1,2}=\sigma_1-\sigma_2$$

这就是 Antonoff 法则。

（3）温度。温度升高时，一般液体的表面张力会降低。因为温度升高时物质膨胀，分子间距增大，故分子间吸引力减弱，σ降低。

（4）压力。表面张力随压力的增大而减小。但当压力改变不大时，压力对液体表面张力的影响很小。

11.3　附加压力

11.3.1　附加压力的定义

液体的表面张力促使液面向内收缩，产生一种额外压力，称为附加压力，用p_s表示。

根据热力学原理可推导出附加压力与液面半径r的关系为：

$$p_s=2\sigma/r \tag{11-2}$$

（1）水平液面，$r=\infty$，$p_s=0$，即水平液面不存在附加压力。

（2）凸液面（如肥皂泡），$r>0$，$p_s>0$，即附加压力指向液体内部，如图11-3所示。

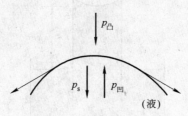

图11-3　凸液面的附加压力

（3）凹液面（如液体中的气泡），$r<0$，$p_s<0$，即附加压力指向液体外部，如图11-4所示。

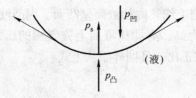

图11-4　凹液面的附加压力

由图 11 – 3、图 11 – 4 可得：

$$p_s = p_凹 - p_凸 = \Delta p \tag{11 – 3}$$

11.3.2　曲界面两侧压力差与曲率半径的关系

曲界面两侧压力差 Δp 与曲率半径 r 存在如下关系：

（1）若液面是凸液面，则液滴越小，液滴内、外压差越大，凸液面下方液相的压力大于液面上方气相的压力。

（2）若液面是凹液面（即 r 为负值），则凹液面下方液相的压力小于液面上方气相的压力。

（3）若液面是水平液面的（即 $r = \infty$），则其两侧压差为 0。

对于气相中的气泡，气泡的内、外压差为：

$$\Delta p = 2\sigma / r$$

对于任意曲面，若曲面的主曲率半径为 r_1 和 r_2，则两侧压差为：

$$\Delta p = \sigma \left(\frac{1}{r_1} + \frac{1}{r_2} \right)$$

若液体能很好地润湿毛细管壁，则毛细管内的液面呈凹面，如图 11 – 5 所示。因为凹液面下方液相的压力比同高度具有水平液面的液体中的压力低，所以液体被压入毛细管内，使液柱上升，直到液柱的静压 ρgh（ρ 为液体的密度）与曲界面两侧压力差 Δp 相等时即达到平衡：

$$\Delta p = 2\sigma / r = \rho gh$$

所以：

$$h = 2\sigma / \rho gr$$

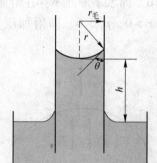

图 11 – 5　毛细管

若 r 和毛细管半径 $r_毛$ 之间的关系为 $r = r_毛 / \cos\theta$（θ 为润湿角），则：

$$h = 2\sigma \cos\theta / \rho gr_毛$$

若液体不能润湿管壁，则毛细管内的液面呈凸面。因凸液面下方液相的压力比同高度具有水平液面的液体中的压力高，亦即比液面上方气相的压力大，所以管内液柱反而下降，下降的深度 h 也与 Δp 成正比，且同样服从上式。

11.3.3　附加压力的应用

炼钢炉中 CO 气体的产生场所为炉底。主要原因为：气体在产生前的半径为 0，其附

加压力为 $p_s = 2\sigma/r = \infty$，需要克服的附加压力非常大，无法生成气泡。而在炉底的孔洞中残留有一定的气体，其半径不为 0，所需克服的附加压力较小，易产生气泡。

11.4 润湿现象

11.4.1 润湿现象和润湿角

（1）润湿现象。液 – 固表面的黏附力如图 11 – 6 所示。

$$- W_a = \Delta G^\sigma = \sigma_{1/s} - \sigma_{g/1} - \sigma_{g/s}$$

式中　　$- W_a$——黏附功；

$\sigma_{1/s}$——液 – 固界面张力；

$\sigma_{g/1}$——气 – 液界面张力；

$\sigma_{g/s}$——气 – 固界面张力。

W_a 越大，体系越稳定，液 – 固界面结合得越牢固，或者说此液体极易在此固体上黏附。$\Delta G < 0$ 或 $W_a > 0$ 是液体润湿固体的条件。

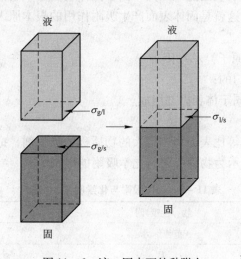

图 11 – 6　液 – 固表面的黏附力

（2）润湿角。下面分析液体表面形成相关黏附力的润湿角。气 – 固、液 – 固、气 – 液的界面张力与润湿角 θ 存在如下关系：

$$\sigma_{g/s} = \sigma_{1/s} + \sigma_{g/1} \cos\theta \tag{11 – 4}$$

式（11 – 4）称为杨氏方程或润湿方程。则有：

$$- \Delta G^\sigma = \sigma_{g/1} (\cos\theta + 1)$$

可见，θ 越小，$- \Delta G$ 越大，润湿程度越好；当 $\theta = 0°$ 时，$- \Delta G$ 最大，此时完全润湿；当 $\theta = 180°$ 时，$- \Delta G$ 最小，此时完全不润湿。

把 $\theta = 90°$ 作为分界线，$\theta < 90°$ 时能润湿，$\theta > 90°$ 时不能润湿，如图 11 – 7 所示。

可见，θ 越小，液体与固体的接触面积越大，液体对固体的润湿性越好。电解铝生产过程中，碳阳极与电解质之间的润湿角越小，电解质与碳阳极的接触面积越大，导电性能越好，不易发生阳极效应，但电解质对其腐蚀性变强。

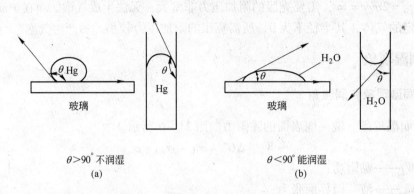

$\theta>90°$ 不润湿　　　　　　　　　　　$\theta<90°$ 能润湿
(a)　　　　　　　　　　　　　　　　　(b)

图 11 – 7　润湿性与润湿角的关系

11.4.2　固体表面的吸附作用

任何表面都有自发降低表面能的倾向，由于固体表面难以收缩，只能依靠降低界面张力的办法来降低表面能，这就是固体表面产生吸附作用的根本原因。

（1）固体表面的特点。

1）固体表面分子（原子）移动困难；

2）固体表面是不均匀的；

3）固体表面组成不同于体相内部组成。

（2）吸附作用。

通常将活性炭、硅胶等比表面积相当大的物质称为吸附剂，把被吸附剂所吸附的物质称为吸附质。表 11 – 1 所示为物理吸附与化学吸附的区别。

表 11 –1　物理吸附与化学吸附的区别

项　目	物 理 吸 附	化 学 吸 附
吸附力	范德华力	化学键
选择性	无	有
吸附热	近于液化热、相变热	近于反应热
吸附速度	快，易平衡，不需要活化能	较慢，难平衡，常需要活化能
吸附层	单分子层或多分子层	单分子层
可逆性	可逆	不可逆

在气体吸附中，因为吸附是放热的，所以无论是物理吸附还是化学吸附，吸附量均随温度的升高而降低。

11.4.3　表面活性剂

表面活性剂可以使界面张力降低，使其润湿角变小，在冶金过程中可以用来改善电极与电解质、钢液与钢渣等固 – 液、液 – 液之间的界面张力。

表面活性剂应具备两个重要性质：一是在各种界面上定向吸附；二是在溶液内部能形成胶束。

11.4.3.1 表面活性剂的定义

表面活性剂是指使表面张力减小、聚集于液体表面的物质。表面惰性剂是指使表面张力增大、富集于液体内部的物质。

11.4.3.2 表面活性剂的特点

表面活性剂由两部分组成：一部分是与油有亲和性的亲油基（也称憎水基）；另一部分是与水有亲和性的亲水基（也称憎油基）。

这种结构使表面活性剂溶于水后，亲水基受到水分子的吸引，而亲油基受到水分子的排斥。克服这种不稳定性的方法只有占据溶液的表面，将亲油基伸向气相，将亲水基伸入水中。

虽然表面活性剂的结构是两亲分子，但并不是所有两亲分子都是表面活性剂，只有亲油部分有足够长度的两亲性物质才是表面活性剂。

11.4.3.3 表面活性剂的分类及其特点

A 分类

（1）按离子类型分类。

1）阴离子型表面活性剂，如羧酸盐 $RCOOH$、硫酸酯盐 $ROSO_3Na$、磺酸盐 RSO_3Na、磷酸酯盐 $ROPO_3Na$。

2）阳离子型表面活性剂，如 RNH_2HCl、$RN(CH_3)HHCl$、$RN(CH_3)_2HCl$、$RN^+(CH_3)_3Cl^-$。

3）两性离子型表面活性剂，如 $RN^+(CH_3)_2ClCH_2COOH^-$、$RN(CH_3)_2CH_2COO^-$。

4）非离子型表面活性剂，如 $RO(CH_2CH_2O)_nH$、$RCOOCH_2C(CH_2OH)_3$。

（2）按溶解性分类。

1）水溶性表面活性剂；

2）油溶性表面活性剂。

（3）按分子量分类。

1）高分子表面活性剂，分子量为 $10000 \sim \infty$；

2）中分子表面活性剂，分子量为 $1000 \sim 10000$；

3）低分子表面活性剂，分子量为 $100 \sim 1000$。

（4）按用途分类。

B 各类表面活性剂的特点

（1）阴离子型表面活性剂。其在水中解离后，生成憎水性阴离子，具有较好的去污、发泡、分散、乳化、润湿等特性。

（2）阳离子型表面活性剂。其水溶性大，在酸性与碱性溶液中较稳定，具有良好的表面活性作用和杀菌作用。

（3）两性离子型表面活性剂。若水溶液偏碱性，则两性离子型表面活性剂显示出阴离子型表面活性剂的特性；若水溶液偏酸性，则显示出阳离子型表面活性剂的特性。

（4）非离子型表面活性剂。非离子型表面活性剂不是离子状态，稳定性高，不易受强电解质无机盐的影响，不易受酸碱性的影响。

11.4.4　表面活性剂在固－液界面的吸附作用

11.4.4.1　表面活性剂的吸附类型

在中性水溶液中，固体表面易吸附负离子而带负电荷，所以阳离子表面活性剂易被吸附。例如，$C_{12}H_{25}NH_2 \cdot HCl$ 易被吸附，而 $C_{12}H_{25}SO_4Na$ 不易被吸附。

对于非离子表面活性剂的吸附，主要考虑亲油基与亲水基的作用。当聚氧乙烯链（亲水基）短时，非离子表面活性剂的吸附比阴离子表面活性剂的吸附多；当聚氧乙烯链相当长时，则非离子表面活性剂吸附较少。例如，$—(CH_2OCH_2)_n—$ 在 $CaCO_3$ 上吸附，n 值越大，则吸附越少。

11.4.4.2　固－液界面的吸附剂类型

固－液界面的吸附剂大致分为如下三类：

（1）带电吸附的吸附剂，如硅酸盐、氧化铝、二氧化钛、硅胶、聚酰胺（在一定 pH 值溶液中）以及不溶于溶剂的无机离子晶体（如 $BaSO_4$、$CaCO_3$ 等及离子交换剂）。此类吸附剂的吸附过程比较复杂，表面活性剂的吸附可以通过离子交换、离子对形成及"憎水键"形成来进行，吸附等温线呈 S 形，吸附明显分为三个阶段。

（2）极性吸附剂，如中性溶液中的棉花、聚酯、聚酰胺等。此类吸附剂的吸附主要是由于分子间的色散力和分子间形成氢键。欲形成氢键，则吸附剂与吸附物必须具有能形成氢键的基团，如棉纤维及尼龙纤维能够较多地吸附聚氧乙烯类型的非离子表面活性剂。

（3）非极性吸附剂，如石墨、炭黑、木炭等。此类吸附剂的吸附主要是由于分子间的色散力，阴、阳离子表面活性剂的吸附等温线相似，而且常常是朗格缪尔（Langmuir）型。通常，在 CMC 值附近吸附达到饱和。

11.4.4.3　表面活性剂在固－液界面吸附作用的影响因素

（1）表面活性剂的碳氢链长度。表面活性剂分子中的碳氢链长度不同，则吸附程度不同，碳氢链越长，越易被吸附。

（2）溶液的 pH 值。表面活性剂在固－液界面上的吸附与溶液的 pH 值有关。溶液的 pH 值较高时，正离子表面活性剂吸附较强，负离子表面活性剂则相反。例如，$C_{12}H_{24}SO_4Na$ 在氧化铝上的吸附量随溶液 pH 值的增加而减少；而 $Cl_2H_2ONH_2 \cdot HCl$ 在氧化铝上的吸附量则随溶液 pH 值的增加而增加，在 pH = 2.9 时吸附量为 $2.45 \times 10^{-10} mol/cm^2$，在 pH = 6.8 时吸附量为 $6.92 \times 10^{-10} mol/cm^2$。

（3）温度。离子型表面活性剂在液－固界面的吸附量，一般随温度的升高而减少。这可能是由于温度升高时离子型表面活性剂在水中的溶解度增加。

11.4.5　胶束理论

达到一定浓度时，其疏水基相互缔合成有序组合体，这种缔合结构称为胶束。开始大量形成胶束的浓度称为临界胶束浓度。

当溶液浓度在临界胶束浓度以下时，溶液中基本上是单个表面活性剂分子（或离子），表面吸附量随浓度的增大而逐渐增加，直至表面上再也挤不下更多的分子，此时表面张力不再下降。也就是说，在 $\sigma-c$ 曲线上，σ 不再下降时的浓度可能正是开始形成胶束的浓度，这应该是各种性质开始与理想性质发生偏离时的浓度。浓度继续增加并超过临界胶束浓度后，单个表面活性剂离子的浓度基本上不再增加，而是胶束浓度或胶束数目增加。因胶束表面是被许多亲水基覆盖的，故胶束本身不是表面活性的，因而不被溶液表面吸附。但胶束内部均为碳氢链所组成的亲油基团，有溶解不溶于水的有机物的能力。胶束的形成使溶液中的质点（离子或分子）数目减少，因此依数性（如渗透压等）的变化减弱。

胶束具有如下三种结构：

（1）球形胶束，浓度为临界胶束浓度或略大于临界胶束浓度；

（2）棒状胶束，浓度为临界胶束浓度的 10 倍或更大；

（3）层状胶束，浓度再大，就形成巨大的层状胶束。

11.4.6　表面活性剂的增溶作用及其影响因素

11.4.6.1　增溶作用

增溶作用是指难溶和不难溶的有机物在表面活性剂胶束水溶液中溶解度增大的现象。发生增溶作用时，被增溶物的蒸气压下降。增溶作用是一个可逆的平衡过程，无论用什么方法，达到平衡后的增溶作用都是一样的。

增溶作用对依数性影响很小，这表明增溶时溶质并未拆散成单个分子或离子，而是很可能"整团"地溶解在溶液中，因为只有这样，质点的数目才不致有显著的增加。

实验证明，在低于临界胶束浓度时，基本上无增溶作用；只有在浓度高于临界胶束浓度以后，增溶作用才明显地表现出来。

11.4.6.2　影响增溶作用的因素

（1）表面活性剂的结构。同系的钾皂中，碳氢链越长，增溶能力越大。对于烃类，+2 价金属烷基硫酸盐与其相应的钠盐相比，有较大的增溶能力，这是因为前者具有较大的胶束聚集数和体积。直链表面活性剂与相同碳原子数的支链表面活性剂相比，增溶能力大，这是因为后者的有效链长较短。极稀溶液中非离子型表面活性剂有较低的临界胶束浓度，故其与粒子性表面活性剂相比有较强的增溶能力。当表面活性剂具有相同的亲油链长时，不同类型表面活性剂增溶作用的大小顺序为：非离子型 > 阳离子型 > 阴离子型。

（2）被增溶物的结构。一般情况下，极性化合物比非极性化合物易于增溶，芳香族化合物比脂肪族化合物易于增溶，有支链的化合物比直链化合物易于增溶。

（3）电解质。向离子型表面活性剂中加入无机盐，能降低其临界胶束浓度，有利于增大表面活性剂的增溶能力；向非离子型表面活性剂中加入电解质，能增加烃类的增溶量，这主要是由于加入电解质后胶束的聚集数增加。

（4）温度。升温能增加极性和非极性物质在离子型表面活性剂中的增溶作用，这主要是由于温度升高后热扰动增强，从而增大了胶束中提供增溶的空间。

习　题

11 – 1　影响表面张力的因素有哪些?

11 – 2　表面活性剂的特点有哪些?

冶金过程反应速率

12.1　冶金过程化学反应速率与热力学的关系

热力学研究反应进行的方向和最大限度以及外界条件对平衡的影响，即研究物质变化的可能性。

动力学研究反应进行的速率和反应的历程（机理），即研究如何把这种可能性变为现实性。

例如，298K 时：

$$H_2 + \frac{1}{2}O_2 \Longrightarrow H_2O_{(1)} \qquad \Delta_r G_m^\ominus = -237.2kJ/mol \qquad K^\ominus = 3.79 \times 10^{41}$$

$$NaOH + HCl \Longrightarrow NaCl + H_2O \qquad \Delta_r G_m^\ominus = -79.9kJ/mol \qquad K^\ominus = 1.01 \times 10^{14}$$

化学平衡和反应速率相关联，但限于人们的认识水平，目前还没有统一的定量方法将其联系起来，还需分别进行研究。

12.2　化学反应速率表示法

12.2.1　平均反应速率

化学反应速率定义为单位时间内反应物消耗的量或者生成物生成的量，表示如下：

$$\bar{r} = \frac{-\Delta c_{反应物}}{\Delta \tau} = \frac{\Delta c_{生成物}}{\Delta \tau}$$

化学反应速率的测定方法如下：

（1）化学方法。在不同时刻取出一定量的系统样品，设法用骤冷、冲稀、加阻化剂或除去催化剂等方法使反应立即停止，然后进行化学分析。

（2）物理方法。利用与物质浓度有关的物理量（如旋光度、电导、折射率、电动势、V、p、光谱等）进行连续监测，获得一些原位反应的数据，从而求出浓度变化。

12.2.2　瞬时反应速率

动力学质量作用定律为：某一反应的化学反应速率只与该瞬时反应物浓度的乘积成正比，其上的指数为物质前的系数。例如，某反应：

$$aA + bB \longrightarrow rR$$

在时间 τ 内，该反应的反应速率为：

$$r = kc_A^a c_B^b$$

式中　c_A，c_B——分别为反应物的浓度（有几种物质参与反应，就有几种反应物的浓度）；

　　　　k——速率常数（即 $c_A = 1$、$c_B = 1$ 时该反应的反应速率）。

任何反应的物质前系数，均根据基元反应确定。

12.3　基元反应及化学反应速率方程

12.3.1　基元反应

通常，一个化学反应不能一步完成，而需要经历若干个反应步骤，例如：

（1）$H_2 + I_2 = 2HI$ 的反应步骤为：

$$I_2 + M \longrightarrow 2I + M$$

$$2I + M \longrightarrow I_2 + M$$

$$H_2 + 2I \longrightarrow 2HI$$

（2）$H_2 + Cl_2 = 2HCl$ 的反应步骤为：

$$Cl_2 + M \longrightarrow 2Cl + M$$

$$Cl + H_2 \longrightarrow HCl + H$$

$$H + Cl_2 \longrightarrow HCl + Cl$$

$$Cl + Cl + M \longrightarrow Cl_2 + M$$

（3）$H_2 + Br_2 = 2HBr$ 的反应步骤为：

$$Br_2 + M \longrightarrow 2Br + M$$

$$Br + H_2 \longrightarrow HBr + H$$

$$H + Br_2 \longrightarrow HBr + Br$$

$$H + HBr \longrightarrow H_2 + Br$$

$$Br + Br + M \longrightarrow Br_2 + M$$

基元反应是指反应物分子在碰撞中相互作用直接转化为生成物分子的反应，也称简单反应。

由若干个基元反应构成的反应称为总包反应。

总包反应中连续或同时发生的所有基元反应称为反应机理。

19 世纪中期，古德贝格和瓦格提出质量作用定律，其内容为化学反应速率与反应物的有效质量（即浓度）成正比。近代实验证明，质量作用定律仅适用于基元反应，因此该定律可严格、完整地表述为：基元反应的反应速率与各反应物浓度的幂的乘积成正比，其中各反应物浓度的幂指数即为基元反应方程式中该反应物化学计量数的绝对值。而对于一般非基元反应：

$$aA + bB + cC \Longrightarrow pP$$

$$r = kc_A^{\alpha} c_B^{\beta} c_C^{\gamma}$$

式中，α、β、γ 由实验确定。

12.3.2　化学反应速率方程

12.3.2.1　反应分子数和反应级数

反应分子数是指参加基元反应的反应物粒子数目。

反应级数是指反应速率方程式中各物质浓度的幂指数之和。对于上式，反应级数为：

$$n = \alpha + \beta + \gamma$$

（1）反应级数与化学计量数无关。

（2）对于基元反应，在数值上，反应分子数＝反应级数。

（3）对于非基元反应，无反应分子数的概念，反应级数根据实验确定，有时无法确定。

当 $n=1$ 时，为一级反应。

当 $n=2$ 时，为二级反应。

……

当 $n=n$ 时，为 n 级反应。

12.3.2.2　反应速率常数

反应速率常数 k 是与浓度无关的量，它相当于参加反应的物质都处于单位浓度时的反应速率。不同反应有不同的速率常数。反应速率常数的量纲为：浓度$^{1-n}$·时间$^{-1}$。其影响因素有温度、反应介质、催化剂、反应器的形状及性质等。

12.3.2.3　准级数反应

在化学反应速率方程中，若某一物质的浓度远远大于其他反应物的浓度或是出现在速率方程中的催化剂浓度项，则在反应过程中可以认为其没有变化，将其并入速率常数项，这时反应总级数可相应下降，总级数下降后的反应称为准级数反应。例如：

（1）$r=kc_{A}c_{B}$，若 $c_{A}\gg c_{B}$，则：

$$r=k'c_{B}　　　（k'=kc_{A}）$$

（2）$r=kc_{H^{+}}c_{A}$，若 H^{+} 为催化剂，则：

$$r=k'c_{A}　　　（k'=kc_{H^{+}}）$$

以上两式所表示的化学反应均为准一级反应。

12.4　具有简单级数的反应

12.4.1　一级反应

通常一级反应无需有表面催化反应和酶催化反应，这时反应物总是过量的，反应速率取决于相关温度等因素。常见的一级反应包括放射性元素的蜕变、热分解反应、水解反应、重排反应等。

某一级反应（反应速率为 k_{1}）：

$$A\longrightarrow P$$
$$r=k_{1}(a-x)$$

一级反应的特征是：

（1）k_{1} 的量纲：时间$^{-1}$。

（2）半衰期：

$$\tau_{1/2} = \frac{1}{k_1}\ln\frac{a}{a-\dfrac{a}{2}} = \frac{\ln 2}{k_1} \qquad (12-1)$$

即对于一给定反应，$\tau_{1/2}$ 是一个常数，与初始浓度 a 无关。另外，所有分数衰期都是与初始浓度 a 无关的常数，如 $\tau_{1/2} : \tau_{3/4} : \tau_{7/8} = 1 : 2 : 3$。

（3）以 $\ln c$ 对 τ 作图得到一直线，如图 12-1 所示，斜率为 $-k_1$，则有：

$$\frac{\ln c - \ln c_0}{\tau} = -k_1$$

$$\frac{c}{c_0} = \exp(-k_1\tau) \qquad (12-2)$$

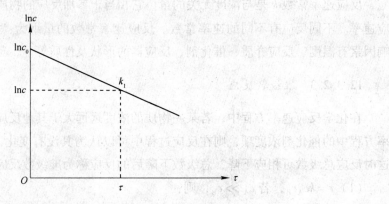

图 12-1　一级反应 $\ln c$ 与 τ 的关系

若反应时间间隔 τ 相同，则 $\dfrac{c}{c_0}$ 有定值。

当 $c = \dfrac{1}{2}c_0$ 时，

$$\tau_{1/2} = \frac{\ln 2}{k_1}$$

12.4.2　二级反应

加成反应、取代反应、消去反应及分解反应均为典型的二级反应。下列反应过程为二级反应的常规过程，分两种情况对相关数据进行分析，可得出二级反应的相关特点。

（1）

$$\begin{array}{cccc}
 & A & + & B \xrightarrow{\ k_2\ } P \\
\tau = 0 & a & & b \qquad 0 \\
\tau = \tau & a-x & & b-x \quad x
\end{array}$$

$$r = \frac{\mathrm{d}x}{\mathrm{d}\tau} = k_2(a-x)(b-x)$$

1）若 $a = b$，则：

$$\frac{\mathrm{d}x}{(a-x)^2} = k_2\mathrm{d}\tau$$

不定积分：
$$\frac{1}{a-x}=k_2\tau+C$$

定积分：
$$\frac{x}{a(a-x)}=k_2\tau$$

当 $x \to a$ 时，$\tau \to \infty$，反应不能进行到底。

上列反应的半衰期为：

$$\tau_{1/2}=\frac{1}{k_2a}$$

2）若 $a \neq b$，则：

$$\frac{\mathrm{d}x}{(a-x)(b-x)}=k_2\mathrm{d}\tau$$

不定积分：
$$\frac{1}{a-b}\ln\frac{a-x}{b-x}=k_2\tau+C$$

定积分：
$$k_2=\frac{1}{\tau(a-b)}\ln\frac{b(a-x)}{a(b-x)}$$

上列反应的半衰期对 A 与 B 而言不一致。

（2）
$$2A\xrightarrow{k_2}P$$

$$\begin{array}{cc} \tau=0 & a & 0 \\ \tau=\tau & a-2x & x \end{array}$$

$$r=\frac{\mathrm{d}x}{\mathrm{d}\tau}=k_2(a-2x)^2$$

$$\frac{x}{a(a-2x)}=k_2\tau$$

二级反应的特征是：

（1）k_2 的量纲：浓度$^{-1}$·时间$^{-1}$。

（2）半衰期与初始浓度 a 成反比。对于 $a=b$ 的反应：

$$\tau_{1/2}:\tau_{3/4}:\tau_{7/8}=1:3:7$$

（3）以 $\frac{1}{a-x}$ 或 $\frac{1}{a-b}\ln\frac{a-x}{b-x}$ 对 τ 作图应得一直线，其斜率为 k_2。

12.4.3　三级反应

三级反应是典型的多步骤、多产物、中间环节易受外界影响的反应过程。例如，目前已知 5 个与 NO 有关的三级反应，类型有：

$$A+B+C\longrightarrow P \qquad r=k_3c_Ac_Bc_C$$
$$2A+B\longrightarrow P \qquad r=k_3c_A^2c_B$$
$$3A\longrightarrow P \qquad r=k_3c_A^3$$

以第一个反应类型为例：

$$\begin{array}{ccccc} & A & + & B & +C & \xrightarrow{k_3} P \\ \tau=0 & a & & b & c & 0 \\ \tau=\tau & a-x & & b-x & c-x & x \end{array}$$

当 $a = b = c$ 时，有：

$$r = \frac{dx}{d\tau} = k_3(a-x)(b-x)(c-x) = k_3(a-x)^3$$

不定积分：
$$\frac{1}{2(a-x)^2} = k_3\tau + C$$

定积分：
$$\frac{1}{2}\left(\frac{1}{(a-x)^2} - \frac{1}{a^2}\right) = k_3\tau$$

此三级反应的特征是：

（1）k_3 的量纲：浓度$^{-2}$·时间$^{-1}$。

（2）半衰期：
$$\tau_{1/2} = \frac{3}{2k_3 a^2}$$

分数衰期：
$$\tau_{1/2} : \tau_{3/4} : \tau_{7/8} = 1 : 5 : 21$$

（3）$\frac{1}{(a-x)^2}$ 与 τ 成线性关系。

12.4.4　零级反应

反应速率方程中反应物浓度项不出现，即反应速率与反应物浓度无关，这种反应称为零级反应。常见的零级反应有表面催化反应和酶催化反应，这时反应物总是过量的，反应速率取决于固体催化剂的有效表面活性位或酶的浓度。下列反应为零级反应：

$$A \xrightarrow{k_0} P$$

$$\tau = 0 \qquad a \qquad 0$$
$$\tau = \tau \qquad a-x \qquad x$$

$$r = \frac{dx}{d\tau} = k_0$$

$$x = k_0\tau$$

可见，零级反应的特征是：

（1）k_0 的量纲：浓度·时间$^{-1}$。

（2）半衰期：

$$\tau_{1/2} = \frac{a}{2k_0}$$

即半衰期与反应物的起始浓度成正比。

（3）x 与 τ 成线性关系。

12.4.5　n 级反应

n 级反应可包括上述各级反应，但具体分析时，尤其是进行反应级数分析时又有不同的情况。以下列 n 级反应为例进行相关分析：

$$A \xrightarrow{k_n} P$$

$$\tau = 0 \qquad a \qquad 0$$
$$\tau = \tau \qquad a-x \qquad x$$

$$r = \frac{dx}{d\tau} = k_n (a - x)^n$$

$$\frac{1}{n-1}\left[\frac{1}{(a-x)^{n-1}} - \frac{1}{a^{n-1}}\right] = k_n \tau$$

n 级反应的特征是:

(1) k_n 的量纲: 浓度$^{1-n}$·时间$^{-1}$。

(2) 半衰期:

$$\tau_{1/2} = \frac{2^{n-1}-1}{k(n-1)} \cdot \frac{1}{a^{n-1}} = A \frac{1}{a^{n-1}} \tag{12-3}$$

(3) $\frac{1}{(a-x)^{n-1}}$ 与 τ 成线性关系。

当 $n = 0$, 2, 3 时, 可以获得对应的反应级数的积分式。但 $n \neq 1$, 因为一级反应有其自身的特点。当 $n = 1$ 时, 有的积分式在数学上不成立。

12.5 温度对反应速率的影响——阿累尼乌斯公式

温度与反应速率的关系可用范特霍夫规则近似表示为:

$$\frac{k_{T+10}}{k_T} = 2 \sim 4$$

但这条规则只能用于粗略估计, 比较准确的经验公式为阿累尼乌斯公式。

(1) 阿累尼乌斯公式的积分式:

$$\ln k = -\frac{E_a}{RT} + B \tag{12-4}$$

$$k = A\exp\left(-\frac{E_a}{RT}\right)$$

式中 A——指前因子 (也称频率因子), 其量纲与 k 相同;

  E_a——实验活化能。

以 $\ln k$ 对 $\frac{1}{T}$ 作图可得到一直线, 斜率为 $-\frac{E_a}{R}$。

(2) 阿累尼乌斯公式的微公式:

$$\frac{d\ln k}{dT} = \frac{E_a}{RT^2}$$

$$E_a = RT^2 \frac{d\ln k}{dT} \tag{12-5}$$

现对式 (12-5) 做如下说明:

1) E_a 与 T 有关, 即式 (12-5) 只适用于一定的温度范围 (该式中视其为常数), 其单位为 kJ/mol。

2) 式 (12-5) 只适用于基元反应或具有 $r = kc_A^\alpha c_B^\beta \cdots$ 形式速率方程的复杂反应 (包括气相、液相反应, 其 E_a 为表观活化能), 不适用于无恒定级数的复杂反应。

3) $E_{a,正} - E_{a,逆} = U$ (等容)。

4) 范特霍夫公式 $\frac{d\ln K^\ominus}{dT} = \frac{\Delta_r H_m^\ominus}{RT^2}$ 从热力学角度说明温度对平衡常数的影响, 而阿累尼

乌斯公式则从动力学角度说明温度对速率常数的影响。

12.6　活化能

12.6.1　活化能的定义

对于基元反应，活化能可赋予较明确的物理意义，Tolman 用统计平均的概念定义活化能为：

$$E_a = \overline{E}^* - \overline{E}_r \tag{12-6}$$

式中　$\overline{E}^*$——能发生反应分子的平均能量；

　　　$\overline{E}_r$——反应物分子的平均能量；

　　　E_a——实验活化能，即反应物分子能发生有效碰撞（碰撞能较高的碰撞）的能量要求。

对于单个分子：

$$\varepsilon_a = \overline{\varepsilon}^* - \overline{\varepsilon}_r$$

12.6.2　活化能与温度的关系

（1）等容对峙反应。等容对峙反应 $K_c^{\ominus}$ 与 T 的关系为：

$$\frac{\mathrm{d}\ln K_c^{\ominus}}{\mathrm{d}T} = \frac{\Delta_r U_m^{\ominus}}{RT^2} = \frac{\overline{E}_P - \overline{E}_R}{RT^2} = \frac{Q_V}{RT^2}$$

因为

$$K_c^{\ominus} = \frac{k_1}{k_{-1}}$$

所以：

$$\frac{\mathrm{d}\ln k_1}{\mathrm{d}T} - \frac{\mathrm{d}\ln k_{-1}}{\mathrm{d}T} = \frac{\overline{E}_P - \overline{E}_R}{RT^2}$$

又因为

$$k = A\exp\left(-\frac{E_a}{RT}\right)$$

$$\frac{\mathrm{d}\ln k_1}{\mathrm{d}T} - \frac{\mathrm{d}\ln k_{-1}}{\mathrm{d}T} = \frac{E_a - E_a'}{RT^2}$$

所以：

$$\overline{E}_P - \overline{E}_R = E_a - E_a' = Q_V$$

即：

$$\overline{E}_P + E_a' = \overline{E}_R + E_a = \overline{E}^*$$

对于基元反应，因为 $Q_V = f(T)$，所以 $E_a = f(T)$，则：

$$E_a \stackrel{\mathrm{def}}{=\!=} RT^2 \frac{\mathrm{d}\ln k}{\mathrm{d}T} = -R\frac{\mathrm{d}\ln k}{\mathrm{d}\left(\frac{1}{T}\right)}$$

式中，k 可由实验求得或通过动力学理论计算而得。

（2）温度范围较宽的实验或溶液中的反应，如酸碱反应，有如下关系存在：

$$k = AT^m\exp\left(-\frac{E_c}{RT}\right)$$

或

$$\ln k = \ln A + m\ln T - \frac{E_c}{RT}$$

式中，E_c 为阈能，即反应的临界能，是指分子发生有效碰撞时，其相对动能在质心连心线上的分量所必须超过的临界能；A、E_c、m 均由实验确定。

所以：
$$E_a = RT^2 \frac{\mathrm{d}\ln k}{\mathrm{d}T} = E_c + mRT$$

E_a 在指数上对 k 影响很大。例如，300K 时，E_a 下降 4kJ/mol，则 $k = 5k_0$；E_a 下降 8kJ/mol，则 $k = 25k_0$。

对于一般反应，$E_c = 40 \sim 400\mathrm{kJ/mol}$。常选用合适的催化剂改变反应机理，以降低活化能。

活化能对反应速率的影响讨论如下：

由
$$k = A\exp\left(-\frac{E_a}{RT}\right)$$

得：
$$\frac{\mathrm{d}\ln k_1}{\mathrm{d}T} = \frac{E_{a,1}}{RT^2}, \quad \frac{\mathrm{d}\ln k_2}{\mathrm{d}T} = \frac{E_{a,2}}{RT^2}$$

$$\frac{\mathrm{d}\ln\frac{k_1}{k_2}}{\mathrm{d}T} = \frac{E_{a,1} - E_{a,2}}{RT^2}$$

若 $E_{a,1} > E_{a,2}$，则随温度升高，$\dfrac{k_1}{k_2}$ 增加。

若 $E_{a,1} < E_{a,2}$，则随温度升高，$\dfrac{k_1}{k_2}$ 降低。

E_a 越大，$\dfrac{\mathrm{d}\ln k}{\mathrm{d}T}$ 越大；反之，E_a 越小，$\dfrac{\mathrm{d}\ln k}{\mathrm{d}T}$ 越小。

综上，高温有利于活化能较高的反应，低温有利于活化能较低的反应。

12.6.3 活化能的求算

（1）作图法。以 $\ln k$ 对 $\dfrac{1}{T}$ 作图得：
$$\ln k = -\frac{E_a}{R} \cdot \frac{1}{T} + C$$

假定 E_a 在 $T_1 \sim T_2$ 间为常数，则：
$$\ln \frac{k_2}{k_1} = \frac{E_a}{R}\left(\frac{1}{T_1} - \frac{1}{T_2}\right)$$

若某反应在 T_1、T_2 时的初始浓度和反应程度相同，则：
$$\ln \frac{\tau_1}{\tau_2} = \ln \frac{k_2}{k_1} = \frac{E_a}{R}\left(\frac{1}{T_1} - \frac{1}{T_2}\right) \tag{12-7}$$

（2）活化能的估算。

1）基元反应：
$$\mathrm{A - A + B - B} \longrightarrow 2\mathrm{A - B} \qquad E_a = (\varepsilon_{\mathrm{A-A}} + \varepsilon_{\mathrm{B-B}}) \times 30\%$$

2）有自由基参与的基元反应：
$$\mathrm{A + B - C} \longrightarrow \mathrm{A - B + C} \qquad E_a = \varepsilon_{\mathrm{B-C}} \times 5.5\%$$

3）由中性分子生成自由基：

$$A - B + M \longrightarrow A + B + M \qquad E_a = \varepsilon_{A-B}$$

4）自由基复合反应：

$$A + B + M \longrightarrow A - B + M \qquad E_a = 0$$

习　题

12-1　影响速率常数的因素有哪些？

12-2　某一级反应，反应物浓度变为初始浓度的 $\frac{1}{2}$ 的所用时间为 90min，求该反应的速率常数。

第3篇

冶金热工基础

13 气体力学原理

目前大部分冶金炉（除电炉外）热能的主要来源是靠燃烧燃料来供给的。燃料燃烧需要供入炉内大量空气，并在炉内产生大量的炉气。高温的炉气是传热介质，当它将大部分热能传给被加热的物料以后就从炉内排出。

气体在炉内的流动，根据流动产生的原因不同可分为两种：一种称为自由流动，另一种称为强制流动。

自由流动是由于温度不同所引起各部分气体密度差而产生的流动。

强制流动是由于外界的机械作用而引起的气体流动，如鼓风机鼓风产生的压力差。

13.1 气体的主要物理性质

液体和气体由于分子间的空隙比固体大，它们均不能保持一定的形状，因而具有固体所没有的一种性质——流动性。

液体和气体统称为流体。

由于液体和气体具有流动性，它们能将自身重力和所受的外力按原来的大小向各个方向传递，这是气体与液体的共同性。

气体和液体又具有如下不同的特性：

（1）液体是不可压缩性流体（或称非弹性流体）；气体是可压缩性流体（或称弹性流体）。在研究气体运动时，应注意气体的体积和密度随温度和压力的变化，此为气体区别于液体的一个显著特性。

（2）液体的密度较大，在流动过程中基本不受周围大气的影响；而气体的密度较小，与空气的密度相近，所以其在流动过程中受周围大气的影响。

13.1.1 气体的温度

温标是指衡量温度高低的标尺，它规定了温度的起点（零点）和测量温度的单位。目前国际上常用的温标有摄氏温标和绝对温标两种。

（1）摄氏温标。在1个标准大气压下（1atm = 760mmHg = 101325Pa），把纯水的冰点定为零度，沸点定为100度，将冰点与沸点之间等分为100个分格，每一格的刻度就是1度摄氏温度，用符号 t 表示，其单位符号为℃。

（2）绝对温标。绝对温标即热力学温标，又称开尔文温标，用符号 T 表示，其单位为 K。这种温标是以气体分子热运动平均动能超于零的温度为起点，定为 0K；并以水的三相点温度为基本定点，定为 273.16K。于是 1K 就定义为水三相点热力学温度的 $\frac{1}{273.16}$。

绝对温标与摄氏温标的关系是：

$$T = 273.16 + t \tag{13 - 1}$$

在不需要精确计算的情况下，可近似认为：

$$T = 273 + t$$

气体在运动过程中有温度变化时，气体的平均温度 $t_{均}$ 常取为其始端温度 t_1 和终端温度 t_2 的算术平均值，即：

$$t_{均} = \frac{t_1 + t_2}{2} \tag{13 - 2}$$

13.1.2　气体的压力

13.1.2.1　定义

由于气体自身的重力作用和气体内部的分子运动作用，气体内部均具有一定的对外作用力，这个力称为气体的压力。

气体压力是气体的一种内力，它是表示气体对外作用力大小的一个物理参数。

13.1.2.2　压力的单位

A　工程单位制

在工程单位制（即米制）中，气体的压力大小有以下三种表示方法：

（1）以单位面积上所受的作用力来表示，例如 kg/cm^2（kgf/cm^2）或 kg/m^2（kgf/m^2）。

（2）用液柱高度来表示，例如米水柱（mH_2O）、毫米水柱（mmH_2O）和毫米汞柱（$mmHg$）。

（3）用大气压来表示。大气重量对地球表面所造成的压力称为大气压力，简称大气压，常用单位是 $mmHg$。

大气压的数值随着所在地区海拔高度的升高而降低。

国际上规定：将纬度 45°海平面上测得的全年平均大气压力 760mmHg 定义为一个标准大气压，也称为物理大气压，用符号 atm 表示。它与其他压力单位的换算关系是：

$$1atm = 760mmHg$$
$$= 1.0332kgf/cm^2 = 10332kgf/m^2$$
$$= 10332mmH_2O$$

工程上为了计算方便，规定以 $1kgf/cm^2$ 作为一个工程大气压，简称气压，用符号 at 表示，则：

$$1at = 1kgf/cm^2 = 10000kgf/m^2$$
$$= 10mH_2O = 10000mmH_2O$$
$$= 735.6mmHg$$

由此可得：
$$1mmH_2O = 1kgf/m^2$$
$$1mmHg = 13.6mmH_2O$$

B　国际单位制

在国际单位制中，压力的单位是帕斯卡，简称帕，其符号为 Pa。1Pa 是指 $1m^2$ 表面上作用 1 牛顿（N）的力，即：
$$1Pa = 1N/m^2$$
$$1kPa = 1000N/m^2$$
$$1MPa = 10^6 N/m^2$$

C　工程单位制与国际单位制的压力换算

工程单位制与国际单位制的压力换算关系如下：
$$1atm = 1.0332kgf/cm^2 = 101325Pa = 101.325kPa = 0.101325MPa$$
$$1at = 1kgf/cm^2 = 98066Pa = 98.066kPa = 0.098066MPa$$
$$1mH_2O = 9806.6Pa = 9.8066kPa$$
$$1mmH_2O = 9.8066Pa \approx 9.81Pa$$

13.1.2.3　气体压力与温度的关系

当一定质量的气体其体积保持不变(即等容过程)时,气体的压力随温度成直线变化,即:
$$p_t = p_0(1 + \beta t) \tag{13-3}$$
式中　p_t, p_0——分别为 t℃和 0℃时气体的压力;

　　　　β——体积不变时气体的压力温度系数，根据实验测定，一切气体的压力温度系数均近似等于 $\frac{1}{273}$。

13.1.2.4　绝对压力和表压力

气体的压力有绝对压力和表压力两种表示方法。

以真空为起点所计算的气体压力称为绝对压力，通常以符号 $p_绝$ 表示。

设备内气体的绝对压力与设备外相同高度的实际大气压之差，称为气体的表压力，常以符号 $p_表$ 表示。

绝对压力和表压力的关系为：
$$p_绝 = p_表 - p_{大气} \tag{13-4}$$
式中　$p_绝$——设备内气体的绝对压力;

　　$p_表$——设备内气体的表压力;

　　$p_{大气}$——设备外相同高度的实际大气压。

（1）当气体的表压力为正值时，称此气体的表压力为正压。

（2）当气体的表压力为负值时，称此气体的表压力为负压，负压的数值称为真空度。

（3）当气体的表压力为零值时，称此气体的表压力为零压。具有零压的面常称为零压面。

13.1.3　气体的体积

气体的体积是表示气体所占据空间大小的物理参数。

每千克气体具有的体积称为气体的质量体积或比体积，用符号 v 表示，单位是 m^3/kg。

13.1.3.1 气体体积与温度的关系

1kg 质量的气体，在恒压条件下，其体积与绝对温度成正比，即：

$$\frac{v_0}{T_0} = \frac{v_t}{T_t} \tag{13-5}$$

式中 T_0——0℃时气体的绝对温度，K；

T_t——t℃时气体的绝对温度，K；

v_0——标准状态下 1kg 气体的体积，m^3；

v_t——压力为 101325Pa、温度为 t℃时 1kg 气体的体积，m^3。

设 V 代表 $m$kg 质量气体的体积，式（13-5）两端同乘以 m，则可得：

$$\frac{V_0}{T_0} = \frac{V_t}{T_t}$$

可见，当压力不变时，气体的体积随温度的升高而增大，随温度的降低而减小。为了计算方便，上式常写成：

$$V_t = V_0 \frac{T_t}{T_0} = V_0 \frac{273+t}{273} = V_0\left(1 + \frac{t}{273}\right) \tag{13-6}$$

式中，$\frac{1}{273}$ 常用符号 β 表示，称为气体的温度膨胀系数。则式（13-6）可写为：

$$V_t = V_0(1 + \beta t) \tag{13-7}$$

13.1.3.2 气体体积与压力的关系

1kg 质量的气体，在恒温条件下，其体积与绝对压力成反比，即：

$$p_1 v_1 = p_2 v_2 = \cdots = pv \tag{13-8}$$

式中 p_1，p_2，$\cdots$，p——相同温度下气体的各绝对压力，Pa；

v_1，v_2，$\cdots$，v——各相应压力下气体的比体积，m^3/kg。

同理，对于 $m$kg 质量的气体，可得：

$$p_1 V_1 = p_2 V_2 = \cdots = pV \tag{13-9}$$

式中 V_1，V_2，$\cdots$，V——各相应压力下 $m$kg 气体的体积，m^3。

可见，气体的体积或比体积随气体压力的升高而减小，随气体压力的降低而增大。

13.1.3.3 气体的状态方程式

表明气体温度、压力与体积的综合关系的方程式，称为气体的状态方程式。

对于 1kg 理想气体，其状态方程式为：

$$\frac{p_1 v_1}{T_1} = \frac{p_2 v_2}{T_2} = \cdots = \frac{pv}{T} = R' \tag{13-10}$$

式中 p_1，p_2，$\cdots$，p——气体的各绝对压力，Pa；

v_1，v_2，$\cdots$，v——气体在各相应温度和压力下的比体积，m^3/kg；

T_1，T_2，…，T——气体的各绝对温度，K；

$\qquad\qquad$ R'——质量气体常数，J/(kg·K)。

R' 的物理意义是：1kg 质量的气体在定压下，加热升高 1K 时所做的膨胀功。

如果气体的质量不是 1kg 而是 $m$kg，则适用于 $m$kg 气体的状态方程式为：

$$\frac{p_1 V_1}{T_1} = \frac{p_2 V_2}{T_2} = \cdots = \frac{pV}{T} = mR' \qquad (13-11)$$

当已知 p、V、T 三个参数时，可按下式计算出气体的质量 m：

$$m = \frac{pV}{R'T}$$

对于 1mol 的气体，可以写出它的状态方程式，即将气体状态方程式的各项同乘以气体的摩尔质量 M（g/mol）：

$$pvM = MR'T$$

令 $R = MR'$，称为通用气体常数或摩尔气体常数，对于所有理想气体，其数值均约等于 8.314J/(mol·K)。

13.1.4 气体的密度

单位体积气体具有的质量称为气体的密度，用符号 ρ 表示，单位是 kg/m³。

比体积与密度互为倒数，即：

$$v = \frac{1}{\rho}$$

冶金生产中常见的气体（如煤气、炉气等）都是由几种简单气体组成的混合气体。混合气体在标准状态下的密度 $\rho_{混}$ 可用下式计算：

$$\rho_{混} = \rho_1 \varphi_1 + \rho_2 \varphi_2 + \cdots + \rho_n \varphi_n \qquad (13-12)$$

式中 ρ_1，ρ_2，…，ρ_n——各气体组成物在标准状态下的密度，kg/m³；

$\qquad$ φ_1，φ_2，…，φ_n——各气体组成物在混合气体中的体积分数，%。

（1）气体密度随温度的变化。在标准大气压下，气体温度为 t℃ 时其质量和体积分别为 m 和 V_t，则气体的密度为：

$$\rho_t = \frac{m}{V_t} = \frac{\rho_0}{1 + \beta t} \qquad (13-13)$$

式中 ρ_0——气体在标准状态（1atm，0℃）下的密度。

各种热气体的密度都小于常温下大气的密度，亦即设备内的热气体都轻于设备外的大气。

（2）气体密度随压力的变化。在恒温条件下，气体密度与气体绝对压力的关系式为：

$$\frac{p_1}{\rho_1} = \frac{p_2}{\rho_2} = \cdots = \frac{p}{\rho} \qquad (13-14)$$

式中 ρ_1，ρ_2，…，ρ——在各相应压力下的气体密度，kg/m³。

（3）气体密度随温度和压力的变化。气体密度随气体压力而变化的特性称为气体的可压缩性。对于可压缩性气体而言，气体密度同时随其温度和压力按下式变化：

$$\frac{p_1}{\rho_1 T_1} = \frac{p_2}{\rho_2 T_2} = \cdots = \frac{p}{\rho T} = R \qquad (13-15)$$

式中　$\rho_1, \rho_2, \cdots, \rho$——在各相应压力和温度下的气体密度，$kg/m^3$。

13.1.5　气体的重度

单位体积气体具有的重量称为气体的重度，用符号 γ 表示，单位是 N/m^3。

当气体重量为 G N，在标准状态下的体积为 V_0 m^3 时，此气体的重度 γ_0 为：

$$\gamma_0 = \frac{G}{V_0} \tag{13-16}$$

当重力加速度 $g = 9.8 m/s^2$ 时，气体的重量 G 与气体的质量 m 间存在如下关系：

$$G = mg$$

则在标准状态下气体密度和重度的关系为：

$$\gamma_0 = \rho_0 g \tag{13-17}$$

气体的重度也随气体温度和压力的变化而变化。

13.1.6　阿基米德原理

对固体和液体而言，阿基米德原理的内容可表达为：固体在液体中所受的浮力，等于所排开同体积该液体的重量。

此原理同样适用于气体。设有一个倒置的容器，如图 13-1 所示，高为 H，截面积为 f，容器内盛满热气（密度为 ρ），四周皆为冷空气（密度为 ρ'），热气的重量为：

$$G_{气} = Hfg\rho$$

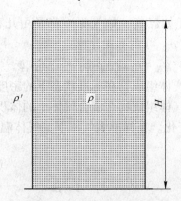

图 13-1　阿基米德原理

同体积空气的重量为：

$$G_{空} = Hfg\rho'$$

热气在空气中的重力 G 应为：

$$G = G_{气} - G_{空} = Hfg(\rho - \rho') \tag{13-18}$$

因为 $\rho < \rho'$，所以热气在空气中的重力必是负值，也就是说，实际上热气在冷气中具有一种上升力。

若式（13-18）两边同除以 f，则单位面积上气柱所具有的上升力 h 可写成下面的形式：

$$h = Hg(\rho' - \rho) \tag{13-19}$$

式（13-19）说明，单位面积上气柱所具有的上升力取决于气柱的高度和冷、热气体的密度差。

13.2　气体平衡方程式

气体平衡方程式是研究静止气体的压力变化规律的方程式。

自然界内不存在绝对静止的气体，但是可以认为某些气体（如大气、煤气罐内的煤气、炉内非流动方向上的气体等）是处于相对静止状态的。下面分析相对静止气体的压力变化规律。

13.2.1　气体绝对压力的变化规律

如图13-2所示，在静止的大气中取一个底面积为 $f\,\mathrm{m^2}$、高度为 $H\,\mathrm{m}$ 的长方体气柱。如果气体处于静止状态，则此气柱水平方向和垂直方向的力都应分别处于平衡状态。

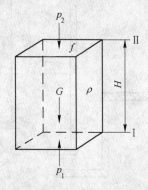

图13-2　气体绝对压力的分布

在水平方向上，气柱只受到其外部大气的压力作用，气柱在同一水平面上受到的是大小相等、方向相反的压力。这些互相抵消的压力使气柱在水平方向上保持力的平衡，从而处于静止状态。

在垂直方向上，气柱受到如下三个力的作用：

（1）Ⅰ面处向上的大气总压力 $p_1 f(\mathrm{N})$；

（2）Ⅱ面处向下的大气总压力 $p_2 f(\mathrm{N})$；

（3）向下的气柱总重量 $G = Hfg\rho(\mathrm{N})$。

气体静止时，这些力应保持平衡，即：

$$p_1 f = p_2 f + Hfg\rho$$

当 $f = 1\mathrm{m^2}$ 时，则得：

$$p_1 = p_2 + Hg\rho \qquad\qquad (13-20)$$

式中　p_1——气体下部的绝对压力，Pa；

　　　p_2——气体上部的绝对压力，Pa；

　　　H——Ⅰ面和Ⅱ面之间的高度差，m；

　　　ρ——气体的密度，$\mathrm{kg/m^3}$；

　　　g——重力加速度，$9.81\mathrm{m/s^2}$。

式（13 - 20）即为表示气体绝对压力变化规律的气体平衡方程式。此式说明静止气体沿高度方向上绝对压力的变化规律是：下部气体的绝对压力大于上部气体的绝对压力，上、下两点间的绝对压力差等于此两点间的高度差乘以气体在实际状态下的平均密度与重力加速度之积。

13. 2. 2　气体表压力的变化规律

生产中多用表压力表示气体的压力。下面分析静止气体内表压力的变化规律。

如图 13 - 3 所示，炉内是实际密度为 ρ 的静止炉气，炉外是实际密度为 ρ' 的大气。炉气在各面处的绝对压力分别为 p_1、p_2 和 p_0，表压力分别为 $p_{表1}$、$p_{表2}$ 和 $p_{表0}$。

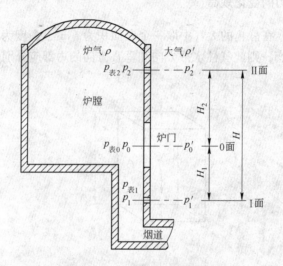

图 13 - 3　气体表压力的分布

下面分析炉气表压力沿高度方向上的变化情况。

炉气在 Ⅰ 面和 Ⅱ 面处的表压力分别为：

$$p_{表1} = p_1 - p_1' \tag{13 - 21}$$
$$p_{表2} = p_2 - p_2' \tag{13 - 22}$$

因此，Ⅰ 面与 Ⅱ 面的表压力差为：

$$p_{表2} - p_{表1} = (p_2 - p_1) + (p_1' - p_2')$$

由式（13 - 20）可得 Ⅰ 面和 Ⅱ 面处炉气的绝对压力差为：

$$p_2 - p_1 = -Hg\rho$$

Ⅰ 面和 Ⅱ 面处大气的绝对压力差为：

$$p_1' - p_2' = Hg\rho'$$

经过综合计算，则得：

$$p_{表2} - p_{表1} = Hg(\rho' - \rho) \tag{13 - 23}$$

或

$$p_{表2} = p_{表1} + Hg(\rho' - \rho) \tag{13 - 24}$$

式中　$p_{表2}$——上部炉气的表压力，Pa；

　　　$p_{表1}$——下部炉气的表压力，Pa；

　　　H——Ⅰ、Ⅱ 两面间的高度差，m；

ρ'——大气的实际密度，kg/m^3。

式（13 - 23）和式（13 - 24）适用于任何与大气同时存在的静止气体。

气体平衡方程式表明，当气体密度 ρ 小于大气密度 ρ'（热气体均如此）时，静止气体沿高度方向上表压力的变化规律是：上部气体的表压力大于下部气体的表压力，上、下两点间的表压力差等于此两点间的高度差乘以大气与气体的实际密度差与重力加速度之积。此两点间的表压力差等于气柱的上升力。

由图 13 - 3 可以看出，如果炉门中心线 0 面处的炉气表压力为零（生产中常这样控制），则 I 面和 II 面的表压力分别为：

$$p_{\text{表1}} = p_{\text{表0}} - H_1 g(\rho' - \rho) = -H_1 g(\rho' - \rho) \tag{13 - 25}$$

或

$$p_{\text{表2}} = p_{\text{表0}} + H_2 g(\rho' - \rho) = H_2 g(\rho' - \rho) \tag{13 - 26}$$

如果炉内是高温的热气体，其实际密度 ρ 小于大气密度 ρ'，则由式（13 - 25）和式（13 - 26）不难看出：

（1）零压面以上各点的表压力 $p_{\text{表2}}$ 为正压，当该点有孔洞存在时，会发生炉气向大气中逸出的逸气现象；

（2）零压面以下各点的表压力 $p_{\text{表1}}$ 为负压，当该点有孔洞存在时，会发生将大气吸入的吸气现象。

这个规律存在于任何与大气同时存在的密度小于大气的静止气体中。炉墙的缝隙处经常向外冒火，烟道和烟囱的缝隙处经常吸入冷风，就是这个规律的具体表现。

13.3 气体流动的动力学基础

13.3.1 气体流动的状态

13.3.1.1 气体的黏性

在气体运动过程中，由于其内部质点间的运动速度不同，会产生摩擦力。

例如，当气体在管道中流动时，一方面，气体与管壁之间发生摩擦（此种摩擦称为外摩擦）；另一方面，由于气体分子间的距离大，相互吸引力小，紧贴管壁的气体质点因其与管壁的附着力大于气体分子间的相互吸引力，所以运动速度小，离管壁越远，则运动速度越大，这样就引起管内各层气流间的速度不同，为气体内部产生内摩擦力提供了先决条件。

当各层气流间的速度不同时，气体分子会由一层运动到另一层，流速较快的气体分子会进入流速较慢的气层，流速较慢的气体分子也会进入流速较快的气层。这样，流速不同的相邻气层间就会发生能量（动量）交换，较快的一层将显示出一种力，带动较慢的一层向前移动；较慢的一层则显示出一个大小相等、方向相反的力，阻止较快的一层前进。这种体现在气体流动时使两相邻气层的流速趋向一致，且大小相等、方向相反的力，称为内摩擦力或黏性力。

气体做相对运动时产生内摩擦力的这种性质称为气体的黏性。

对气体来说，分子热运动所引起的分子掺混是气体黏性产生的主要根据。液体分子间距离小，分子引力大，黏性力主要由分子引力所产生。

气体的主要黏度表示为：

$$\mu = \frac{F_{黏}}{\dfrac{\mathrm{d}v}{\mathrm{d}y} f} \qquad\qquad (13-27)$$

式中　μ——黏度，也称黏性系数，由式（13-27）可导出黏度的单位为 Pa·s，因为 μ 具有动力学的量纲，故又称为动力黏度；

　　　$F_{黏}$——黏性力，N；

　　　$\dfrac{\mathrm{d}v}{\mathrm{d}y}$——垂直于 $F_{黏}$ 方向的速度梯度；

　　　f——接触面积。

黏度 μ 与重力加速度 g 的乘积用 η 表示，称为内摩擦系数，单位为 N（m·s）：

$$\eta = \mu g$$

黏度与密度 ρ 的比值用 v 表示，称为运动黏度，单位为 m^2/s：

$$v = \frac{\mu}{\rho} = \frac{\eta}{\gamma} \qquad\qquad (13-28)$$

气体的黏度随温度的升高而增大。黏度与温度的关系可用下式表示：

$$\mu_t = \mu_0 \frac{1 + \dfrac{C}{273}}{1 + \dfrac{C}{T}} \sqrt{\frac{T}{273}} \qquad\qquad (13-29)$$

式中　μ_t——$t℃$ 时气体的黏度，Pa·s；

　　　μ_0——0℃时气体的黏度，Pa·s；

　　　C——实验常数，又称苏德兰常数；

　　　T——气体的绝对温度，K。

13.3.1.2　理想流体与实际流体

黏度为零的流体称为理想流体。

实际上流体都或多或少地具有一定的黏性，这种有黏性的流体称为实际流体。

在分析流体运动问题时，为了方便起见，假设流体没有黏性，即将其看成理想流体来处理。

13.3.1.3　稳定流动和不稳定流动

稳定流动是指流体中任意一点的物理量不随时间而改变的流动过程，用数学语言可表示为：

$$\frac{\partial u}{\partial \tau} = 0$$

式中　u——流体的某一物理量；

　　　τ——时间。

若 $\dfrac{\partial u}{\partial \tau} \neq 0$，即物理量随时间而变化，则称为不稳定流动。

在气体力学中，主要讨论气体在稳定流动条件下的运动。

13.3.1.4 管内流型及雷诺数

由实验可知,气体在流动时有两种截然不同的流动情况,即层流和紊流,如图 13 – 4 所示。

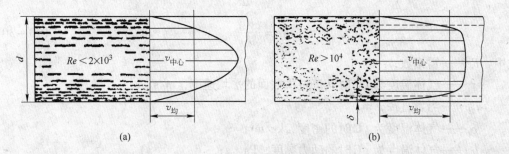

图 13 – 4 管内截面上速度的分布
(a) 层流;(b) 紊流

A 层流

当气体流速较小时,各气体质点平行流动,此种流动称为层流。

层流的特点是:

(1) 由于气体在管道中流动时管壁表面对气体有吸附和摩擦作用,管壁上总附有一层薄的气体,此层气体称为边界层。当管内气体为层流时,此边界层气体不流动,它对管内气体产生阻碍作用,距离边界层越近,这种阻碍作用越大。

(2) 对层流来说,由于气体质点没有径向的运动,这种阻碍作用更加显著。因此在层流情况下,管道内的气流速度是按抛物线形分布的(如图 13 – 4 (a) 所示),其平均速度 $v_{均}$ 为中心速度 $v_{中心}$(最大速度)的一半,即:

$$v_{均} = 0.5 v_{中心}$$

B 紊流

当气流速度较大时,各气流质点不仅沿着气流前进的方向流动,而且在各个方向做无规则的杂乱曲线运动,通常称此种流动为紊流。在紊流情况下主流内形成许多细小的旋涡,故其又称为涡流。

紊流的特点是:

(1) 由于紊流时气体质点有横向流动,边界层不再是静止状态,而是层流状态,其对中心气流速度的影响也较小。

(2) 管内的气流速度分布较均匀(如图 13 – 4 (b) 所示),其平均速度 $v_{均}$ 为中心速度 $v_{中心}$(最大速度)的 0.75 ~ 0.85,即:

$$v_{均} = (0.75 \sim 0.85) v_{中心}$$

C 层流与紊流的判别及雷诺数

欲了解气流在某种情况下是层流或紊流,必须首先了解影响气体流动情况的因素,即应了解影响气流紊乱难易程度的因素。由前文的讨论不难看出,紊流的形成与下列因素有关:

(1) 气流速度 (v_t):v_t 越大,越易形成紊流;

(2) 气体密度 (ρ_t):ρ_t 越大,气体质点横向运动的惯性越大,越易形成紊流;

(3) 管道直径 (d):d 越大,管壁对中心气流的摩擦作用越小,越易形成紊流;

（4）气体黏度（μ_t）：μ_t 越小，产生的内摩擦力越小，越易形成紊流。

实验研究结果表明，气体在管道内的流动情况取决于下一准数：

$$Re = \frac{v_t d_当 \rho_t}{\mu_t} \cdot$$

或

$$Re = \frac{v_t d_当}{\nu_t} \tag{13-30}$$

式中　Re——雷诺数；

v_t——气体温度为 $t℃$ 时其流过横截面的平均速度，m/s；

$d_当$——当量直径，m；

ρ_t——气体温度为 $t℃$ 时的密度，kg/m^3；

μ_t——气体温度为 $t℃$ 时的动力黏度，Pa·s；

ν_t——气体温度为 $t℃$ 时的运动黏度，m^2/s。

对于圆形管道，$d_当$ 即为管道直径；当管道不是圆形时，当量直径按下式计算：

$$d_当 = \frac{4f}{s} \tag{13-31}$$

式中　f——管道截面积；

s——管道截面周长。

观察 $Re = \frac{v_t d_当 \rho_t}{\mu_t}$ 等式右边的数群可知，其分子 $v_t d_当 \rho_t$ 代表惯性力的大小（因为 $v_t d_当$ $\rho_t = v_t \frac{4f}{s} \rho_t \approx m$，质量即为惯性的量度），其分母 μ_t 代表气体黏性力的大小。可见，雷诺数 Re 实质为惯性力与黏性力的比值。

实验证明，若气体在光滑管道中流动，则 $Re < 2300$ 时为层流，$Re > 10000$ 时为紊流，$2300 < Re < 10000$ 时为过渡流。

在过渡流内，可能呈现层流，但更可能呈现紊流。因此，可认为 $Re = 2300$ 为气体在光滑直管道中流动时由层流向紊流转化的综合条件。这种由层流向紊流转化时的雷诺数称为临界雷诺数，常用 $Re_临$ 表示。$Re_临$ 就是判断气体流动状态的标志。

D　边界层

当流动着的黏性气体（或液体）与和气流平行的固体表面接触时，由于流层与壁面的摩擦作用，在固体表面附近形成速度变化的区域，这种带有速度变化区域的流层称为边界层，也称附面层。图 13-5 所示为边界层形成的过程。

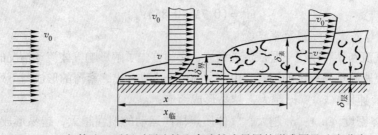

图 13-5　气体流经平板时层流性和紊流性边界层的形成图及速度分布

由图 13 – 5 可以看出：

（1）当气体刚刚接触到固体表面前沿时，边界层厚度 $\delta_界 = 0$。沿着气流方向前进，边界层的厚度逐渐增加并具有层流特性，这种具有层流性质的边界层称为层流边界层，其厚度用 $\delta_层$ 表示。它的径向速度分布完全符合抛物线规律。

（2）当气流流过一定距离后，边界层内气体流动的性质开始向紊流转变，并逐渐成为紊流边界层，其厚度用 $\delta_紊$ 表示。

（3）在紊流边界层内靠近固体壁面边沿处，仍有薄薄的气体流层保持着层流状态，称之为层流底层或层流内层，并把由层流边界层开始转变为紊流边界层的部位至平板始端的距离称为临界距离，用 $x_临$ 表示。

实验指出，气体的原有速度 v_0 越大，则临界距离 $x_临$ 越小。对于不同的气体，由层流边界层向紊流边界层过渡取决于 $x_临$ 所对应的雷诺数：

$$Re_x = \frac{v_0 x_临}{v} \tag{13 – 32}$$

一般情况下可以认为 $Re_x > 500000$ 以后，层流边界层才开始转变为紊流边界层。

（4）紊流边界层厚度 $\delta_紊 = \delta_涡 + \delta_层$，并且只有当 $x > x_临$ 时才能形成紊流边界层。

流体进入管道后便开始于管壁处形成边界层，随着流动的进程，边界层逐渐加厚。经过一定距离后，由于厚度的增加，边界层将由周围淹没到管道的轴线，这时边界层就充满了整个管道，如图 13 – 4 所示。在边界层没有淹没管道轴线之前，由于其厚度沿流动方向的增加，截面上的速度分布是沿流向而变化的；在边界层淹没管道轴线之后，即当 $x > Re$ 时，管道中的速度分布就稳定下来了。所以，又把 $x_临 = Re$ 称为稳定段或固定段。对气体在管道中的流动状态可以这样理解：如果在边界层淹没管道轴线之前，其为层流边界层，则淹没管道轴线以后管道中的流体将继续保持层流状态的性质，如图 13 – 4 所示；如果边界层在淹没管道轴线之前就已变成紊流边界层，则管内后段流体的流动性质将呈紊流状态，如图 13 – 5 所示。关于边界层的理论阐明了管道中流体流动的性质。

13.3.2　运动气体的连续方程式

运动气体的连续方程式是研究运动气体在运动过程中流量间关系的方程式。气体发生运动后便出现了新的物理参数，流速和流量是运动气体的主要物理参数。

13.3.2.1　流速和流量

A　流速

单位时间内气体流动的距离称为气体的流速，用符号 v 表示，单位是 m/s。流速是表示气体流动快慢的物理参数。

标准状态下气体的流速用 v_0 表示，单位仍是 m/s。各种气体在不同设备内的 v_0 都有其合适的经验值。

流速随气体的压力和温度而变化。恒压下，流速随温度的变化关系为：

$$v_t = v_0(1 + \beta t) \tag{13 – 33}$$

式中　v_t——101325Pa、t℃时气体的流速，m/s；

　　　v_0——标准状态下气体的流速，m/s；

　　　　β——气体的温度膨胀系数；

　　　　t——气体的温度，℃。

　　式（13 - 33）适用于标准大气压下流动的气体，压力不大的低压流动气体可近似应用。

　　由式（13 - 33）看出，对压力变化不大的低压流动气体，当其标准状态下的流速 v_0 一定时，其本身温度 t 越高，则实际流速 v_t 越大。

　　B　流量

　　单位时间内气体流过某截面的数量称为流量。流量是表示气体流动数量多少的物理参数。

　　a　体积流量

　　单位时间内气体流过某截面的体积称为体积流量，用符号 q_V 表示，单位为 m³/s、m³/min 或 m³/h。

　　标准状态下气体的体积流量用 $q_{V,0}$ 表示。实际生产及相关资料中多用 $q_{V,0}$ 表示气体的体积流量。

　　当气体的流动截面积为 fm²、气体在标准状态下的流速为 v_0m/s 时，则气体在标准状态下的体积流量（m³/s）为：

$$q_{V,0} = v_0 f$$

此式适用于各种气体。

　　由上式可以看出，当生产要求的体积流量 $q_{V,0}$ 和选取的经验流速 v_0 已知时，可根据公式确定气体运动设备的流动截面积 f，从而确定设备的流动直径 D。

　　气体的体积流量也随其温度和压力而变化。恒压下，体积流量随温度的变化关系为：

$$q_{V,t} = q_{V,0}(1 + \beta t) \tag{13 - 34}$$

或

$$q_{V,t} = v_0(1 + \beta t)f \tag{13 - 35}$$

$$q_{V,t} = vf \tag{13 - 36}$$

式中　$q_{V,t}$——101325Pa、t℃ 时气体的体积流量，m³/s。

　　式（13 - 36）适用于标准大气压下流动的气体，压力不大的低压流动气体可近似应用。

　　由式（13 - 34）可以看出，对压力不大的低压气体，当标准状态下的体积流量 $q_{V,0}$ 一定时，气体的实际体积流量 $q_{V,t}$ 随其温度 t 的升高而增加。

　　b　质量流量

　　单位时间内气体流过某截面的质量称为质量流量，用符号 q_m 表示，单位是 kg/s 或 kg/h。

　　质量等于体积乘以密度，因此可得：

$$q_m = q_{V,0}\rho_0 = v_0 f\rho_0 \tag{13 - 37}$$

或

$$q_m = q_V\rho = vf\rho \tag{13 - 38}$$

式中　q_m——气体的质量，kg/s；

　　　　f——气体的流动截面积，m²；

　　$q_{V,0}$，q_V——分别为标准状态下和任意状态下气体的体积流量，m³/s；

　　　v_0，v——分别为标准状态下和任意状态下气体的流速，m/s；

ρ_0，ρ——分别为标准状态下和任意状态下气体的密度，kg/m^3。

式（13-37）适用于标准状态下的气体，式（13-38）适用于任意状态下的气体。

式（13-37）和式（13-38）示出了质量流量和体积流量的关系。

应当指出，气体的质量流量是不随其温度和压力而变化的。

13.3.2.2 连续方程式

连续方程式是物质不灭定律在气体流动过程中的表现形式。根据物质不灭定律，任何物质在运动过程中既不能自生，也不能自灭。因此，当气体在管道中连续（即气体充满管道，管道不吸气也不漏气）而稳定地流动时，气体流过管道各截面的质量必相等。

如图13-6所示，气体在管道内由截面Ⅰ向截面Ⅱ做稳定流动，根据上述推论，则此两截面上的质量流量应当相等，即：

$$q_{m,1} = q_{m,2}$$

或

$$q_{V,1}\rho_1 = q_{V,2}\rho_2$$

$$v_1 f_1 \rho_1 = v_2 f_2 \rho_2 \tag{13-39}$$

式中　$q_{m,1}$，$q_{m,2}$——Ⅰ面和Ⅱ面处气体的质量流量，kg/s；

$\quad\quad q_{V,1}$，$q_{V,2}$——Ⅰ面和Ⅱ面处气体的体积流量，m^3/s；

$\quad\quad \rho_1$，ρ_2——任意状态下Ⅰ面和Ⅱ面处气体的密度，kg/m^3；

$\quad\quad v_1$，v_2——任意状态下Ⅰ面和Ⅱ面处气体的流速，m/s；

$\quad\quad f_1$，f_2——Ⅰ面和Ⅱ面处流体的截面积，m^2。

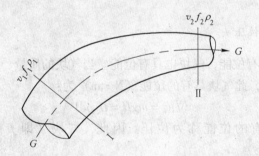

图13-6　气体连续流动时截面积与速度的关系

上述各式即为气体的连续方程式，其适用于任意状态下稳定流动的气体。如果不仅是稳定流动，而且气体在流动过程中的密度保持不变，即 $\rho_1 = \rho_2$，则：

$$q_{V,1} = q_{V,2}$$

$$v_1 f_1 = v_2 f_2 \tag{13-40}$$

式中　$q_{V,1}$，$q_{V,2}$——流动时，密度不变的Ⅰ面和Ⅱ面处气体的体积流量，m^3/s；

$\quad\quad v_1$，v_2——流动时，密度不变的Ⅰ面和Ⅱ面处气体的流速，m/s；

$\quad\quad f_1$，f_2——Ⅰ面和Ⅱ面处气体流动的截面积，m^2。

式（13-40）为连续方程式的又一种表示形式。

上述两式适用于密度不变、稳定流动的气体。可见，低压气体在稳定流动时，若流量固定，则气体的流速与管道的截面积成反比。当管道截面积一定时，气体在管内的流速与流量成正比。

13.3.3　气体的能量

如图 13 - 7 所示，管道内流动着稳定流动的气体，在此管道上任取一截面积为 f 的横截面，下面研究此横截面上气体具有的能量。

在靠近 f 截面处取一长为 $\mathrm{d}l$、体积为 $\mathrm{d}V = f\mathrm{d}l$ 的微小气块。当 $\mathrm{d}l$ 极小时，此气块具有的能量即为 f 截面上气体具有的能量。下面分析此气块（即 f 截面上气体）具有的能量。

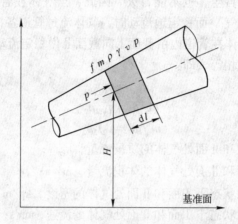

图 13 - 7　气体在管内流动时任一截面的流量

13.3.3.1　位压和位压头

自然界的物体都具有位能，气块也具有位能。当气块的质量、密度和距离基准面的高度分别为 m、ρ 和 H 时，此气块具有的位能（N·m）为：

$$位能 = mgH = Hg\rho\mathrm{d}V$$

单位体积气体具有的位能称为位压。因此，气块（即 f 截面上气体）的位压（Pa）为：

$$位压 = \frac{气块的位能}{气块的体积} = \frac{Hg\rho\mathrm{d}V}{\mathrm{d}V} = Hg\rho \tag{13 - 41}$$

当气体的密度 ρ 一定时，气体各处的位压仅随该处距离基准面的高度而变化，若基准面取在下面，则位置越高的气体位压越大，位置越低的气体位压越小。

管内气体的位压与管外同高度上大气的位压之差，称为管内气体的相对位压，简称位压头，用符号 $h_{位}$ 表示，单位是 Pa。

管内气体的位压头为：

$$h_{位} = Hg(\rho - \rho')$$

由此可知，气体的位压头是单位体积气体所具有的相对位压。

当气体的密度 ρ 小于大气密度 ρ'，即浮力大于气体本身的重力时，由上式可知，此时位压头为负值，即位压头是一种促使气体上升的能量。为了使位压头得到正值，常将基准面取在气体的上面，因为基准面以下的高度为负值。

当气体密度与大气密度之差保持一定时，气体各处的位压头仅随该处距离基准面的高度而变化，位置越高的气体位压头越小，位置越低的气体位压头越大。

运动和静止的气体内部都具有位压头。位压头只能计算而不能进行测量。

13.3.3.2　静压和静压头

由图 13 – 7 看出，气块的 f 截面上受到其相邻气体的绝对压力 p 的作用，其所受的总压力为 pf。而气块本身必然具有一个与之平衡的能量，此能量与外界可能做的最大功大小相等、方向相反，称为气体的压力能。因此，气块的压力能（N·m）为：

$$压力能 = pf\mathrm{d}l = p\mathrm{d}V$$

单位体积气体具有的压力能称为静压。因此，该气块（即 f 截面上气体）的静压（Pa）为：

$$静压 = \frac{气块的压力能}{气块的体积} = \frac{p\mathrm{d}V}{\mathrm{d}V} = p \tag{13 – 42}$$

显然，f 截面上气体的静压在数值上等于该处气体的绝对压力。

管道内气体的静压与管道外同高度上大气的静压之差，称为相对静压，简称静压头，用符号 $h_{静}$ 表示，单位是 Pa。

当管道内气体的静压为 p、管道外同高度上大气的静压为 p' 时，则管道内气体的静压头为：

$$h_{静} = p - p'$$

由此可知，气体的静压头是单位体积气体所具有的相对静压，其数值等于管道内、外气体所具有的相对压力（即表压力）。

气体静压与气体绝对压力两者的物理意义不同，前者是指单位体积气体具有的内能，后者是指单位面积气体具有的内力；但两者在数值上相等，故常混用。同样，气体静压头与气体表压力两者的物理意义也不同，但两者在数值上相等，故也常混用。

运动和静止的气体都具有静压头。静压头可以用压力计测量出来。

13.3.3.3　动压和动压头

运动的物体都具有动能，气块也具有动能。当气块的质量、流速、密度分别为 m、v、ρ 时，则气块具有的动能（N·m）为：

$$动能 = \frac{1}{2}mv^2 = \frac{v^2}{2}\rho\mathrm{d}V \tag{13 – 43}$$

单位体积气体具有的动能称为动压。因此，气块（即 f 截面处气体）的动压（Pa）为：

$$动压 = \frac{气块的动能}{气块的体积} = \frac{\frac{v^2}{2}\rho\mathrm{d}V}{\mathrm{d}V} = \frac{v^2}{2}\rho \tag{13 – 44}$$

管道内气体的动压与管道外同高度上大气的动压之差，称为相对动压，简称动压头，用符号 $h_{动}$ 表示，单位是 Pa。

当管道内气体的动压为 $\frac{v^2}{2}\rho$、管外同高度上静止大气的动压为零时，则管道内气体的动压头为：

$$h_{动} = \frac{v^2}{2}\rho$$

可见，气体的动压头在数值上等于气体的动压。

气体的动压头常以下式表示：

$$h_{动} = \frac{v_0^2}{2}\rho_0(1 + \beta t)$$

式中　v_0，ρ_0——分别为 0℃时气体的速度和密度。

只有流动的气体才具有动压头。

13.3.3.4　伯努利方程式

伯努利方程式是研究气体在运动过程中的能量变化规律的方程式，它是能量守恒定律在气体力学中的具体应用。

A　单种气体的伯努利方程式

单种气体的伯努利方程式是研究运动过程中气体本身的能量变化规律的方程式。

a　理想气体的伯努利方程式

由于理想气体在流动过程中没有摩擦力，所以在流动过程中不产生能量损失，此为理想气体的特点。

图 13 - 7 所示的稳定流动的理想气体，f 截面处单位体积气体具有的总能量应是该截面处气体的静压、位压和动压之和，即：

$$总能量 = p + Hg\rho + \frac{v^2}{2}\rho$$

下面分析气体由 f 截面流过微小 $\mathrm{d}l$ 距离后，气体总能量的变化情况。

根据能量守恒定律可知，气体在流动过程中各个截面的总能量应该相等，即气体由一个截面流向另一个截面时的总能量变化等于零，亦即：

$$\mathrm{d}\left(p + Hg\rho + \frac{v^2}{2}\rho\right) = 0$$

或

$$\mathrm{d}\left(\frac{p}{\rho} + Hg + \frac{v^2}{2}\right) = 0$$

$$\mathrm{d}\left(\frac{p}{\rho}\right) + g\mathrm{d}H + \mathrm{d}\left(\frac{v^2}{2}\right) = 0$$

上述各式即为伯努利方程式的微分形式，说明理想气体在稳定流动过程中各个截面的总能量变化等于零。

综上，理想气体从 I 面流向 II 面的伯努利方程为：

$$p_1 + H_1 g\rho + \frac{v_1^2}{2}\rho = p_2 + H_2 g\rho + \frac{v_2^2}{2}\rho \qquad (13-45)$$

式中　ρ——气体的密度，kg/m^3；

p_1，p_2——分别为 I 面、II 面处气体的静压，Pa；

H_1，H_2——分别为 I 面、II 面处气体距离基准面的高度，m；

v_1，v_2——分别为 I 面、II 面处气体的流速，m/s。

式（13-45）是密度不变、稳定流动的理想气体的伯努利方程式。

b 实际气体的伯努利方程式

自然界的气体均属于实际气体。实际气体在流动时，各层之间以及气体与管壁之间均存在着摩擦力，因此，实际气体在流动过程中有能量损失。如果用 $h_失$ 表示实际气体由任意截面Ⅰ流至任意截面Ⅱ过程中的能量损失，则截面Ⅰ处气体的总能量应等于截面Ⅱ处气体的总能量加上两面间的能量损失 $h_失$。此为实际气体的一个特点。

实际气体在流动中很难保持密度不变。但当气体的压力变化不大时，一般认为气体的密度只随气体的温度而变化。这样，式（13-45）中的气体密度以两截面间平均温度下的气体密度代替，相应地，将式中的气体流速均以平均温度下的气体流速代替，则式（13-45）仍可近似用于低压气体的流动。此为实际气体的又一特点。

考虑到上述两个特点，则可得到稳定流动的不可压缩性实际气体的伯努利方程式：

$$p_1 + H_1 g\rho + \frac{v_1^2}{2}\rho = p_2 + H_2 g\rho + \frac{v_2^2}{2}\rho + h_失 \tag{13-46}$$

式中 p_1，p_2——分别为Ⅰ面和Ⅱ面处气体的静压，Pa；

H_1，H_2——分别为Ⅰ面和Ⅱ面处气体距离基准面的高度，m；

v_1，v_2——分别为平均温度 t 下Ⅰ面和Ⅱ面处气体的流速，m/s；

ρ——两截面间平均温度下的气体密度，kg/m^3；

g——重力加速度，其值为 $9.8 m/s^2$；

$h_失$——两面间的能量损失。

式（13-46）说明，低压气体在稳定流动中，前一截面的总压（静压、位压、动压之和）等于后一截面的总压（静压、位压、动压、能量损失之和）。而各种能量之间可以相互转变，各种能量都可直接或间接地消耗于能量损失。在能量转变和能量损失过程中，静压不断变化。一般情况下，气体在流动过程中其静压都有所降低。

B 在大气作用下的伯努利方程式

实际生产中的多数气体都处于大气包围之中，这样，大气必然对气体产生影响。根据能量守恒定律可知，当稳定流动的不可压缩性低压气体由某截面Ⅰ流向某截面Ⅱ时，截面Ⅰ的总压头应等于截面Ⅱ的总压头加上截面Ⅰ与截面Ⅱ之间的总能量损失，即：

$$h_{静1} + h_{位1} + h_{动1} = h_{静2} + h_{位2} + h_{动2} + h_失 \tag{13-47}$$

将具体关系代入后则为：

$$(p_1 - p_1') + H_1 g(\rho - \rho') + \frac{v_1^2}{2}\rho = (p_2 - p_2') + H_2 g(\rho - \rho') + \frac{v_2^2}{2}\rho + h_失 \tag{13-48}$$

式中 $(p_1 - p_1')$——Ⅰ面处气体的静压头，Pa；

$(p_2 - p_2')$——Ⅱ面处气体的静压头，Pa；

H_1——Ⅰ面距离基准面的高度，m；

H_2——Ⅱ面距离基准面的高度，m；

ρ——气体在Ⅰ面与Ⅱ面之间平均温度下的密度，kg/m^3；

ρ'——大气的平均密度，kg/m^3；

v_1——平均温度下Ⅰ面处气体的流速，m/s；

v_2——平均温度下Ⅱ面处气体的流速，m/s；

$h_失$——两面之间的能量损失，Pa。

式（13 - 48）是在大气作用下气体的伯努利方程式，简称双流体方程。

双流体方程表明，气体在流动过程中各压头之间可以相互转变，各压头都可直接或间接地消耗于能量损失。在能量转变和能量损失过程中，静压头发生变化。

压头转变的特点是：

（1）各种压头可以相互转变，但只有动压头才能直接变为压头损失，消耗的动压头则由静压头补充。

（2）气体在管道中稳定流动时，动压头的变化取决于管道截面及气体温度。截面不变的等温流动，动压头不变；截面变化或变温的流动，动压头会发生变化。动压头的变化将直接引起静压头的变化。

（3）位压头的变化取决于高度和温度（密度）的变化。等温的水平流动，位压头不变；高度变化或变温的流动，位压头会发生变化。位压头的变化也会直接影响静压头的变化。

（4）压头损失和压头转变是不同的。压头转变是可逆的，而压头损失已变为热量散失掉，是不可逆的。

13.4　压头损失

实际气体在流动过程中有能量损失，通常称为压头损失（也称为阻力损失），用符号 $h_{失}$ 表示，单位是 Pa。

按其产生的原因不同，压头损失包括摩擦阻力损失和局部阻力损失两类不同性质的损失。

13.4.1　摩擦阻力损失

实际气体在管道中流动时，气体内部及气体与管壁之间都发生摩擦而消耗能量。从生产实践中也可以看到，当常温空气在管道中流动时管壁会发热。可见，所消耗的能量转化成热量而散失掉。这种因摩擦作用而引起的能量损失称为摩擦阻力损失或摩擦压头损失，常用符号 $h_{摩}$ 表示，单位为 Pa。

摩擦阻力损失 $h_{摩}$ 与下列因素有关：

（1）气体的动压头；

（2）管道的长度 L 与管道的直径 D；

（3）流体流动的性质。

根据实验和理论分析得出以下 $h_{摩}$ 的计算式：

$$h_{摩} = \xi \frac{L}{D} \cdot \frac{v^2}{2} \rho \tag{13 - 49}$$

或

$$h_{摩} = \xi \frac{L}{D} \cdot \frac{v_0^2}{2} \rho_0 (1 + \beta t) \tag{13 - 50}$$

式中　L——管道的长度，m；

　　　D——管道的直径或当量直径，m；

　　　v——t℃时气体的流速，m/s；

　　　ρ——t℃时气体的密度，kg/m³；

v_0——0℃时气体的流速，m/s；

ρ_0——0℃时气体的密度，kg/m^3；

β——气体温度膨胀系数；

t——气体的温度，℃；

ξ——气体摩擦阻力系数。

摩擦阻力系数 ξ 因气体的流动性质不同而不同：

实际生产中，气体流动的管道由不同参数的多段管道组成，此时管道的总摩擦阻力损失应为各段摩擦阻力损失之和，即：

$$\sum h_{摩} = h_{摩1} + h_{摩2} + \cdots + h_{摩n} \tag{13-51}$$

13.4.2　局部阻力损失

气体在管道中流动时，由于管道形状改变（如突然扩张或突然收缩）和方向改变（如 90°转弯等），气体分子间相互碰撞和气体分子与气壁间碰撞引起的压头损失称为局部阻力损失，常用符号 $h_{局}$ 表示，单位为 Pa。其计算公式：

$$h_{局} = K \frac{v^2}{2} \rho \tag{13-52}$$

或

$$h_{局} = K \frac{v_0^2}{2} \rho_0 (1 + \beta t) \tag{13-53}$$

式中　K——局部阻力系数；

ρ——t℃时气体的密度，kg/m^3；

ρ_0——0℃时气体的密度，kg/m^3；

v_0——0℃时气体的流速，m/s；

t——气体温度，℃。

式（13-52）和式（13-53）说明，局部阻力损失同样与气流的动压头成正比，其他有关影响因素集中反映在 K 值中。局部阻力系数 K 主要由实验测得，在计算时可通过查表得到。

图 13-8 示出几种常见的管道形状和方向发生变化时的气流变化。

13.4.3　负位压头引起的压头损失

热气体的位压头是一种促使气体上升的力，当管道中的气体由下向上流动时，位压头是使气体流动的一种动力；相反，当管道中的气体由上向下流动时，位压头就成为气体流动的一种阻力，这时的位压头称为负位压头，用符号 $h_{负位}$ 表示。这部分阻力损失应加入总阻力损失中。

在实际生产中，如果气流由下向上和由上向下经过的管道长度相等、温度相差不多时，正、负位压头的数值可以相互抵消，不必计算位压头；如果不同，则应分别计算并纳入动力和阻力项目内。

必须指出，负位压头所引出的阻力并不能转化为热，这与一般压头损失有本质区别，但必须有能量克服它，才能保证气体流动。

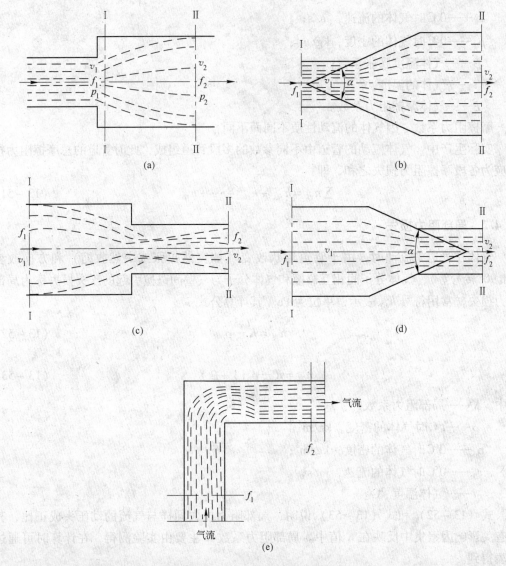

图 13 – 8　管道形状和方向发生变化时的气流变化

（a）管道突然扩张；（b）管道逐渐扩张；（c）管道突然收缩；（d）管道逐渐收缩；（e）气流改变方向

13.4.4　气体通过管束时的压头损失

当气体流过一组与气流前进方向垂直的管束时，其压头损失的大小根据实验可按式（13 – 53）计算，即：

$$h_{局} = K \frac{v_0^2}{2} \rho_0 (1 + \beta t)$$

式中　K——整个管束的阻力系数；

　　　v_0——标准状态下气体在通道内的流速，m/s。

13.4.5　气体通过散料层的压头损失

块状或粒状固体物料堆积组成的物料层称为散料层。在散料层中，料块之间形成不规则形状的孔隙，气体通过料层时发生摩擦和碰撞作用，因而消耗能量，造成压头损失。

13.4.6 减少总压头损失的措施

减少总压头损失可采取如下措施

（1）选取适当的流速。流速大时，$h_失$ 也相应增大；流速小时，会造成设备断面的过分增大，从而浪费较多的管道材料和占用较多的建筑空间。因此，设备内的流速应适当选取。

（2）力求缩短设备长度。设备长度越大，则 $h_摩$ 越大。因此，在满足生产需要的前提下应力求缩短设备长度。还应指出，使管壁光滑可减少 $h_摩$。

（3）力求减少设备的局部变化。设备的局部变化越小，则设备的局部损失越少。因此，应在满足生产需要的条件下力求减少设备的局部变化。当必须有局部变化时，也应采用如下措施：

1）用断面的逐渐变化代替断面的突然变化，可减少 $h_局$。

2）用圆滑转弯或折转弯代替直转弯，可减少 $h_局$。

13.5 烟囱

烟囱是应用较广泛的排烟设备，其基本作用是使一定流量的烟气从烟道口经烟道流向烟囱底部，并从烟囱内排向大气空间。

13.5.1 烟囱的工作原理

要使燃烧产物从炉内排出并送到大气中去，必须克服气体流动时所受的一系列阻力，如局部阻力、摩擦阻力及烟气自身的浮力等。烟囱之所以能够克服这些阻力而将烟气排出炉外，是因为烟囱底部的热气体具有位压头，促使气体向上流动，这样烟囱底部就呈现负压，而炉尾烟气的压力比烟囱底部压力大，因而热的烟气会自炉尾流至烟囱底部，并经烟囱排至大气中。

烟囱底部的负压（抽力）是由烟囱中烟气的位压头所造成的。但烟囱中烟气的位压头并不是全部成为有用的抽力，其中一部分还要提供给烟囱烟气动压头的增量以及用于克服烟囱本身对气流的摩擦阻力，因此，烟囱的有效抽力为：

$$h_抽 = h_位 - \Delta h_动^囱 - h_摩^囱$$

$$= Hg(\rho' - \rho) - \left(\frac{v_2^2}{2}\rho_2 - \frac{v_1^2}{2}\rho_1\right) - \xi \frac{v_均^2}{2}\rho \frac{H}{d_均}$$

上式也可由烟囱底部 I—I 和顶部 II—II 两端面间的伯努利方程式得到（见图 13-9）。将基准面取在 I—I 面上，则：

$$Hg(\rho - \rho') + \Delta p_1 + \frac{v_1^2}{2}\rho = + \frac{v_2^2}{2}\rho + h_摩 \qquad (13-54)$$

移项并将 $h_摩$ 代入得：

$$-\Delta p_1 = Hg(\rho - \rho') - \left(\frac{v_2^2}{2}\rho_2 - \frac{v_1^2}{2}\rho_1\right) - \xi \frac{v_均^2}{2}\rho \frac{H}{d_均} \qquad (13-55)$$

因此，烟囱的抽力主要取决于位压头的大小，即主要取决于烟囱高度、烟气温度和空

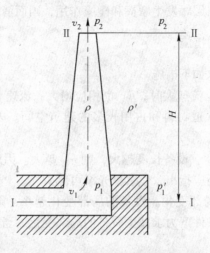

图 13 – 9　烟囱的工作原理

气温度。烟囱越高、烟气温度越高时，则抽力越大；空气温度越高，ρ' 越小，抽力则越小。当其他条件不变时，夏季烟囱的抽力比冬季小一些，故在设计烟囱高度时，应根据当地夏季的平均最高温度进行计算。

13.5.2　烟囱的计算

烟囱的计算主要是确定烟囱直径和烟囱高度。

13.5.2.1　烟囱直径的确定

A　顶部出口直径

应保证烟气到达出口时具有一定的动压头，以避免气流出口速度太小时外面的空气倒流进入烟囱，妨碍烟囱工作。烟囱顶部出口直径可根据连续方程式求出，即：

$$d_2 = \sqrt{\frac{4V_0}{\pi v_{2,0}}} \qquad (13-56)$$

式中　d_2——烟囱顶部出口直径，m；

　　　V_0——0℃时的烟气量，m^3/s，由燃烧计算及物料平衡计算确定；

　　　$v_{2,0}$——0℃时烟囱顶部的烟气出口速度，一般取 2.5 ~ 3.0m/s，速度过大时烟囱内的压头损失大，速度过小时出口动压头小，会出现"倒风"现象。

B　底部直径

对于铁烟囱，制成直筒形较方便，上、下直径相同；对于砖砌和混凝土烟囱，为了稳定和坚固，均制成下大上小的形状，底部直径一般取顶部直径的 1.5 倍，即 $d_1 = 1.5d_2$。

13.5.2.2　烟囱高度的确定

根据公式

$$h_{抽} = h_{位} - \Delta h_{动}^{囱} - h_{摩}^{囱}$$

且

$$h_{位} = Hg(\rho' - \rho)$$

则：
$$H = \frac{1}{g(\rho' - \rho)}(h_{抽} + \Delta h_{动}^{囱} + h_{摩}^{囱}) \qquad (13-57)$$

式中 H——烟囱高度，m。

欲求出烟囱高度 H，必须先求出上式右边各项。

A 烟囱抽力 $h_{抽}$ 的确定

烟囱底部的抽力应能克服以下各种阻力损失（即烟气从炉内流至烟囱底部所受的全部阻力）：

(1) 当气体向下流动时，要克服位压头的作用；

(2) 满足动压头的增量；

(3) 克服沿程各种局部阻力和摩擦阻力。

将这几部分阻力加和以后的数值是 $h_{抽}$ 的最小值。为了适应炉子工作强化时燃料用量增加所引起的烟气量增加以及由于其他一些原因（如烟道局部堵塞），烟囱底部的抽力应比上述各项计算所得的总阻力损失 $h_{失}$ 大 20% ~ 30%，即：

$$h_{抽} = (1.2 \sim 1.3)h_{失}$$

在计算时，如果烟道很长，应考虑烟气的温度变化。烟气在烟道中的温降可参考表13-1。

表 13-1 不同情况下烟气在烟道中的温降 (℃)

烟 气 温 度	每 1m 长度下降的温度		
	地下砖砌烟道	地 上 烟 道	
		绝 热	不绝热
200 ~ 300	1.5	1.5	2.5
300 ~ 400	2.0	3.0	4.5
400 ~ 500	2.5	3.5	5.5
500 ~ 600	3.0	4.5	7.0
600 ~ 700	3.5	5.5	10.0
700 ~ 800	4.0	7.0	
800 ~ 1000	4.6		
1000 ~ 1200	5.2		

计算时必须分段进行，而且取平均温度。平均温度取该段烟道最高温度和最低温度的算术平均值，即：

$$t_{均} = \frac{t_{高} + t_{低}}{2}$$

B 烟囱对气流摩擦阻力的计算

烟囱对气流的摩擦阻力的 $h_{摩}^{囱}$ 按下式计算：

$$h_{摩}^{囱} = \xi \frac{v_{均,0}^2}{2} \rho_0 (1 + \beta t_{均}) \frac{H}{d_{均}} \qquad (13-58)$$

式中 ξ——摩擦阻力系数；

$v_{均,0}$——0℃时烟囱内烟气的平均速度，m/s，$v_{均,0} = \dfrac{V_0}{f_均}$，$f_均$ 为烟囱平均截面积，

$$f_均 = \frac{\pi d_均^2}{4};$$

ρ_0——0℃时烟气的密度，kg/m^3；

$d_均$——烟囱的平均直径，m，$d_均 = \dfrac{d_1 + d_2}{2}$；

β——烟囱内气体的温度膨胀系数；

$t_均$——烟气平均温度，℃，$t_均 = \dfrac{t_1 + t_2}{2}$，$t_1$ 为烟囱底部烟气的温度，t_2 为烟囱顶部烟气的温度，$t_2 = t_1 - CH$（C 为温度降落系数，一般对砖砌烟囱为 1～1.5℃/m，对铁烟囱为 3～4℃/m）；

H——烟囱高度，m，计算时烟囱高度还是未知数，可先由图 13-10 查出，或按经验公式 $H = (25 \sim 30)d_2$ 先行估算。

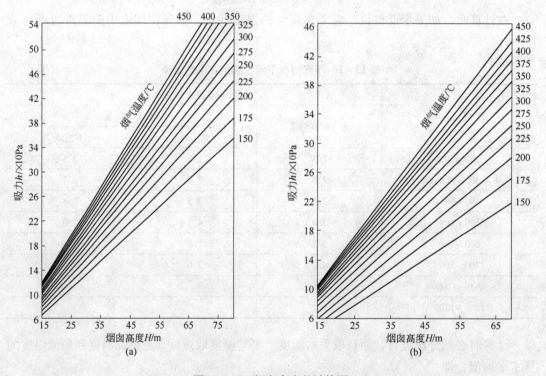

图 13-10　烟囱高度的计算图
(a) 外面空气的温度为 0℃时；(b) 外面空气的温度为 300℃时

C　烟囱烟气动压头增量的计算

烟囱烟气的动压头增量按下式计算：

$$\Delta h_{动}^{囱} = \frac{v_{2,0}^2}{2}\rho_0(1 + \beta t_2) - \frac{v_{1,0}^2}{2}\rho_0(1 + \beta t_1) \qquad (13-59)$$

式中　$v_{1,0}$——0℃时烟囱底部烟气的流速，m/s；

$v_{2,0}$——0℃时烟囱顶部烟气的流速，m/s。

D　密度的计算

空气的密度按下式计算：

$$\rho' = \frac{\rho_0'}{1 + \beta t_夏} \tag{13-60}$$

式中　ρ_0'——0℃时空气的密度，kg/m³；

　　　$t_夏$——当地夏季的平均最高温度，℃。

烟气的密度按下式计算：

$$\rho = \frac{\rho_0}{1 + \beta t_均} \tag{13-61}$$

式中　ρ_0——0℃时烟气的密度，kg/m³；

　　　$t_均$——烟气的平均温度，℃。

将以上计算所得的各项数据代入式（13-57），就可求出烟囱的高度 H。若求出的 H 值与估算的 H 值相差较大，则应重新假设 H 另行计算，直至两者相差小于 6% 为止。

在设计烟囱时还必须注意以下几点：

（1）考虑环境卫生和对生物的影响。如果烟囱附近有房屋（100m 半径以内），烟囱应高于周围建筑物 5m 以上。如果烟气对生物有危害性，则除增高烟囱外，还应尽量采取净化措施。

（2）为了便于建筑，烟囱的出口直径应不小于 800mm

习　　题

13-1　低压煤气的温度为 $t = 527$℃，表压力 $p_表 = 10$mmH₂O，试求：（1）煤气的绝对压力为多少？（2）当外界为标准大气压时，煤气的绝对压力为多少？

13-2　重油喷枪以空气作雾化剂时，将空气压缩至绝对压力为 7atm，并预热至 300℃，试求这时空气的密度。

13-3　引风机入口处流进的烟气量为 4×10^5m³/h，此处负压为 300mmH₂O，烟气的温度为 130℃，试求此烟气量在标准状态下的体积（当地大气压力为 755mmHg）。

13-4　设有一热气柱，其高度为 100m，在 100m 高处气柱上部所受的压力是 100100Pa，若它的密度是 0.4kg/m³，试求热气柱下部地面上所受的压力是多少？

13-5　某炉膛内炉气的温度为 $t = 1638$℃，炉气在标准状态下的密度为 $\rho_0 = 1.3$kg/m³，炉外大气的温度为 $t' = 27$℃，试求当炉门中心线压力为零时，距离炉门中心线 2m 高处炉顶下部炉气的表压力为多少？

13-6　根据下列资料试计算炉子烟囱的主要尺寸：流过烟囱的烟气量为 $V_0 = 8.2$m³/s，烟囱底部的最小抽力为 324Pa，烟囱底部烟气的温度为 475℃，烟气的密度为 $\rho_0 = 1.3$kg/m³，空气的密度 $\rho_0' = 1.29$kg/m³，该地区夏季平均最高温度为 20℃，计算时取烟囱顶部的烟气出口速度为 2.5m/s。

14　燃料及燃烧

在冶炼生产中，大多数的能源来源于燃料燃烧。燃料除燃烧供给热能外，还直接参与还原或氧化等冶金过程的反应。

在冶金过程中，通常使用的固体燃料为焦炭，气体燃料为煤气（主要成分为 CO 与 H_2）。高炉或鼓风炉用的燃料是焦炭。在高炉中，焦炭不仅作为燃料，还作为还原剂。它与从风口鼓入的热空气相遇而燃烧。由于高炉总有过剩的固体炭存在以及处于高温条件下，根据热力学计算可知，燃烧产物中有大量的 CO，形成了对铁矿石的还原气氛。由于高炉上部逸出的气体含有大量的 CO，称之为高炉煤气。高炉煤气一般与焦炉煤气混用，用于热风炉。因此高炉不仅是燃料的消费者，而且也是燃料的生产者。

14.1　燃料概述

燃料是各种（有机和无机）复杂化合物的混合物，通过燃烧能够放出大量的热量，并且此热量可被有效利用在工业或其他方面，同时在技术上是可行的，在经济上是合理的。

冶金工业所用的燃料都是碳质燃料，根据其存在物态的不同，分为固体燃料、液体燃料和气体燃料。

（1）固体燃料，如煤、焦炭、粉煤；

（2）液体燃料，如汽油、煤油、重油、焦油；

（3）气体燃料，如天然气、高炉煤气、焦炉煤气。

冶金工业对燃料的要求如下：

（1）在当前技术条件下，燃料燃烧时所放出的热量能有效地加以利用；

（2）燃烧生成物呈气体状态，燃烧后的热量绝大部分包含于其气体生成物中；

（3）燃烧产物（烟气）对熔炼（加热）设备不起破坏作用，且无毒、无腐蚀作用；

（4）燃烧过程易于控制；

（5）资源丰富，便于开采。

14.2　燃料的化学组成及特性

14.2.1　固体和液体燃料的化学组成

固体和液体燃料的组成物是以各种化合物形式存在的有机物质，组成元素有 C、H、O、N、S，矿物杂质由 SiO_2、Al_2O_3、Fe_2O_3、CaO、MgO、Na_2O 等组成，此外还含有灰分 A 和一部分水分 W。其中 C、H、S 是可燃成分，O、N、A、W 是不可燃成分，S 燃烧生成的 SO_2 是有害物质。

固体和液体燃料的成分分析方法有以下两种：

（1）工业分析法，用于测定燃料中的水分 W、灰分 A、挥发分 V 及固定碳 F 的含量及性质，作为评价燃料的指标。

（2）元素分析法，用于测定燃料中 C、H、O、N、S 的质量分数，但不能说明燃料的化合物组成以及这些化合物的形式，只能进行燃料的近似评价。

固体和液体燃料的成分是其燃烧计算的重要原始数据，可表示为 $w(i)$ 或 $w(i)_%$，前者为质量分数，后者为质量百分数。

可以将燃料转化为标准煤后应用于计算。标准煤是指每千克应用基低位热值为 29.27MJ（相当于 7000cal）的煤。

固体和液体燃料的成分表示基准有以下几种：

（1）应用基成分：$w(C)^y + w(H)^y + w(O)^y + w(N)^y + w(S)^y + w(A)^y + w(M)^y = 100\%$

（2）干燥基成分：$w(C)^g + w(H)^g + w(O)^g + w(N)^g + w(S)^g + w(A)^g = 100\%$

（3）可燃基成分：$w(C)^r + w(H)^r + w(O)^r + w(N)^r + w(S)^r = 100\%$

（4）有机成分：$w(C)^J + w(H)^J + w(O)^J + w(N)^J = 100\%$

由前文可知，固体燃料的工业分析组成为水分、挥发分、灰分和固定碳，则有：

$$w(M) + w(V) + w(A) + w(F) = 100\%$$

14.2.2 固体燃料的主要特性

固体燃料的主要特性有：

（1）发热量。发热量也称热值，是评价燃料质量的重要指标，也是计算燃烧温度和燃料消耗量的重要依据。

1）高发热量 Q_H，指燃料完全燃烧后，燃烧产物冷却到使其中水蒸气凝结成常温水时放出的热量，单位为 MJ/kg。

2）低发热量 Q_L，指燃料完全燃烧后，燃烧产物冷却到常温时放出的热量。

（2）比热容和导热系数。比热容随碳化程度的升高而减小，导热系数随碳化程度和温度的升高而增大。

（3）黏结性和结焦性。

1）黏结性。黏结性是指粉碎后的煤在隔绝空气的情况下加热到一定温度时，煤的颗粒相互黏结形成焦块的性质。

2）结焦性。煤在工业炼焦的条件下，粉碎后的一种或者几种煤混合后具有黏结性，黏结性越好，结焦性也越好。结焦性也就是煤能炼出冶金焦的性质。

（4）热稳定性。热稳定性是指固体燃料在加热的情况下是否容易破碎。热稳定性的强弱直接影响煤的燃烧和气化效果。褐煤和无烟煤的热稳定性较差。

（5）反应性和可燃性。

1）反应性。反应性指煤在一定温度下进行气化还原反应的能力，实际上即指煤中的碳与二氧化碳及水蒸气进行还原反应的速度。反应产物中 CO 的含量越高，氧化层的温度越低，反应性就越好。

2）可燃性。可燃性是指燃料中的碳与氧发生氧化反应的速度（燃烧速度）。

碳化程度越高的煤，其反应性和可燃性越差。

14.2.3　液体燃料的特性

14.2.3.1　原油加工及其产品

（1）原油加工方法。原油加工方法有直接分馏法（常压、减压）和裂解法（热裂化、催化裂化）。

（2）产品。原油加工的产品较多，包含液化石油气、汽油、煤油、轻柴油、重柴油、重油、残渣油等。

（3）用途。

1）汽油、煤油、轻柴油主要用于各种发动机的燃料；

2）重柴油、重油一般用于各种工业窑炉和锅炉的燃料；

3）液化石油气主要用于民用燃料。

（4）重油的化学组成。重油的主要成分为 C（85% ~ 88%）、H（10% ~ 13%）、O、N、S、A、M。

（5）油的牌号。重油的牌号是按照 50℃ 时的恩氏黏度值命名的，如 20 号、60 号、100 号、200 号。汽油的编号为 70 号、90 号、93 号、97 号、100 号。

14.2.3.2　油的特性

（1）重油在使用过程中的物理性能。

1）闪点。重油遇小火能发生闪火的温度称为闪点，一般为 80 ~ 130℃。

2）燃点。重油遇小火闪火后能继续燃烧的温度称为燃点，燃点 = 闪点 + 10℃。

3）着火点。重油温度继续升高并发生自燃的温度称为着火点，一般为 500 ~ 600℃。

4）重油的黏度。黏度是表示油质点之间摩擦力大小的指标。温度越高，黏度越小。重油的恩氏黏度 $°E_t > 1$。

（2）重油的密度。20 号重油的密度为 $\rho_{20} = 0.92 ~ 0.98t/m^3$。

（3）重油的比热容和导热系数。重油在 20 ~ 100℃ 范围内的比热容为 $c_p = 1.3 ~ 1.7kJ/(kg \cdot ℃)$。重油的导热系数为 $\lambda = 0.128 ~ 0.163W/(m \cdot ℃)$

（4）重油的发热量。

1）高发热量，是指在完全燃烧的条件下，废气中水蒸气均冷却成 0℃ 的液态水时所放出的热量。

2）低发热量，是指在完全燃烧的条件下，废气中水蒸气均冷却成 20℃ 的液态水时所放出的热量。重油的低发热量为 $Q_L = 39.9 ~ 42.0MJ/kg$。

（5）重油的硫含量。重油中的硫会对输油系统和燃烧设备造成腐蚀，也会造成大气污染。因此，供工业窑炉使用的重油，其硫含量不能大于 1%。

（6）残炭率。重油在隔离空气的条件下加热，蒸发出油蒸汽后剩余固体炭所占的比例称为残炭率。残炭率高时，可以提高火焰的黑度，有利于强化火焰的辐射传热能力；燃烧过程中容易析出炭粒，产生不完全燃烧；容易造成燃烧器输油导管和喷嘴口结焦，影响燃烧器的正常工作。

14.2.4　气体燃料的化学组成

可燃气体主要由可燃成分、不可燃成分和杂质组成。

（1）可燃成分，包括 H_2、CO、CH_4、C_mH_n；

（2）不可燃成分，包括 N_2、CO_2、O_2、H_2O；

（3）杂质，包括有机硫、H_2S、NH_3、焦油蒸汽等。

气体燃料的组成是用所含各单一气体的体积分数来表示的，有湿成分和干成分两种表示方法。

（1）湿成分：

$$\varphi(CO)^s + \varphi(H_2)^s + \varphi(CH_4)^s + \varphi(CO_2)^s + \varphi(N_2)^s + \varphi(O_2)^s + \varphi(H_2O)^s = 100\%$$

$$(14-1)$$

（2）干成分：

$$\varphi(CO)^g + \varphi(H_2)^g + \varphi(CH_4)^g + \varphi(CO_2)^g + \varphi(N_2)^g + \varphi(O_2)^g = 100\% \quad (14-2)$$

14.3　燃料燃烧计算

燃料完全燃烧是指燃料中的可燃物全部与氧发生充分的化学反应，其反应如下：

$$\underset{（煤、油、燃气）}{燃料} + \underset{（空气、氧气）}{氧化剂} \xrightarrow{\hspace{1cm}} \underset{（CO_2、H_2O、SO_2、N_2、O_2、灰）}{燃烧产物}$$

燃料不完全燃烧的产物还有 CO、H_2、CH_4、C 等。不完全燃烧分为化学性不完全燃烧和机械性不完全燃烧。化学性不完全燃烧是因为氧气不足或者与氧接触不良，机械性不完全燃烧是由于燃料未燃烧就损失掉。

燃烧需要的空气量和产生的烟气量需要根据质量平衡进行计算，烟气温度需要根据能量、热量平衡进行计算。

14.3.1　理论空气需要量

14.3.1.1　固体和液体燃料的理论空气需要量

按化学计量数计算的单位燃料完全燃烧所需要的空气量，称为理论空气需要量，单位为 m^3/kg、m^3/m^3。

固体和液体燃料的成分满足下式：

$$w(C) + w(H) + w(O) + w(N) + w(S) + w(A) + w(W) = 100\%$$

其中可燃组分为 C、H、S，燃烧反应如下：

$$C + O_2 \xrightarrow{\hspace{1cm}} CO_2$$

1kg 碳燃烧的需氧量为 2.67kg，废气量为 3.67kg。

$$H + \frac{1}{4}O_2 \xrightarrow{\hspace{1cm}} \frac{1}{2}H_2O$$

1kg 氢燃烧的需氧量为 8kg，废气量为 9kg。

$$S + O_2 \xrightarrow{\hspace{1cm}} SO_2$$

1kg 硫燃烧的需氧量为 18kg，废气量为 29kg。

在标准状态下 1kmol 气体的体积为 22.4m^3，所以标准状态下氧的密度为 32/22.4 =

1.429kg/m^3。

故 1kg 固体或液体燃料完全燃烧所需要的理论氧气质量为：

$$m_{O_2,0} = \left(\frac{8}{3}w(C) + 8w(H) + w(S) - w(O)\right)\frac{1}{100} \qquad (\text{kg/kg}) \qquad (14-3)$$

1kg 固体或液体燃料完全燃烧所需要的理论氧气体积为：

$$L_{O_2,0} = \frac{1}{1.429}\left(\frac{8}{3}w(C) + 8w(H) + w(S) - w(O)\right)\frac{1}{100} \qquad (\text{m}^3/\text{kg}) \qquad (14-4)$$

理论空气需要量 $= \dfrac{L_{O_2,0}}{0.21}$

14.3.1.2　气体燃料的理论空气需要量

气体燃料的组成（体积分数）为：

$$\varphi(CO) + \varphi(H_2) + \varphi(CH_4) + \varphi(C_nH_m) + \varphi(H_2S) +$$
$$\varphi(CO_2) + \varphi(O_2) + \varphi(N_2) + \varphi(H_2O) = 100\% \qquad (14-5)$$

各可燃组分的燃烧反应方程式为：

CO

$$CO + \frac{1}{2}O_2 = CO_2$$

$$H_2 \quad H_2 + \frac{1}{2}O_2 = H_2O$$

碳氢化合物

$$C_nH_m + \left(n + \frac{m}{4}\right)O_2 = \frac{m}{2}H_2O + nCO_2$$

H_2S

$$H_2S + \frac{3}{2}O_2 = H_2O + SO_2$$

标准状态下 1m^3 气体燃料完全燃烧的理论空气量为：

$$L_0 = \frac{1}{0.21}\left[0.5\varphi(CO) + 0.5\varphi(H_2) + \left(n + \frac{m}{4}\right)\varphi(C_nH_m) +\right.$$
$$1.5\varphi(H_2S) - \varphi(O_2)\left.\right]$$
$$= 4.76\left[0.5\varphi(CO) + 0.5\varphi(H_2) + \left(n + \frac{m}{4}\right)\varphi(C_nH_m) +\right.$$
$$1.5\varphi(H_2S) - \varphi(O_2)\left.\right] \times 10^{-2} \qquad (14-6)$$

综上，可得到如下结论：

（1）理论空气需要量的多少与燃料的元素成分或气体的成分有关，不同的燃料，其理论空气需要量不同。

（2）对于液体燃料，其元素成分主要是碳和氢，而且含量大致相同，因此液体燃料的理论空气需要量基本相等。例如标态下，汽油 $L_0 = 11.43\text{m}^3/\text{kg}$，煤油 $L_0 = 11.34\text{m}^3/\text{kg}$，重馏分油 $L_0 = 11.25\text{m}^3/\text{kg}$。

14.3.2　实际空气需要量与过剩空气系数

过剩空气系数定义为：$n = L_n/L_0$

则实际空气需要量为：$L_n = nL_0$

过剩空气量为：

$$L_n - L_0 = nL_0 - L_0 = (n-1)L_0$$

因为 $1m^3$ 空气中的饱和水蒸气含量 g 按下式换算为体积含量：

$$g \times \frac{22.4}{18} \times \frac{1}{1000} = 0.00124g$$

则考虑到空气水分的实际空气需要量为：

$$L_n = nL_0 + 0.00124gnL_0 = (1 + 0.00124g)nL_0 \tag{14-7}$$

应注意：

（1）理论空气需要量是保证燃料能够完全燃烧的最小空气量。小于理论空气需要量的任何燃烧过程都会不可避免地造成燃烧不完全，浪费燃料，污染环境。

（2）当 $n > 1$ 时，实际空气需要量 L_n 大于理论空气需要量 L_0，空气量有富余，能够满足完全燃烧的需要。但是如果 n 过大，燃烧剩余的空气量过多，则会造成燃烧温度降低、烟气量增加和排烟热损失增大。

（3）当 $n < 1$ 时，实际空气需要量 L_n 小于理论空气需要量 L_0，空气量过小会造成燃料的不完全燃烧，燃烧温度也会降低。

（4）当 $n = 1$ 时，实际空气需要量 L_n 等于理论空气需要量 L_0，理论上燃料可以完全燃烧，既无多余的燃料，也无多余的空气，燃烧温度最高。此时燃料与空气的体积比称为化学当量比。

14.3.3 固体和液体燃料的烟气量

燃料完全燃烧时的实际烟气量为：

$$V_n = \left(\frac{w(C)}{12} + \frac{w(S)}{32} + \frac{w(H)}{2} + \frac{w(M)}{18} + \frac{w(N)}{28} \right) \times \frac{22.4}{100} + \left(n - \frac{21}{100} \right)L_0 + 0.00124gnL_0 \tag{14-8}$$

当 $n = 1$ 时，得到燃料完全燃烧的理论烟气量为：

$$V_0 = \left(\frac{w(C)}{12} + \frac{w(S)}{32} + \frac{w(H)}{2} + \frac{w(M)}{18} + \frac{w(N)}{28} \right) \times \frac{22.4}{100} + \frac{79}{100}L_0 + 0.00124gL_0 \tag{14-9}$$

标准状态下，完全燃烧时实际烟气量与理论烟气量的数量关系为：

$$V_n = V_0 + (n-1)L_0 \qquad (m^3/kg) \tag{14-10}$$

烟气量的理论分析如下：

（1）理论烟气量是在提供理论空气需要量并保证完全燃烧的情况下所产生的烟气量，是燃料完全燃烧产生的最小烟气量。

（2）理论烟气量 V_0 的大小与燃料的元素成分或气体的成分有关，不同的燃料，其理论烟气量不同；燃料中可燃成分越高，发热量越大，理论烟气量 V_0 也就越大。

（3）实际烟气量 V_n 的大小除与燃料的元素成分或气体的成分有关外，还与过剩空气系数 n 的大小有直接关系。n 值越大，V_n 也就越大。

（4）燃烧烟气的成分比例与燃料的元素成分有关，也与过剩空气系数 n 有关。n 值增大，过剩空气量增加，烟气中过剩的 O_2、N_2 的比例增大。

不完全燃烧的烟气量可进行如下理论分析：

（1）原因主要是空气供给不足、燃料与空气混合不均匀、燃料油雾化不良、燃烧设备的其他问题。

（2）完全燃烧的产物有 CO_2、SO_2、H_2O、N_2、O_2，不完全燃烧的产物除上述之外还可能有 CO、H_2、CH_4（忽略 H_2S、C_mH_n）。

14.4 燃烧温度

14.4.1 燃烧温度的基本概念

燃烧温度即指燃烧产物所达到的温度，其与燃料种类及组成、燃烧条件、传热条件等因素有关。燃烧温度的高低取决于燃烧过程中热量收支的平衡关系。

在实际生产条件下，燃料燃烧时热量的来源（即燃烧过程热平衡方程式的热量收入项）为：

（1）燃料的化学热，即燃料的发热量 Q_d；

（2）空气预热带入的物理热 $Q_空$；

（3）燃料燃烧的物理热 $Q_燃$。

热量的支出项为：

（1）燃烧产物得到的热量 $Q_产$；

（2）传给周围介质的热量 $Q_传$；

（3）由于不完全燃烧所损失的热量 $Q_不$；

（4）由于燃烧产物热分解而损失的热量 $Q_分$。

（1）实际燃烧温度。实际燃烧温度 $t_产$ 计算如下：

$$t_产 = \frac{Q_产}{V_n c_产}$$

$$= \frac{Q_d + Q_燃 + Q_空 - Q_传 - Q_不 - Q_分}{V_n c_产} \tag{14-11}$$

式中 $t_产$——燃烧产物的温度，即燃烧温度，℃；

V_n——燃烧产物的体积，m^3/kg（或 m^3/m^3）；

$c_产$——燃烧产物的平衡比热容，$kJ/(m^3 \cdot ℃)$。

（2）理论燃烧温度。假设绝热、完全燃烧，则理论燃烧温度 $t_理$ 按下式计算：

$$t_理 = \frac{Q_d + Q_燃 + Q_空 - Q_分}{V_n c_产} \tag{14-12}$$

（3）量热计温度。假设绝热、完全燃烧、忽略热分解，则量热计温度 $t_量$ 按下式计算：

$$t_量 = \frac{Q_d + Q_燃 + Q_空}{V_n c_产} \tag{14-13}$$

可见，量热计温度是不考虑任何热量损失的理论燃烧温度。

（4）燃料理论发热温度。假设 $n=1$、完全燃烧、燃料与空气不预热、绝热、忽略热分解，则燃料理论发热温度 $t_热$ 按下式计算：

$$t_{热} = \frac{Q_d}{V_0 c_{j产}}$$ (14 – 14)

14.4.2 影响理论燃烧温度的因素

如果忽略热分解，则理论燃烧温度为

$$t_{理} = \frac{Q_d + Q_{燃} + Q_{空}}{V_0 c_{j产}}$$ (14 – 15)

（1）燃料的性质。Q_d/V_0 提高，$t_{理}$ 也提高。

（2）过剩空气系数。n 增加，$t_{理}$ 降低。

（3）空气（或燃气）预热。空气（或燃气）预热提高了 $Q_{空}$（或 $Q_{燃}$），$t_{理}$ 也提高。

（4）空气富氧程度。空气（或燃气）预热富氧程度提高，$t_{理}$ 也提高（40% 以下，尤其明显）。

14.4.3 过剩空气系数的检测计算

过剩空气系数 n 对燃烧过程有很大影响，是燃烧过程的一个重要指标。设计炉子和燃烧器时，n 值的大小按经验选取；炉子运行时的实际 n 值大小，只能根据燃料特性和烟气成分计算。根据燃料特性和烟气成分，可以用氧平衡/氮平衡原理计算过剩空气系数 n。

14.5 气体旋转射流

（1）旋转射流的特点。

1）具有轴向、径向和切向速度分量；

2）在流场的径向和轴向都有压力梯度，当轴向压力梯度大且为负值时，流体将会产生回流，形成回流区；

3）回流区使烟气倒流，形成中心高温。

（2）旋转射流的作用。在燃烧技术中利用旋流的特点来控制火焰长度、强化燃烧过程和改善火焰的稳定性。

（3）旋流强度和旋流数。旋转射流的旋转强度称为旋流强度。而旋流强度的强弱用旋流数 S 来判定，其计算如下。

$$S = \frac{G_\phi}{G_x R}$$

式中　G_ϕ——旋转自由射流的角动量；

　　　G_x——旋转自由射流的轴向动量；

　　　R——旋流器出口半径。

14.6 燃烧反应速度和 NO_x 的生成

14.6.1 燃烧反应速度

燃烧反应是一种化学反应。单位时间内反应物浓度的变化称为化学反应速度，单位为 $mol/(m^3 \cdot s)$，定义式为：

$$v = \pm \frac{dc}{d\tau} \qquad\qquad (14-16)$$

例如：$CO + H_2O \rlap{=}= CO_2 + H_2$

$$v = \frac{dc_{CO_2}}{d\tau} = \frac{dc_{H_2}}{d\tau} = \frac{dc_{CO}}{d\tau} = \frac{dc_{H_2O}}{d\tau}$$

即生成物的生成速度等于反应物的反应速度。

14.6.2　影响燃烧反应速度的因素

$$v = K_0 \exp\left(-\frac{E_a}{RT}\right) c^n \qquad\qquad (14-17)$$

由式（14-17）可见，影响燃烧反应速度的因素有：

（1）温度 T。温度升高，反应速度加快。达到一定温度（1000K）后，反应速度增加缓慢。

（2）活化能 E_a。分子活化所必需的分子能量称为活化能，它是反应本身的固有性质。E_a 高，则难以反应。

（3）反应物浓度 c。浓度高，反应速度加快（与反应级数 n 有关）。

（4）反应物分压。分压大即浓度高，则反应速度加快。

（5）反应级数 n。其由化学反应本身决定。

14.6.3　燃烧过程中 NO_x 的生成

（1）NO_x 的生成机理。烟气中的 NO_x 来源于空气以及燃料中 N 在高温下的燃烧，是造成大气环境污染的主要有害气体之一。NO_x 包括 NO、NO_2、NO_3、N_2O、N_2O_3、N_2O_4、N_2O_5 等各种氮的氧化物，主要是 NO 和 NO_2。

（2）NO_x 生成的影响因素。

1）火焰中的最高温度，NO_x 主要在火焰最高温度区（燃烧带或其后区域）生成；

2）烟气在燃烧室内的停留时间；

3）火焰中 N_2、O_2 的浓度（控制 n）；

4）燃料中的氮含量。

（3）降低烟气中 NO_x 浓度的方法。

1）降低燃烧温度水平，防止局部高温；

2）控制过剩空气系数 n；

3）缩短烟气在高温区内的停留时间；

4）采用低氮燃料；

5）采用低 NO_x 燃烧方法，如二段燃烧法、烟气循环法、沸腾燃烧法。

14.7　气体的自然着火

在可燃混合物的着火过程中，主要依靠热量的不断积累而自行升温，最终达到剧烈反应速度而产生的着火称为自然着火。

如果可燃混合物的着火过程主要依靠化学反应的链锁分支而不断积累活化分子，则最终达到剧烈反应速度而产生的着火称为支链着火。

自然着火有两个条件：

（1）可燃混合物应有一定的能量储存过程。

（2）在可燃混合物的温度不断提高以及活化分子的数量不断积累后，其反应从不显著的反应速度自动转变到剧烈的反应速度。

热力着火理论的基本要点是：以热量平衡为分析基础。若化学反应放出的热量超过散失的热量，当反应系统中热量的聚集达到着火温度时就能着火。着火温度与燃料成分、浓度（压力）、容器壁温等因素有关，它不是一个物性参数。

当可燃混合物的化学反应在有限空间进行时，其在不断放热的同时也会向系统以外散热。在有散热的情况下，系统内部热量的增量应该等于系统放热量与散热量之差。因此，反应系统的能量平衡方程可以写为：

$$c_V \frac{\mathrm{d}T}{\mathrm{d}\tau} = Q_1 - Q_2$$

式中　c_V——比定压热容。

只有当系统的放热量大于散热量时才会有热量的聚集，并且温度不断升高而达到着火燃烧。因此，热力着火的首要条件是反应系统热量的增量必须大于 0，即：

$$c_V \frac{\mathrm{d}T}{\mathrm{d}\tau} = Q_1 - Q_2 \geq 0$$

通过分析反应系统的放热和散热情况以及热量的平衡关系，可以确定热力着火点的条件和位置。

习　　题

14 – 1　某煤矿精煤的供用成分为：

成　分	C^y	H^y	O^y	N^y	S^y	A^y	W^y
质量分数/%	69.28	4.16	11.25	0.69	0.50	10.92	3.2

试求：该煤燃烧时的理论空气需要量和理论燃烧产物量、$n = 1.2$ 时的实际空气需要量与实际燃烧产物量。

15　传　热　原　理

　　热量传输简称传热，是物体各部分之间不发生相对位移，依靠微观粒子（分子、原子、自由电子等）热运动产生的热量传递现象。它是极为普遍而又重要的物理现象。冶金生产过程无论是否伴随化学反应或物态转变，热量传输都对该过程起限制作用。传热是研究不同物体之间或同一物体不同部位之间存在温度差时的热量传递规律。根据热力学原理，热总是自动地由高温体向低温体传递，物体间温差越大，热量传递也就越容易。在热量传输中，温差是传热动力，而温度分布是第一要素。

　　试以灼热钢棒在水桶内冷却为例，其温度变化曲线如图 15－1 所示。通过热力学知识可以计算出钢棒与水这一体系最终的平衡温度 T_p，但不能算出需用多少时间达到平衡状态或者达到平衡状态前某一时刻钢棒的温度是多少，而传热学就可算出钢棒和水的温度随时间变化的关系。

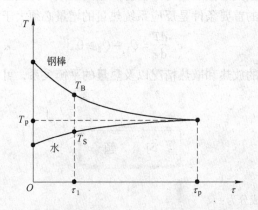

图 15－1　钢棒－水换热过程的温度变化曲线

T_B—τ_1 时钢棒的温度；T_S—τ_1 时水的温度；

T_p—τ_p 时钢棒和水的温度（达到平衡）

　　温差导致传热。在自然界、日常生活、工农业生产中，温差普遍存在，所以传热普遍存在。

　　由于各种工程技术的应用条件均与温度有关，控制温度的主要手段就是控制传热的主要手段，所以传热学在动力、能源、冶金、化工、石油、建筑、气象、航空、制冷、电子等工程技术领域中有着十分重要的地位。

　　传热的应用目的主要有以下三个：

　　（1）强化传热，目的在于降低设备的体积、重量以及生产成本；

　　（2）削弱传热，目的在于降低能源消耗，改善和保障生产环境；

　　（3）控制温度变化速率，目的在于实现热处理工艺，控制材料应变（如无变形焊接），保障设备安全（如设备的启动与停机过程控制）。

15.1　传热方式

通常把热量传输方式分为传导传热、对流传热、辐射传热三种方式。

（1）传导传热。传导传热简称导热。若在一个连续介质内有温度差存在或者两温度不同的物体直接接触，在物体内没有可见的宏观物质流动时所发生的传热现象称为导热。或者说，纯导热过程中物体各部分之间不发生相对位移，也没有能量形式的转换。

从微观角度来看，气体、液体、导电固体及非导电固体的导热机理有所不同。在气体中，导热是气体分子做不规则运动时相互碰撞的结果。气体温度越高，其分子运动的平均动能越大，高能量分子与能量相对较低分子的碰撞结果是，热量由高温处传到低温处。导体中的导热主要是依靠像气体分子一样在晶格中运动的自由电子来完成。非导电固体的导热则是通过原子、分子在其平衡位置附近的振动来实现。液体中的导热机理，有一种观点认为其与气体相似，另一种观点则认为其类似于非导电的固体，近年来一些研究者支持后一种观点。总的来讲，对导热的机理尚不十分清楚，本章只研究导热的宏观规律。

（2）对流传热。有流体存在并有流体宏观运动情况下所发生的传热，称为对流传热，简称对流。工程上涉及的对流传热大都属于流动的流体与固（流）体表面间的传热，常称对流换热。对流换热是个复杂过程，它与物性及流动性质有关。对流换热中必然伴随着导热，导热是对流换热的限制性环节。对流换热可视为流动条件下的导热，两者可用同一方程式描述。

（3）辐射传热。除了以温度差为传热推动力这一点以外，辐射传热远不同于前两类传热方式。辐射传热不需要物体作传热媒介，而是依靠电磁波的发射和吸收来实现热量传递。

物体会因各种原因发出辐射能，其中因受热而发出辐射能的过程称为热辐射。高温体的热辐射线落在温度较低的物体上被吸收，转换为热量；同样，较低温物体的热射线也会落在温度较高的物体上被吸收，也转换为热量，最终结果是高温物体失去热量而低温物体获得热量，这种传热方式即为辐射传热。当两物体温度相同时，热辐射仍在相互进行，只不过是热交换量为零而已。显然，这种传热过程包含着热能及辐射能之间的相互转换。

在辐射传热过程中，物体间的几何因素及物体表面的辐射特性对传热速率有很大影响。总之，辐射传热的传热规律与前两者截然不同。

例如，燃气热水器中的热量传递过程如图 15－2 所示，燃气通过辐射和对流方式将热

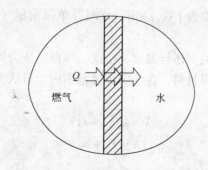

图 15－2　燃气热水器中的热量传递

量传给壁面左侧，通过导热传到壁面右侧，再通过对流传给水。

15.2　传热的基本方程

温度是物质分子平均运动动能的宏观量度。两物质间的温差（ΔT 或者 Δt）是热量传递的原动力。

热量是系统与外界依靠温度差传递的能量，用 Q 表示，单位为 J。

热流量是单位时间内通过某一给定截面积所传递的热量，用 Φ 表示，单位为 W。

热流密度是单位时间内通过单位截面积的热流量，用 q 表示，单位为 W/m^2。

热量 Q、热流量 Φ、热流密度 q 与温差 Δt 之间的关系见式（15 - 1）~ 式（15 - 3）：

$$Q = K\Delta t A \tau \qquad (15-1)$$

$$\Phi = K\Delta t A \qquad (15-2)$$

$$q = K\Delta t \qquad (15-3)$$

式中　Q——热量，J；

Φ——热流量，W；

q——热流密度，W/m^2；

K——传热系数，W/(m^2 · ℃)；

Δt——温度差，℃；

A——传热面积，m^2；

τ——传热时间，s。

15.3　传热的公式

15.3.1　傅里叶导热定律

傅里叶（Fourier）在研究同体稳定导热时，综合实验数据的结果，提出了导热定律：

$$q = -\lambda \frac{\mathrm{d}t}{\mathrm{d}x} \qquad (15-4)$$

$$\Phi = -\lambda \frac{\mathrm{d}t}{\mathrm{d}x} A \qquad (15-5)$$

式中，λ 为导热系数，单位为 W/(m · ℃)，是表示物体导热能力大小的一个物性参数。其物理意义为：两等温面温差为 1℃、相距 1m 时，单位面积（1m^2）、单位时间内所传递的热量。

导热系数与物质种类有关，还与温度、密度、湿度、压力等有关。其中，温度是最重要的影响因素。对于许多工程材料，在一定温度范围内，可认为导热系数与温度呈线性关系，即：

$$\lambda = \lambda_0(1 + bt) \qquad (15-6)$$

$$\lambda = \lambda_0 + at \qquad (15-7)$$

式中　λ_0——0℃时的导热系数；

a，b——由实验确定的常数。

15.3.2 传导传热

工程材料采用的导热系数一般都由实验测得。

15.3.2.1 单层平壁的导热

单位时间通过平壁的热量与传热面积、传热温差成正比，与平壁厚度成反比。

如图 15-3 所示，平壁两侧的温度为 t_{w1}、t_{w2}，其温度差为 $t_{w1} - t_{w2}$ ℃，壁厚为 δm，面积为 Am²，则单层平壁的导热公式为：

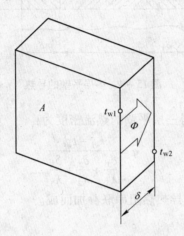

图 15-3 单层平壁的导热

$$\Phi = \lambda A \frac{t_{w1} - t_{w2}}{\delta} \tag{15-8}$$

$$q = \frac{\Phi}{A} = \lambda \frac{t_{w1} - t_{w2}}{\delta} \tag{15-9}$$

15.3.2.2 多层平壁的导热

工程中的传热壁面常常是由多层平壁组成的，如表层要考虑外观、防腐、抗老化、防水等因素，内层要考虑耐温、与所接触的介质相容等因素，整个壁面还要考虑强度、能耗、制造成本等问题。

如图 15-4 所示，三层平壁的厚度分别为 δ_1、δ_2、δ_3，其导热系数分别为 λ_1、λ_2、λ_3，两外表面的温度分别为 t_{w1}、t_{w4}，层间温度为 t_{w2}、t_{w3}。

假设此三层平壁的导热属于一维、稳态传热，无接触热阻（即分界面无温降），则由单层平壁的导热公式得：

$$q = \frac{\lambda_1}{\delta_1}(t_{w1} - t_{w2}) \tag{15-10a}$$

$$q = \frac{\lambda_2}{\delta_2}(t_{w2} - t_{w3}) \tag{15-10b}$$

$$q = \frac{\lambda_3}{\delta_3}(t_{w3} - t_{w4}) \tag{15-10c}$$

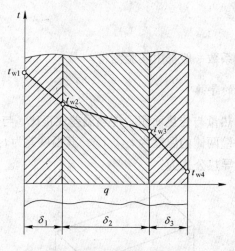

图 15 - 4　多层平壁的导热

移项后相加消去 t_{w_2}、t_{w_3} 得三层平壁的热流密度为：

$$q = \frac{t_{w1} - t_{w4}}{\dfrac{\delta_1}{\lambda_1} + \dfrac{\delta_2}{\lambda_2} + \dfrac{\delta_3}{\lambda_3}} \qquad (15 - 11)$$

式中，总热阻由各单层平壁的导热热阻串联叠加而成。

对于 n 层平壁：

$$q = \frac{t_{w1} - t_{wn+1}}{\sum\limits_{i=1}^{n} \dfrac{\delta_i}{\lambda_i}} \qquad (15 - 12)$$

【例 15 - 1】　一锅炉炉墙由三层材料组成：内层是厚度为 $\delta_1 = 230mm$ 的耐火砖，导热系数 $\lambda_1 = 1.10W/(m \cdot ℃)$；外层是厚度为 $\delta_3 = 240mm$ 的红砖，导热系数 $\lambda_3 = 0.58W/(m \cdot ℃)$；中间填厚度为 $\delta_2 = 50mm$ 的石棉隔热层，$\lambda_2 = 0.10W/(m \cdot ℃)$。已知：炉墙内、外表面温度分别为 $t_{w_1} = 500℃$、$t_{w4} = 50℃$，试求热流密度及红砖层的最高温度。

解：（1）热流密度按如下过程计算：

$$\frac{\delta_1}{\lambda_1} = \frac{0.23}{1.10} = 0.21 m^2 \cdot ℃/W$$

$$\frac{\delta_2}{\lambda_2} = \frac{0.05}{0.10} = 0.50 m^2 \cdot ℃/W$$

$$\frac{\delta_3}{\lambda_3} = \frac{0.24}{0.58} = 0.41 m^2 \cdot ℃/W$$

$$q = \frac{t_{w1} - t_{w4}}{\sum\limits_{i=1}^{3} \dfrac{\delta_i}{\lambda_i}} = \frac{500 - 50}{0.21 + 0.50 + 0.41} = 401.79 W/m^2$$

（2）设红砖层的最高温度是红砖层与石棉隔热层交界处的温度 t_{w3}，由

$$q = \frac{t_{w1} - t_{w3}}{\sum\limits_{i=1}^{2} \dfrac{\delta_i}{\lambda_i}}$$

得： $t_{w3} = t_{w1} - q \sum_{i=1}^{2} \frac{\delta_i}{\lambda_i} = 500 - 401.79 \times (0.21 + 0.50) = 214.7℃$

15.3.2.3 无限长圆筒壁的导热

无限长圆筒的筒长远远大于直径，即可忽略轴向热流。

圆筒受力均匀、强度高、制造方便，工程中常用圆管作为换热壁面，如锅筒、传热管、热交换器及其外壳等。

如图 15 – 5 所示，假设单层圆筒壁内外保持均匀而一定的温度，且 $t_1 > t_2$，无内热源，属于稳态导热，则导热微分方程为：

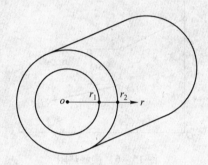

图 15 – 5　圆筒壁的导热分析

$$\frac{\mathrm{d}}{\mathrm{d}r}\left(r \frac{\mathrm{d}t}{\mathrm{d}r}\right) = 0 \tag{15 – 13}$$

边界条件为

$$r = r_1, \quad t = t_{w1}$$
$$r = r_2, \quad t = t_{w2} \tag{15 – 14}$$

求解可得热流量为：

$$\Phi = \frac{t_{w1} - t_{w2}}{\dfrac{\ln(r_2/r_1)}{2\pi\lambda l}} \tag{15 – 15}$$

或

$$\Phi = A_m \lambda \frac{t_{w1} - t_{w2}}{\delta} \tag{15 – 16}$$

其中

$$A_m = \frac{A_2 - A_1}{\ln(A_2/A_1)} \tag{15 – 17}$$

式中　l——圆筒壁的长度；

　　　δ——圆筒壁的厚度。

对于多层圆筒壁，运用串联热阻叠加原理可得通过长度为 l 的圆筒壁的热流量为：

$$\Phi = \frac{t_{w1} - t_{wn+1}}{\dfrac{1}{2\pi l} \sum_{i=1}^{n} \dfrac{1}{\lambda_i} \ln \dfrac{r_{i+1}}{r_i}} \tag{15 – 18}$$

15.3.2.4　接触热阻、水垢、烟垢的危害

A　接触热阻

由于接触表面间不密实（存在气隙）而产生的附加热阻称为接触热阻。由于接触热阻的存在，使得接触表面间存在较大温差 Δt，对传热十分不利，如图 15 −6 所示。

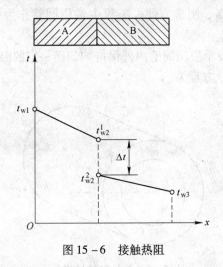

图 15 −6　接触热阻

单位面积的接触热阻 r_j（$m^2 \cdot K/W$）采用下式计算：

$$r_j = \frac{\Delta t}{q} \tag{15 −19}$$

降低接触热阻的方法有：

（1）研磨接触表面；

（2）增加接触面正压力（如胀接）；

（3）垫软金属（如紫铜片）；

（4）涂硅油或导热姆；

（5）采用焊接。

B　水垢、烟垢

工程中的传热壁面常常会产生烟垢和水垢（如图 15 −7 所示）。由水垢和烟垢的热阻可知，1mm 水垢相当于 40mm 厚钢板，1mm 烟垢相当于 400mm 厚钢板，所以结垢会使传热量大大下降。值得注意的是，烟垢结在热源侧，不会引起壁温升高；但水垢结在受热侧，引起壁温升高，危及传热管的机械强度，易造成安全事故。

常温下部分物质的导热系数 λ 如表 15 −1 所示。

表 15 −1　常温下部分物质的导热系数 λ　　　　　　（$W/(m \cdot K)$）

物　　质	导热系数	物　　质	导热系数
银	427	纯铜	398
纯铝	236	普通钢	30 ~ 50
水	0.599	空气	0.0259
保温材料	<0.14	水垢	1 ~ 3
烟垢	0.1 ~ 0.3		

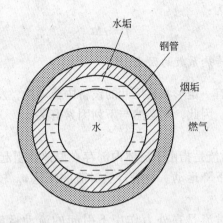

图 15 – 7　污垢的危害

15.3.3　对流传热

对流传热即对流换热，又称对流热交换、对流给热，它是指流体流过表面时与该表面之间所发生的热量传输过程。流体的流动是对流换热的前提。对流换热中包括以分子微观运动为基础的、取决于温度梯度的传导热量传输，也包括由流体质点宏观位移、掺混而引起的对流热量传输。对流换热过程中，传导热量传输是限制性环节。一切影响对流热量传输及传导热量传输的因素，如流体的物性（导热系数等）、流动的起因、流动的性质、速度场、表面的几何性质等，都对对流换热有重要影响。

按流体流动的起因不同，对流换热分为强制对流换热与自然对流换热，工程上以强制对流换热居多。按流体流动的性质不同，对流换热又分为层流对流换热与紊流对流换热。流体在换热过程中有相变时，称为沸腾换热。

研究对流换热的主要目的是确定对流换热系数。确定对流换热系数的方法有：

（1）精确解法。根据热平衡原理导出能量微分方程式后，解出温度场，再求出对流换热系数。

（2）近似积分解法。在热附面层基础上，从热平衡出发，建立附面层能量积分方程式，再求解对流换热系数。

（3）根据相似原理做模型实验的求解方法。

（4）类似法。根据对流动量传输与热量传输过程的类似性，用动量传输关系求解热量传输。

15.3.3.1　对流传热的基本计算公式

对流传热热流量 $\Phi(\mathrm{W})$ 的基本计算公式为：

$$\Phi = \alpha A(t - t_{\mathrm{f}}) = \alpha A \Delta t \qquad (15-20)$$

式中　α——对流传热系数，$\mathrm{W/(m^2 \cdot ℃)}$；

　　　A——传热面积，$\mathrm{m^2}$；

　　　Δt——流体与壁面的传热温差，℃。

可见，对流传热量与传热面积和传热温差成正比。

对流传热的热流密度为：

$$q = \alpha \Delta t \qquad\qquad (15-21)$$

15.3.3.2　影响对流传热系数的因素

对流传热是流体在具有一定形状及尺寸的设备中流动时，发生的热流体到壁面或壁面到冷流体的热量传递过程。因此，它必然与下列因素有关：

（1）流动的起因。

1）自然对流。自然对流是指由于流体内部存在温差而引起密度差，形成浮升力，造成流体内部质点的上升和下降运动。一般自然对流的流速 $v_自$ 较小，对流传热系数 $\alpha_自$ 也较小。

2）强制对流。强制对流是在外力作用下引起的流动运动，一般 $v_强$ 较大，故 $\alpha_强$ 较大。

所以，$\alpha_强 > \alpha_自$。

（2）流体的物性。当流体种类确定后，根据温度、压力（气体）查出对应的物性。影响对流传热系数较大的流体物性有密度 ρ、黏度 μ、导热系数 λ、比定压热容 c_p。

1）导热系数的影响。λ 增大，α 也增大。

2）密度的影响。ρ 增加，则 Re 增大，α 也增大。

3）比定压热容的影响。c_p 增大，即单位体积流体的热容量增大，则 α 增大。

4）黏度的影响。μ 增加，则 Re 减小，α 也减小。

（3）流动形态。

1）层流。层流时，热流主要依靠热传导的方式传热。由于流体的导热系数比金属的导热系数小得多，其热阻大。

2）湍流。湍流时，质点充分混合且层流底层变薄，对流传热系数较大。Re 增大，δ 减小，则 α 也减小，但 Re 增大会导致动力消耗增大。

综上，$\alpha_湍 > \alpha_层$。

（4）传热面的形状、尺寸和位置。不同的壁面形状和尺寸会影响流形，造成边界层分离，产生旋涡，增加湍动，使对流传热系数增大。

1）形状，比如管、板、管束等；

2）尺寸，比如管径和管长等；

3）位置，比如管子的排列方式（如管束有正四方形排列和三角形排列）、管或板是垂直放置还是水平放置。

（5）是否发生相变。传热时的相变主要有蒸汽冷凝和液体沸腾。发生相变时，由于汽化或冷凝的潜热远大于温度变化的显热，一般情况下，有相变时对流传热系数较大，即 $\alpha_相变 > \alpha_无相变$。

15.3.4　辐射传热

辐射这个术语用来表示辐射能本身。物体可由于多种原因产生电磁波，从而发出辐射能。无线电台利用强大的高频电流，通过天线向空间发射无线电波，这就是辐射过程的一个例子。无线电波只是电磁波的一种，此外，还有因其他各种原因而产生的宇宙射线、γ

射线、X 射线、紫外线、可见光、红外线等电磁波。

从热量传输的角度出发,并不需要涉及全部的电磁波类型,而只需研究由热引起的电磁波辐射。这种因热引起的电磁波辐射称为热辐射。热辐射的电磁波是由物体内部微观粒子在运动状态改变时所激发出来的。在热辐射过程中,物体将其热能不断地转换成辐射能,只要设法维持物体的温度不变,其发射辐射能的数量也不变。当物体的温度升高或降低时,辐射能也相应地增加或减少。此外,任何物体在向外发出辐射能的同时,还在不断地吸收周围其他物体发出的辐射能,并把吸收的辐射能转换成热能。

辐射传热是指物体之间相互辐射和吸收过程的总效果。例如,在两个温度不同的物体之间进行辐射传热,温度较高的物体辐射多于吸收,而温度较低的物体则正好相反,因此,辐射传热的结果是高温物体向低温物体传输了热量。若两物体温度相等,则它们辐射和吸收的热恰好相等,没有热量的传输。值得注意的是,此时两物体之间的辐射和吸收仍在不断地进行,称为热的动平衡状态。太阳照射、炉火取暖等都是辐射传热。

辐射传热的特点是:

(1) 热辐射与传导传热、对流传热不同,它不依靠物质的接触而进行热量传输,例如阳光能够穿越太空向地面辐射;而传导传热和对流传热都需要冷、热物体直接接触或通过中间介质相接触,才能进行热量传输。

(2) 辐射传热过程中伴随着能量的两次转换,即物体的内能转化为辐射能,以电磁波形式发射出去;此辐射能射到另一物体上被吸收时,又转化为内能。

(3) 一切温度 $T > 0\text{K}$ 的物体,都在不断地发射热射线。当物体间有温差时,高温物体辐射给低温物体的能量大于同时间低温物体辐射给高温物体的能量,因此总的结果是高温物体把能量传递给低温物体。若物体的温度相同,则处于热的动平衡状态。

黑体辐射传热的热流量计算如下:

$$\Phi = A\sigma T^4 \tag{15 - 22}$$

式中 A——辐射表面积,m^2;

σ——黑体辐射常数,$5.67 \times 10^{-8} \text{W}/(\text{m}^2 \cdot \text{K}^4)$;

T——黑体绝对温度,K。

实际物体辐射传热的热流量为

$$\Phi = \varepsilon A\sigma T^4 \tag{15 - 23}$$

式中 ε——物体的黑度。

15.3.5 综合传热

工程实际中的传热过程往往是几种方式联合作用的综合传热过程。

例如,热量由固体壁面一侧的热流体通过壁面传到另一侧冷流体中的过程,此传热过程中热量的迁移一般由以下三个串联环节组成:

$$\text{热流体} \xrightarrow{\text{对流传热}} \text{壁面高温侧}$$

$$\text{壁面高温侧} \xrightarrow{\text{导热}} \text{壁面低温侧}$$

$$\text{壁面低温侧} \xrightarrow{\text{对流传热}} \text{冷流体}$$

各自的热流量方程为:

$$\Phi = A\alpha_1 (t_{f1} - t_{w1})$$

$$\Phi = A\frac{\lambda}{\delta}(t_{w1} - t_{w2})$$

$$\Phi = A\alpha_2 (t_{w2} - t_{f2})$$

联立消去 t_{w_1}、t_{w_2}，整理得：

$$\Phi = \frac{A(t_{f1} - t_{f2})}{\dfrac{1}{\alpha_1} + \dfrac{\delta}{\lambda} + \dfrac{1}{\alpha_2}} = KA\Delta t \qquad (15-24)$$

式中，K 为传热系数，是表征传热过程强烈程度的标尺，其在数值上等于冷、热流体温差为 1℃时单位面积上的热流量，单位为 W/（m² · K），则有：

$$\frac{1}{K} = \frac{1}{\alpha_1} + \frac{\delta}{\lambda} + \frac{1}{\alpha_2} \qquad (15-25)$$

下面采用热电类比方法，分析传热学热量传递现象与电学中欧姆定律及电阻串并联理论的类同关系：

$$电流\ I = \frac{电压\ U}{电阻\ R}$$

$$热流\ \Phi = \frac{温压\ \Delta t}{热阻\ \dfrac{1}{KA}}$$

因此，结合式（15 – 25），可令：

（1）$R_K = \dfrac{1}{K}$，表示单位传热面积上的总热阻；

（2）$R_\alpha = \dfrac{1}{\alpha}$，表示单位传热面积上的对流传热热阻；

（3）$R_\lambda = \dfrac{\delta}{\lambda}$，表示单位传热面积上的导热热阻。

习　题

15 – 1　试述三种热量传递基本方式的差别，并各举 1 ~ 2 个实际例子说明。

15 – 2　请说明在传热设备中，水垢、烟垢的存在会对传热过程产生什么影响，如何防止？

15 – 3　试比较导热系数、对流传热系数和总传热系数的差别。它们各自的单位是什么？

15 – 4　在分析传热过程时引入热阻的概念有何好处，引入热欧姆定律有何意义？

15 – 5　结合工作实践举一个传热过程的实例，分析它是由哪些基本热量传递方式组成的。

15 – 6　在空调房间内，夏季与冬季的室内温度都保持在 22℃左右，夏季人们可以穿短袖衬衣，而冬季则要穿毛线衣，试用传热学知识解释这一现象。

15 – 7　某一维导热平板，平板两侧表面温度分别为 T_1 和 T_2，厚度为 δ，在这个温度范围内导热系数与温度的关系为 $\lambda = 1/(\beta T)$，试求平板内的温度分布。

16 耐 火 材 料

耐火材料用作高温炉窑和热工设备的结构材料及元部件材料。耐火材料产品单位消耗在很大程度上与经营管理状况有关。它在国民经济中有技术经济效益，国民经济吨钢产量所消耗的耐火材料千克数称为耐火材料综合消耗指标，它是衡量一个国家工业水平，尤其是耐火材料质量的重要指标。

16.1 冶金炉耐火材料的破坏方式及选用原则

16.1.1 冶金炉耐火材料的破坏方式

一般来说，质量好的耐火材料在炉窑上使用效果好、寿命长。但使用条件不能忽视，如同一种耐火材料在同一热工设备上使用，由于使用条件改变，往往使用结果差别很大。因此，应该很好地学习和研究各种炉窑热工设备的使用条件，特别是在冶金等使用部门创造新的高温工艺过程时，研究使用条件具有特别重要的意义。冶金炉窑长期处在高温下连续运行，耐火材料的工作条件恶劣，极易被破坏，其中以熔炼炉最为典型。造成耐火材料破坏的因素很多，但归纳起来主要有以下几点：

（1）渣蚀作用。渣蚀作用是指由于熔渣、金属液或含尘腐蚀性气体的物理化学作用而引起的侵蚀。据统计，有色冶金炉窑的炉衬有 60% ~ 70% 是由于熔渣侵蚀而损毁的。炼钢转炉和电炉渣线区域主要是由于渣蚀而成为损毁最严重的部位，其决定着炉衬的寿命。

（2）温度剧烈变化作用。许多炉窑，特别是间歇式操作炉窑，温度波动大，这种骤然变化产生很大的内应力，使砖砌体开裂、剥落，严重时导致变形或坍塌倾倒。如炼钢转炉、电弧炉和铜、锡熔炼反射炉，熔炼期最高炉温可达 1250 ~ 1650℃，而放渣和出钢、出铜后，炉内温度急剧降至 600 ~ 800℃，温度在短时间内波动太大，造成耐火材料内应力大，产生崩裂、剥落而损毁。

（3）气相沉积作用。很多熔炼炉和火焰炉在生产过程中会发生 CO 的分解以及铅、锌和碱金属的氧化挥发，并在耐火材料气孔及砌缝内沉积，造成砖砌体龟裂、变形和受化学侵蚀。这种现象在高炉、鼓风炉、竖窑及焦炉的上部较为突出，甚至成为这些部位损毁的主要原因。

（4）机械冲击和磨损作用。许多炉窑内的物料是运动的，如高炉、鼓风炉及竖窑内的物料连续不断地由炉顶向下运动，回转窑内的物料做回转前进运动，转炉内的液态金属做沸腾搅动等。并且在运动的同时，物料还要发生一系列的物理化学变化。因此，对炉衬产生很大的机械冲击和严重的磨蚀作用，破坏性非常大。例如，高炉炉喉磨损严重，不得不采用铸钢板加以保护；氧气转炉由于钢水的剧烈搅动，常发生炉衬被刷掉的现象，因而需要经常补炉。

（5）单纯熔融作用。许多耐火材料在高温热负荷作用下，往往发生重烧线变化，造成砌筑体失稳。有时操作温度过高还会造成局部软化甚至熔融，形成熔滴，导致砌体坍塌。

16.1.2　冶金炉耐火材料的选用原则

选用耐火材料时一般应遵循下列原则：

（1）掌握炉窑特点。应根据炉窑的构造、各部位的工作特性及运行条件选用耐火材料。要分析耐火材料损毁的原因，做到有针对性地选用耐火材料。例如，各种熔炼炉（如反射炉）渣线及以下部位的炉衬及炉底，以经受渣和金属熔体的化学侵蚀为主，其次才是温度骤变所引起的热应力作用，所以一般选用抗渣性优良的镁质、镁铬质耐火砖砌筑；渣线以上部位，可选用镁铝砖、镁铬砖或高铝砖砌筑。

（2）熟悉耐火材料的特性。应熟悉各种耐火材料的化学矿物组成、物理性能和工作性能，做到充分发挥耐火材料的优良特性，尽量避开其缺点。例如，硅砖荷重软化温度高，能抵抗酸性炉渣的侵蚀，但在 600℃ 以下时发生 β 晶型向 α 晶型的快速转变，耐热震性很差；而在 600℃ 以上使用时，其耐热震性较好，高温下只会膨胀而不发生体积收缩，因而可选用作为火焰炉炉顶砖、焦炉炭化室隔墙砖等。

（3）保证炉窑的整体寿命。应使炉子各部位所用的各种耐火材料之间合理配合，在确定炉子各部位及同一部位各层耐火材料的材质时，既要避免不同耐火材料之间发生化学反应而熔融损毁，又要保证各部位的均衡损耗，或在采取合理技术措施的条件下达到均衡损耗，以保证炉子整体使用寿命。

（4）实现综合经济效益合理。选用的耐火材料应在满足工艺条件和技术要求的前提下，将材料的质量、来源、价格、使用寿命、消耗以及对产品质量的影响综合分析，力求做到综合经济效益合理。

随着工业炉窑的大型化、高效化和自动化，炉窑操作条件日趋苛刻，对耐火材料的生产和使用提出了更高的要求。由于能源消耗急剧增长，供需矛盾日益紧张，工业炉窑节能已成为发展生产的关键环节之一，耐火材料也必须满足节能的需要。因此，应根据炉窑结构特点及热工制度和生产工艺条件，正确选择并合理使用相应的耐火材料，研究开发新型优质耐火材料，以进一步保证高温炉窑的高效运行，提高炉窑的使用寿命，降低耐火材料的消耗，实现节能。

16.2　铝冶炼用耐火材料

金属铝是目前应用最广泛的有色金属之一。炼铝工艺过程复杂，使用的炉窑种类较多，但炉子工作温度都比较低（最高为 1200℃），使用条件也不太苛刻。所以，一般采用黏土砖和高铝砖即可满足生产要求。随着耐火材料技术的进步，近年来炼铝工艺过程用的耐火材料有所改进。

（1）生产氧化铝的回转窑及闪速炉。氧化铝生产方法首先是将天然铝土矿转变成氢氧化铝，再将氢氧化铝在 950～1200℃ 条件下煅烧成氧化铝，一般采用回转窑和闪速炉煅烧。回转窑的绝热层在靠近窑壳处铺一层耐火纤维毡，然后用硅藻土、漂珠砖或轻质黏土砖砌筑，现在有的改用轻质耐火浇注料；预热带采用黏土砖；烧成带、冷却带采用高铝砖，现改为磷酸盐结合不烧高铝砖。闪速炉是先在炉壳上焊接耐热钢锚固钉或陶瓷锚固件，然后铺一层 20mm 厚的耐火纤维毡，最后浇注 200～300mm 厚的耐火浇注料。

（2）电解氧化铝的电解槽。电解槽既是电解装置，又是高温冶金设备。电解槽的形式很多，但基本构造一致，其中应用最广的是预焙阳极电解槽。

铝电解采用冰晶石（Na_3AlF_6）、氟化铝（AlF_3）、氟化锂（LiF）等熔体为电解质，将 Al_2O_3 加入电解槽内，通电熔化。虽然 Al_2O_3 的熔点为2050℃，但在氟化盐熔体中可降至970℃左右。在电场力的作用下 Al_2O_3 电离，Al 在阴极聚集，可用真空泵吸入铝水罐，送去进一步处理和铸锭。

电解槽的内部结构包括阴极导体、槽底炭砖、槽壁炭砖、石墨电极。槽底炭砖采用导电体炭素材料制成，槽壁炭砖采用高温耐火材料制成。

根据上述过程，电解槽用耐火材料应能耐高温、能抵抗熔融氟化物的侵蚀、有良好的导电能力、少含或不含 SiO_2 以避免 SiO_2 被金属铝还原，同时要求气孔率低和致密度高，以防铝液渗漏，因此，一般电解槽的内衬采用致密的优质炭砖砌筑，非工作层采用高铝砖砌筑，绝热层多采用轻质高铝砖和耐火纤维制品，并用钢制壳体固定。

目前，电解槽靠近炉壳处铺一层耐火纤维毡，接着砌漂珠砖或轻质浇注料，再砌黏土砖。工作层用导电性良好的炭块或氮化硅结合碳化硅砖，能抵抗铝液的渗透以及氟化物、电解质和熔融钠盐的侵蚀，延长使用寿命。槽壁和槽底工作层采用碳块砌筑，或用碳质捣打料捣打成整体衬。

（3）熔炼炉。熔炼炉主要有反射炉、转筒炉和感应电炉等，操作温度一般为700～1000℃，其炉衬的损毁主要由铝液的渗透和冲刷所致。熔炼炉一般使用黏土砖、高铝砖及刚玉莫来石砖砌筑。近年来，普遍使用高铝质浇注料和耐火可塑料，炉子寿命高者可达5年。

（4）铝精炼电解槽。铝精炼电解槽的操作温度为720～800℃，槽壁用镁砖砌筑，其余为黏土砖和高铝砖。

（5）真空抬包。真空抬包是盛装铝液的高温容器。铝水罐用耐火材料要求能耐受铝水的侵蚀、耐热震性和保温性能好。非工作层一般采用体积密度为 $1.7g/cm^3$ 的轻质浇注料或轻质高铝砖，为了加强保温效果、减轻罐体重量，采用氧化铝空心球耐火浇注料。工作衬一般采用 SiO_2 含量低的高铝砖砌筑。现有的罐底内衬采用刚玉质耐火浇注料，出铝口周围采用碳化硅砖、刚玉砖或熔融石英砖砌筑。

目前铝工业炉窑大量使用不定形耐火材料，对节能和提高使用寿命均有显著效果。

16.3 钢铁冶炼用耐火材料

16.3.1 高炉用耐火材料

16.3.1.1 高炉炉喉

炉喉为高炉的咽喉，受到固体炉料下降时的直接冲击和摩擦等物理作用，极易损毁。其曾采用硬度高和密度大的高铝砖砌筑，但不耐久用。因此，目前都采用耐磨铸钢护板保护。

16.3.1.2 高炉炉身

炉身可分为上、中、下三带。从上至下，炉料从300～400℃逐渐被加热至1250～

1300℃，物料在下降过程中发生一系列的物理化学变化。

炉身上部和中部温度为 400～700℃，熔渣尚未形成，没有渣蚀情况发生。炉衬主要受到下降炉料和上升含尘气流的磨损和冲蚀；部分 CO 在砖缝、裂纹、气孔中分解产生碳的沉积，引起衬砖龟裂、变质、组织疏松，导致剥落损毁。有的炉衬还受到锌、铅蒸气向砖内的渗透，其以 ZnO·PbO 形式沉积，并进一步与砖发生化学反应，生成硅酸锌（$2ZnO·SiO_2$）和硅酸铅（$2PbO·SiO_2$），使砖组织变脆、剥落。

炉身上部和中部由于损毁程度较轻，一般采用游离 Fe_2O_3 含量较低的高炉专用黏土砖、致密黏土砖、高铝砖砌筑，或由黏土质不定形耐火材料构成。

炉身下部温度较高，有大量初渣形成，炉渣与炉衬表面直接接触。炉衬不但经受下降物料和含尘炉气的摩擦、冲蚀作用，而且炉渣的化学侵蚀严重。此处高温下产生的碱金属蒸气与砖的化学反应，也比上部和中部突出。若炉衬为硅酸铝质材料，则砖内形成钾霞石（$K_2O·Al_2O_3·2SiO_2$）、白榴石（$K_2O·Al_2O_3·4SiO_2$）及玻璃相（$K_2O–SiO_2$）。由于这些新相的生成产生较大的体积膨胀，破坏了砖的组织结构，使其强度和耐火性能明显下降，导致炉身下部炉衬损毁较快且严重。所以，炉身下部一般选用耐火性能好、抗渣性强、高温结构强度大和耐磨性好的优质致密黏土砖或高铝砖砌筑。靠近炉腰部位可采用高铝砖或耐磨、抗渣性好、导热系数高的刚玉砖、碳化硅砖或炭砖砌筑。大型高炉炉身下部主要采用高铝砖、刚玉砖、炭砖或碳化硅砖。

16.3.1.3　高炉炉腰

炉腰是高炉最宽大的部位。此处炉料体积膨胀至最大，并开始形成大量的熔渣，因此，渣的化学侵蚀和碱金属蒸气的侵蚀比炉身下部严重。而且，炉腰处下降炉料和高温焦炭对炉衬表面的磨损、冲刷作用也很突出，高温上升气流的冲蚀作用也比炉身部位强，碱金属和碳在砖内的沉积作用仍然存在。这些因素的综合作用使得炉腰成为高炉最易损毁的薄弱部位之一。中小型高炉的炉腰可采用优质致密的黏土砖、高铝砖或刚玉砖；现代大型高炉的炉腰一般采用高铝砖、刚玉砖或碳化硅砖，有的也采用炭砖砌筑。

16.3.1.4　高炉炉腹

炉腹位于炉腰之下，下部炉料温度可达 1000～1650℃，气流的温度更高，高温作用特别强烈。炉腹内由于低黏度熔渣的形成，对炉衬的化学侵蚀也特别严重，熔渣和高温气流对炉壁的冲刷作用突出，由碱金属沉积引起的炉衬膨胀作用仍有相当大的影响。因此，炉腹是高炉炉衬损毁最严重的部位，一般高炉开炉后不久就几乎全部损毁，因而需要依靠覆盖在炉腹处的一层坚实的渣层来保护钢壳。炉腹部位一般采用高铝砖（$w(Al_2O_3)>70\%$）、刚玉砖砌筑。现代化大型高炉普遍采用炭砖和石墨–石油焦、石墨–无烟煤等半石墨砖，外加水冷或汽化冷却，以提高其使用寿命。

16.3.1.5　高炉炉缸和炉底

炉缸是盛装铁水和炉渣的部位。炉缸上部是高炉温度最高的部位，靠近风口区的温度达到 1700～2000℃以上。炉底温度为 1450～1500℃。炉缸的炉衬主要受到熔渣、铁水的化学侵蚀和冲刷以及碱侵蚀的膨胀作用，当熔渣和铁水侵入砖缝和裂纹中时，加速了炉渣的化学侵蚀和物理溶解损毁。炉底炉衬处主要是铁水渗入砖缝，使耐火砖浮起而损毁。当铁水渗入炉底炭砖后，还发生炭砖被溶解的现象。因此，高炉炉底并不实行绝热保温，而是对炉底进行强化冷却，以减缓炭砖的熔蚀反应，使铁水在炉底的上部凝固。即当炉底上部温度控制在1150℃（铁水的熔点）以下时，可以防止炉底继续熔蚀，延长炉底寿命。

16.3.2 转炉用耐火材料

顶吹和顶底复吹氧气转炉炼钢法是目前世界上最主要的炼钢方法。它成功地应用了碱性含碳耐火材料，特别是采用溅渣补炉后，使炉龄达到10000炉以上，耐火材料单耗大大降低，生产成本大幅度减少。

16.3.2.1 转炉炉口

炉口耐火材料必须能够耐受熔渣和高温废气的冲刷，不易挂钢、挂渣并易清除，能够耐受废钢和吊车吊除渣圈时的机械冲击以及耐氧化。一般采用抗渣性、耐热震性好和耐磨损撞击的烧成砖，常以烧成白云石砖为主，但其寿命较低。有的也采用不易挂钢和挂渣的镁炭砖。为了提高耐侵蚀性，在排渣侧采用高温烧成高纯镁砖和熔铸耐火制品。

16.3.2.2 转炉炉帽

炉帽在取样和出钢时位于渣线区域，是受炉渣侵蚀最严重的部位之一；同时受到含尘废气的冲刷和温度骤变引起的热应力作用，砖中的碳也易氧化。因此，其常采用焦油沥青结合的白云石砖和镁砖。为了避免因焦油沥青中碳的氧化而使炉帽耐磨性降低，有的也采用烧成砖。

16.3.2.3 转炉炉腹

（1）装料侧。这是转炉炉衬中最薄弱的环节，也是损毁最严重的部位。装料侧受到吹炼时炉渣和钢水的喷溅、侵蚀、磨损、冲刷以及装入废钢和铁水时的撞击和冲蚀，机械损伤严重，因而造成此处炉衬熔损、冲蚀、崩裂。此外，其受温度波动引起的热应力作用也很大。要求炉腹装料侧所用耐火材料具有较高的抗渣性、高温结构强度以及较好的耐热震性，一般选用杂质含量低、高温烧成合成的白云石油浸砖和 $w(CaO)/w(SiO_2) > 2$、高温烧成的高纯度直接结合油浸镁砖或镁炭砖和镁白云石砖，有的也使用焦油沥青结合的白云石砖或镁砖以及轻烧油浸砖。由于生产过程中经常有局部损毁，一般采用相同或相近材质的不定性耐火材料进行喷补。

（2）出钢侧。这一部位主要受到出钢时钢水的热冲击和冲刷作用，损毁程度远比装料侧轻。其常采用焦油沥青结合的白云石砖或镁砖，也可采用烧成的油浸砖或镁炭砖。当出钢侧采用与装料侧相同的材质时，为保持炉衬的均衡寿命，常采用厚度比装料侧薄的结构形式。

（3）渣线部位。渣线部位是炉衬长期与熔渣接触而受渣蚀最严重的部位。出渣侧的渣线位置随出钢而变化，不是很明显。出渣侧由于受到炉渣强烈侵蚀和吹炼过程中其他作用的共同影响，损毁严重。其所用耐火材料特别注重抗渣性能，一般选用高温烧成并油浸、致密、MgO含量较高的合成白云石砖或高纯镁砖以及镁炭砖和镁白云石炭砖。

（4）耳轴两侧。炉腹中的耳轴区属于易损毁部位，经受吹炼时各种损毁作用和炉体转动时机械应力的影响。在出钢和排渣时，耐火材料不与熔渣接触，表面暴露于空气中，砖中的碳极易氧化。因此，耳轴两侧使用焦油白云石砖和轻烧白云石砖，也可使用高温烧成的高纯白云石油浸砖或高纯油浸镁砖以及镁炭砖和镁白云石炭砖，有的还采用电熔再结合镁砖。

16.3.2.4　转炉炉壁和炉底

炉壁和炉底在吹炼过程中受到钢水的剧烈冲蚀，在出渣和出钢时受到炉渣的侵蚀。但与其他部位相比，其损毁程度一般较轻。只有采用高速浅池吹炼时，炉底中心部位的损毁才可能加重。当采用底吹或顶底复合吹炼时，这一部位的损毁比采用顶吹法时严重。炉壁和炉底一般选用焦油沥青结合的白云石砖或镁砖砌筑，或采用与炉腹相同材质的耐火材料。

16.3.2.5　转炉出钢口

出钢口受钢水冲蚀和温度急剧变化产生的热应力作用，损毁极为严重，常在服役期内中修 2～3 次，以延长使用寿命。过去常使用焦油沥青结合的白云石砖或镁砖以及烧成的白云石砖或镁砖，有的也使用稳定性白云石砖，但寿命都不高。现在多采用电熔镁砂制成的烧成镁砖或套管砖，有的也采用高纯镁质捣打料或高纯烧成镁质管砖。

16.3.3　电炉用耐火材料

16.3.3.1　电炉炉盖

在熔化及精炼过程中，炉盖温度很高。在出钢时，炉盖移开后立即处于室温之下，温度骤变，热应力很大。在熔化及精炼时，炉盖还受熔渣和炉尘的喷溅侵蚀以及气氛变化的影响。过去电炉炉盖主要采用硅砖砌筑，但由于其耐火度不高、耐热震性差，发生渣蚀熔滴和剥落损毁，寿命短。现在则普遍采用了性能优良的高铝砖和高铝质不定形耐火材料，其使用寿命比硅砖高 2～3 倍。在大型超高功率电炉上，由于工作条件更加恶劣，则采用烧成或不烧碱性砖；但是由于砖的高温强度较低，自重大，多为吊挂结构。采用直接结合的镁砖和镁铬砖比一般镁砖和镁铬砖好，可以大大减轻结构崩裂和热崩裂引起的剥落损毁。

16.3.3.2　电炉炉墙

电弧炉的炉墙接近电弧和熔池，受高温热辐射、熔渣和钢水的飞溅作用比炉盖严重。炉内气氛和温度变化也很大，其同时受废钢的撞击和熔体的冲蚀。因此，炉墙受到多种作用综合影响而极易损毁。靠近电极附近的热点部位常发生局部熔损，此处炉墙损毁更严重。

根据电炉熔炼工艺特点、热工制度和炉渣的性质，炉墙几乎全部采用碱性耐火材料。在一般炉墙部位，多选用镁砖和镁铬砖。除用烧成制品和烧成砖与不烧砖配合使用外，使用不烧砖的效果也很好。国内小型电炉主要采用焦油沥青结合的白云石砖和焦油浸渍烧成的白云石砖以及焦油沥青结合的镁质和白云石质捣打料。渣线区域是电弧炉的薄弱环节，大多数已采用直接结合的镁砖和镁铬砖。在大型电炉上则使用熔铸镁铬砖或电熔再结合镁砖以及镁铬砖、镁炭砖或炭砖。这些耐火材料作为热点部位的炉衬材料，其使用寿命可提高两倍以上。

16.3.3.3　电炉炉底

炉底和堤坡组成熔池，是装料和盛装钢水的地方，直接与钢水和熔液层接触。有的电炉还向钢水吹氧、造渣，进行精炼。因此，炉底受到钢液和熔渣的侵蚀，在渣线附近渣蚀很严重。炉底与熔渣和氧化铁反应后形成变质层，除产生熔蚀、渣蚀和结构崩裂外，往往发生钢水渗入炉底而使炉底起层漂浮。与此同时，炉底还要经受高温的作用、废钢的撞击及温度变化的影响。因此，炉底常有局部损毁现象，一般应及时修补，以维持正常生产。

在烧结镁砖层上面，多采用高纯镁砂和合成镁白云石砂捣制工作衬，或使用镁质或白云石质烧成砖砌工作衬。堤坡上部与渣线部位相连，渣蚀严重，多采用与炉墙热点部位材质相同或相近的耐火材料，如采用直接结合砖、镁炭砖、熔铸镁铬砖或电熔再结合镁铬砖。

出钢槽衬体要求具有导热性好、耐渣蚀性能强、抗冲击和不挂渣等性能，因此一般采用大块异型材，如高铝碳质、碳化硅质、碳质、镁质和高铝质材料，可以砌筑或捣制，也可以采用振动浇注成型。

16.3.4　炉外精炼用耐火材料

炉外精炼是将熔炼炉中（经熔化和精炼）的钢液在熔炼炉外再次精炼的炼钢过程，使钢液脱气、排除杂质、调整成分和调整温度，提高钢水质量。随着现代工业对钢铁质量要求的日益提高，炉外精炼已经成为现代冶金中的一个重要环节。

16.3.4.1　RH真空脱气炉用耐火材料

RH炉在世界上开发较早，发展也较快，目前有160台多台。耐火材料使用条件最苛刻的部位是吸嘴（插入管）和真空室下部槽，主要采用镁铬砖。

RH炉其他部位，如插入管外衬浇注料，多采用刚玉质或铬刚玉质，插入管和循环管之间的接缝料也多采用铬刚玉质。

16.3.4.2　LF炉用耐火材料

LF炉是目前世界上发展最快的一种精炼炉。典型的LF炉用耐火材料是纯白云石砖、轻烧白云石砖、镁砖、镁炭砖，炉盖采用高纯刚玉质浇注料。其中近年来我国自行开发的镁钙炭砖，展示了良好的使用效果。

16.3.4.3　不锈钢精炼炉用耐火材料

VOD精炼炉主要冶炼超低碳不锈钢，所用耐火材料主要是镁铬砖、白云石砖。

AOD精炼炉又称氩氧炉，是二步钢用吹氩气和氧气的转炉，外形与炼钢转炉相似。AOD炉的任务是将电弧炉熔化的钢水移至其中，吹氩气和氧气进一步脱碳、还原脱硫、调整成分或合金化。它是冶炼不锈钢的理想设备。

　　AOD 炉采用底吹或周边吹氩、氧、氮的混合气体或用纯氩气进行吹炼。由于高温钢水和熔渣的剧烈搅动以及强烈的涡流，对炉衬产生强烈的冲蚀磨损和化学侵蚀；由于它为间歇式操作，温度最高达 1620～1730℃，出钢后炉衬表面温度降至 900℃ 以下，温度骤然变化，热应力大，从而造成炉衬热崩裂和剥落损毁；由于精炼过程中要加入造渣剂、冷却剂和合金剂，熔体的酸碱度变化很大，炉衬材料很难适应而被严重侵蚀损毁。

　　根据 AOD 炉冶炼对耐火材料多方面的影响以及对不锈钢钢水质量的高标准要求，在选择耐火材料时应满足如下要求：

　　(1) 具有良好的耐高温性能；

　　(2) 抗渣蚀性能好；

　　(3) 具有高的抗热震性能；

　　(4) 具有良好的体积稳定性能；

　　(5) 可以净化钢水。

　　AOD 炉的炉衬材料一般选择镁炭砖。由于镁钙砖中的 MgO 和 CaO 都具有较高的熔点（MgO 为 2825℃，CaO 为 2620℃），镁钙砖的熔点也高达 2370℃。镁钙砖既具有抗高碱性渣侵蚀性，又具有抗酸性渣侵蚀性。同时，镁钙质耐火材料最有利于钢液脱硫、脱磷。

16.4　连铸用耐火材料

　　盛钢桶是储运钢水的容器，也称钢包。钢包工作衬用耐火材料损毁的主要原因是：盛有钢水的钢包和空包循环时温度骤变引起的热崩裂，高温下钢水和炉渣对耐火材料的化学侵蚀和冲刷损毁，消除桶壁粘钢、结渣、结瘤时的机械力破坏。因此，钢包用耐火材料的使用寿命都不高，其在使用过程中的局部损毁要及时进行检修和喷补。

　　钢包工作衬过去常用普通黏土砖砌筑。有的国家采用蜡石砖等半硅砖。为了提高钢包内衬的抗渣性、耐热震性和高温强度，可采用焦油沥青浸渍的黏土砖。经油浸增碳后，降低了气孔率，黏土砖的性能得到了很大程度的改善。

　　为了提高钢包的抗侵蚀性，由黏土砖改为使用高铝砖，特别是对于大型钢包，可使其寿命明显提高。有些钢厂试用蜡石砖、投射捣打石英整体内衬，由于这些材料有微膨胀，在使用温度下整体性好，不挂渣；但其抗侵蚀性差，寿命不高。可是由此得到启发，认为钢包内衬在使用温度下必须整体性好，最好使用高温下有微膨胀的材料。为了缓解高温钢水的热冲击，在高温下材料内应有一定量的液相，因此采用不烧铝镁砖、铝镁捣打料。为了提高抗侵蚀性又开发了铝镁炭砖、铝尖晶石炭砖。

　　现在中小型钢包广泛采用以天然高铝熟料为基，添加镁铝尖晶石、镁砂粉、硅微粉结合的浇注料，其使用寿命普遍在 100～200 次以上。宝钢等钢厂的大型钢包（300t）采用以刚玉为基、加入镁铝尖晶石等的浇注料，使用寿命达 250 次以上。

16.5　轧钢用耐火材料

16.5.1　均热炉用耐火材料

　　均热炉是初轧厂用于加热和均热钢锭的热工设备。我国现有均热炉坑 400 多个。均热炉种类很多，常采用蓄热式及中心换热式炉型。均热炉由炉盖、炉体、蓄热室等部分组成。

均热炉内温度一般为 1200~1300℃，炉盖工作面温度则高达 1350~1450℃。炉盖开启时温度降至 300℃ 以下，温度骤变频繁，机械振动也大；炉体受温度骤变、机械磨损、碰撞、渣蚀等作用，其一般采用高铝质可塑料或黏土结合高铝质浇注料。

由于频繁开启炉盖，炉口温度骤变，其还受装出料的撞击和振动作用。因此，炉口常采用刚玉、莫来石质低水泥或无水泥浇注料，使用寿命显著提高。

蓄热室用格子砖，上部采用高铝砖，下部为黏土砖。换热器层用黏土砖、电熔镁铬砖、镁白云石砖或黏土 – 碳化硅砖砌成，目前一般采用高铝碳化硅浇注料，使用效果很好。

16.5.2　加热炉用耐火材料

加热炉是加热钢坯或小型钢锭的热工设备，使用温度一般为 1300~1400℃。

加热炉的种类很多，其中蓄热式加热炉是近年来发展起来的一种新式加热炉。由于蓄热式加热炉的节能效果特别显著，可达 20%~50%，而且可以显著减少 CO_2 和 NO_x 的排放，因此，这类加热炉受到冶金行业的极大重视。

蓄热式加热炉的炉体材料一般采用快干自流浇注料和快干抗渣浇注料（有的厂家采用微膨胀低水泥浇注料）。采用这类材料，可以保证蓄热式加热炉炉体具有优良的整体结构和气密性、极高的强度以及优良的抵抗气流冲刷性、抗结构剥落性和抗渣性，而且施工速度快，烘烤周期短（3~5 天），为企业带来显著的经济效益。

水冷管包扎部位由于材料厚度小（一般在 40~60mm），采用快干自流浇注料。此种材料不仅可以自行充填致密，使材料的整体性和强度得到保证，而且易于施工和烘烤，所以，快干自流浇注料是加热炉水冷管理想的包扎材料。

蓄热体是蓄热式加热炉的换热介质，是其关键材料。鉴于蓄热体的特殊使用条件，要求其必须具备良好的蓄热和放热能力；同时，在废气与空气和燃料的频繁换向作用下，蓄热体承受着剧烈的热冲击，所以其还必须具有优异的热震稳定性。蓄热体主要有蜂窝体、蓄热球和蓄热管三种形式。在成型方式方面，蜂窝体和蓄热管采用挤注成型，而蓄热球则分为手工成型和机制成型两种；在材料方面，蜂窝体主要为堇青石质和莫来石质，而蓄热球和蓄热管主要为高铝质和莫来石质。

16.6　炼铜用耐火材料

炼铜工艺过程由焙烧、熔炼、吹炼、精炼及熔化等几部分组成。目前应用最广的冰铜冶炼设备为鼓风炉、反射炉、电炉、闪速炉。由于原料、燃料及工艺技术条件的差异，炉用耐火材料也有差别。

熔炼的原料为铜精矿（或烧结块、熔剂、硅石及石灰石），产物为冰铜（$Cu_2S \cdot nFeS$）、炉渣（$SiO_2 – FeO – CaO$）及含 SO_2 的炉气，冰铜品位一般为 25%~55%。炉料和产品对耐火材料的侵蚀作用都很强。

（1）焙烧设备。焙烧过程为放热反应，一般不需另加燃料，工作温度一般不超过 820℃，也无侵蚀和磨损作用。因此，焙烧设备通常使用黏土砖，重要部位使用高铝砖砌筑，寿命较长。

（2）熔炼设备。熔炼设备主要有鼓风炉、反射炉、白银炼铜炉、矿热电炉和闪速熔炼炉等；另外，还有顶吹转炉和三菱连续炼铜炉等，可将铜精矿直接熔炼成纯度较高的粗铜。对于不同的熔炼炉，选择的耐火材料也不同。

1）鼓风炉。鼓风炉的上部受炉料机械磨损，砌翻土砖；风口及斜炉墙采用汽化冷却，内衬砌黏土砖；主炉床承载铜液，工作层砌镁砖、镁铬砖或铬砖。

2）反射炉。反射炉是我国主要的冰铜熔炼炉，使用煤或重油作燃料，炉温最高可达1750～1800℃。这种熔炼炉炉温高，物料熔化快，产品质量好，成本低；但耐火材料耗量大，材质要求高，筑炉要求严格。其拱顶一般用硅砖，使用寿命为 3～6 个月；吊顶普遍使用镁铝砖或镁铬砖；炉墙用烧成镁砖、镁铬砖和镁铝砖砌筑。

3）白银炼铜炉。该炉是白银有色金属公司在反射炉基础上开发的新型炉。其炉体工作层采用烧成镁砖和镁铝砖砌筑；渣线区炉衬外部安装水冷铜套；炉底用卤水镁砂、铁粉捣打；风口用铝铬渣制成的大砖拼砌。

4）矿热电炉。矿热电炉的炉衬损毁主要是由于高温铜液和熔渣的化学侵蚀及冲刷。其炉顶的电极孔和装料口一般用致密黏土砖或高铝砖砌筑，也可使用高强浇注料整体浇注；炉墙和炉床工作层均用镁砖或镁铬砖砌筑；放出口区衬体外侧安装水冷铜套，可延长炉体的使用寿命。

5）闪速炉。闪速炉是将焙烧和熔炼两道工序合为一体的新炉型。该炉型种类较多，一般较多采用芬兰奥托昆普型炉。其炉内操作温度为 1400～1500℃，炉衬工作层受高温、化学侵蚀和炉料摩擦作用，较易损坏，因此普遍用镁铬砖砌筑；渣线区安装水冷铜套，以保护衬体；炉体用镁铬质捣打料，有的部位采用镁铬质耐火浇注料，使用寿命比砖砌要高。

16.7　炼锌用耐火材料

炼锌主要采用焙烧炉、还原蒸馏炉和精馏设备等。

（1）焙烧炉。焙烧炉的焙烧温度为 1070～1120℃，一般用黏土砖和高铝砖即可满足要求。

（2）还原蒸馏炉。还原蒸馏炉是生产金属锌或粗锌的热工设备。先在焙砂中配入29%～33%的优质焦煤、焙烧炉烟尘灰及适量的结合剂，经混合并压制成团块后，在800℃条件下形成具有一定强度的团块，即为还原蒸馏炉的原料。还原蒸馏炉有两种设备，即竖罐蒸馏炉和电热蒸馏炉。

1）竖罐蒸馏炉。竖罐蒸馏炉由竖式蒸馏罐、燃烧室和空气道等部分组成。蒸馏罐一般由传热性能好、强度高的黏土结合碳化硅砖砌筑。我国某厂采用碳化硅波纹砖砌筑蒸馏罐内壁，比用标型砖增加热辐射面 18% 左右，同时将砖砌成竖沟状，减弱了气流上升阻力，降低了炉内压力，加快了反应速度。当罐内壁蚀损较大或局部出现孔洞时，可用碳化硅质喷涂料进行热喷补。燃烧室工作温度为 300～1360℃，工作层用硅砖砌筑，其余部位用黏土砖砌筑。冷凝器、水平底和边墙工作层用高铝砖砌筑，其他部位用黏土砖砌筑。冷凝器内装有转子，转子用轴一般由石墨质材料制作，用碳化硅材料时能显著提高其寿命。

2）电热蒸馏炉。电热蒸馏炉主要由圆筒形炉体冷凝器和电极加热装置等部分组成。

该炉易损部位的工作层用碳化硅砖砌筑，其余各部位工作层用黏土砖砌筑，非工作层用黏土隔热砖砌筑，使用寿命较高。

（3）精馏设备。精馏设备由熔化炉、精炼炉、燃烧室、精馏塔和冷凝器等组成。精馏塔中部（即蒸馏室两侧）设有燃烧室和换热器，塔体上部设有冷凝器，借助通道与铅塔、镉塔及熔化炉相连。塔内一般安装 40~60 块塔盘，分为蒸馏盘和回流盘两种，均用碳化硅质材料制作，厚度为 30~50mm。冷凝器和各种通道等部位的工作层普遍采用碳化硅砖砌筑。熔化炉、精炼炉、精馏塔的燃烧室及换热器和下延部等部位的工作层一般用黏土砖砌筑，非工作层用漂珠砖等隔热砖砌筑，塔壁用碳化硅砖砌筑。

习　　题

16-1　简述耐火材料在冶金生产过程中的作用。
16-2　简述耐火材料的选择原则。

参 考 文 献

[1] 黄希祜. 钢铁冶金原理 [M]. 3 版. 北京：冶金工业出版社, 2002.

[2] 罗义贤. 物理化学 [M]. 2 版. 北京：冶金工业出版社, 1990.

[3] 蓝克. 物理化学 [M]. 北京：冶金工业出版社, 1999.

[4] 梅炽. 有色冶金炉 [M]. 北京：冶金工业出版社, 1994.

[5] 刘人达. 冶金炉热工基础 [M]. 北京：冶金工业出版社, 1980.

[6] 贺成林. 冶金炉热工基础 [M]. 2 版. 北京：冶金工业出版社, 1990.

[7] 梅炽. 冶金传递过程 [M]. 长沙：中南工业大学出版社, 1987.

[8] 俞左平. 传热学 [M]. 北京：高等教育出版社, 1995.

[9] 韩昭沧. 燃料及燃烧 [M]. 2 版. 北京：冶金工业出版社, 1994.

[10] 马青. 冶金基础知识 [M]. 北京：冶金工业出版社, 2004.

[11] 张家芸. 冶金物理化学 [M]. 北京：冶金工业出版社, 2004.

冶金工业出版社部分图书推荐

书　名	作　者	定价(元)
物理化学（第3版）（本科国规教材）	王淑兰	35.00
冶金热工基础（本科教材）	朱光俊	36.00
冶金与材料热力学（本科教材）	李文超	65.00
冶金原燃料及辅助材料（本科教材）	储满生	59.00
耐火材料（第2版）（本科教材）	薛群虎	35.00
钢铁冶金原理（第4版）（本科教材）	黄希祜	82.00
钢铁冶金学（炼铁部分）（第3版）（本科教材）	王筱留	60.00
现代冶金工艺学（钢铁冶金卷）（本科国规教材）	朱苗勇	49.00
炉外精炼教程（本科教材）	高泽平	39.00
连续铸钢（第2版）（本科教材）	贺道中	38.00
有色冶金概论（第3版）（本科国规教材）	华一新	49.00
重金属冶金学（本科教材）	翟秀静	49.00
冶金工厂设计基础（本科教材）	姜　澜	45.00
冶金设备（第2版）（本科教材）	朱　云	56.00
冶金设备课程设计（本科教材）	朱　云	19.00
复合矿与二次资源综合利用（本科教材）	孟繁明	36.00
冶金科技英语口译教程（本科教材）	吴小力	45.00
冶金专业英语（第2版）（高职高专国规教材）	侯向东	估32.00
冶金炉热工基础（高职高专教材）	杜效侠	37.00
冶金原理（高职高专教材）	卢宇飞	36.00
金属材料及热处理（高职高专教材）	王悦祥	35.00
烧结矿与球团矿生产（高职高专教材）	王悦祥	29.00
炼铁技术（高职高专教材）	卢宇飞	29.00
高炉炼铁生产实训（高职高专教材）	高岗强　等	35.00
转炉炼钢生产仿真实训（高职高专教材）	陈　炜　等	21.00
高炉冶炼操作与控制（高职高专教材）	侯向东	49.00
转炉炼钢操作与控制（高职高专教材）	李　荣	39.00
连续铸钢操作与控制（高职高专教材）	冯　捷	39.00
炉外精炼操作与控制（高职高专教材）	高泽平	38.00
电解铝操作与控制（高职高专教材）	高岗强　等	39.00
粉煤灰提取氧化铝生产（高职高专教材）	丁亚茹　等	20.00
锌的湿法冶金（高职高专教材）	胡小龙　等	24.00
项目工作——熔盐电解法生产多晶硅技术研发	石　富　等	18.00
稀土冶金技术（第2版）（高职高专国规教材）	石　富	39.00
稀土永磁材料制备技术（第2版）（高职高专教材）	石　富　等	39.00
铁合金生产工艺与设备（第2版）（高职高专国规教材）	刘　卫	估39.00
矿热炉控制与操作（第2版）（高职高专国规教材）	石　富　等	39.00